高等职业教育计算机类专业系列教材
（大数据技术专业）

计算机网络技术

主　编　岳守春　张莉莉
副主编　胡　勇　周　燕　唐中剑
　　　　刘洪宾　马　琴
参　编　罗脂刚　韩艳雨

重庆大学出版社

内容提要

本书全面介绍计算机网络技术的相关知识和实践技术，以学生寝室网、家属楼家庭网组建为统领，主要内容包括网络规划设计、网络应用实践、网络服务器配置、思科模拟器下网络设备配置、网络安全技术实践等，将理论知识融入任务中；为拓展学生的学习视野和专业宽度，附录两个项目互为支撑，融入技能重构理念。

本书内容包含20个任务，图文并茂，通俗易懂，叙述条理清楚，步骤清晰，以二维码的方式提供技术操作视频、人文素养视频；本着“理论够用”“重在实践”的编写理念，突出学生实践技能的培养重心。

本书适合作为高职院校计算机应用技术、网络技术、云计算应用等专业的《计算机网络技术》课程的教材，也适合用作企业员工计算机网络运维技术的培训教材。

图书在版编目（CIP）数据

计算机网络技术 / 岳守春，张莉莉主编. -- 重庆：重庆大学出版社，2023.3
高等职业教育大数据技术专业系列教材
ISBN 978-7-5689-3974-4

Ⅰ.①计… Ⅱ.①岳… ②张… Ⅲ.①计算机网络—高等职业教育—教材 Ⅳ.①TP393

中国国家版本馆CIP数据核字（2023）第104271号

计算机网络技术

主　编　岳守春　张莉莉
副主编　胡　勇　周　燕　唐中剑
　　　　刘洪宾　马　琴
参　编　罗脂刚　韩艳雨
策划编辑：鲁　黎
责任编辑：文　鹏　　版式设计：鲁　黎
责任校对：关德强　　责任印制：张　策

*

重庆大学出版社出版发行
出版人：饶帮华
社址：重庆市沙坪坝区大学城西路21号
邮编：401331
电话：（023）88617190　88617185（中小学）
传真：（023）88617186　88617166
网址：http://www.cqup.com.cn
邮箱：fxk@cqup.com.cn（营销中心）
全国新华书店经销
重庆愚人科技有限公司印刷

*

开本：787mm×1092mm　1/16　印张：14.25　字数：340千
2023年3月第1版　2023年3月第1次印刷
印数：1—2 000
ISBN 978-7-5689-3974-4　定价：45.00元

前　言

本书根据计算机网络管理员国家职业标准、网络管理员（一级）国家职业技能鉴定标准编写而成，注重以就业为导向，以职业能力标准为逻辑起点，以“能力为本位”的育人理念为主线，面向市场，面向社会，体现现代职业教育的特色，培养学生的工程实践能力，强化学生的实践技能。其具体框架结构为：“任务名称”—“任务目标”—“任务描述”—“任务分析”—“人文素养”—“知识技术储备”—“技术实践”—“任务实施”—“评价与考核”—“实践报告单”—“归纳提高”—“实践强化”。

本书以两个实际网络工程项目组建为主线，共 20 个任务；附录为拓展学生的学习视野和专业宽度，两个项目互为依存。本书采用项目任务驱动模式，技能重构理念，互为支撑，网络项目设计规模及技术含量由浅入深、由简单到复杂，融入 1+X 证书网络设备安装与维护（中级）技能点，贯穿“网络系统管理”技能竞赛技术点；项目二是在项目一的基础上进行网络组建设计，突破了以往《计算机网络技术》教材的章节模式，提升学生进行实际网络工程项目实施的实操能力；任务中穿插计算机网络技术的专业基础知识，本着“理论够用”“重在实践”的编写理念，突出学生实践技能的培养重心。本书使用活页形式，以计算机网络运维的关键技术和操作岗位能力要求为核心，融入课程思政的元素，使学生学习后感受到肩负着家国理想的责任和担当，做一个对社会有用的人。

本书编写人员是长期从事高等职业院校计算机网络技术专业教学一线教师及校企深度合作单位的一线网络高级工程师，他们具有丰富的教学和工程实践经验。本书由岳守春（重庆水利电力职业技术学院）、张莉莉（重庆财经职业学院）担任主编，胡勇（重庆水利电力职业技术学院）、周燕（重庆电力高等专科学校）、唐中剑（重庆青年职业学院）、刘洪宾（重庆城市职业学院）、马琴（重庆水利电力职业技术学院）担任副主编，重庆锐捷旭拓有限科技公司高级工程师罗脂刚、重庆普天永惠大数据科技有限公司执行总监韩艳雨参编，集众家之长，强化学生实践技能，助力学生实现专业对口就业。本书在编写过程中还得到了通识学院思政老师杨发军博士的大力支持和帮助，参考和采用了许多专业文献和专家的建议，在此一并表示感谢。

由于编者水平所限，书中难免存在疏漏之处，恳请读者提出宝贵建议，以便再版时修订。

编　者

2023 年 1 月

目 录

项目一 学生寝室网组建

项目二 家属楼家庭网组建

附　录

项目一
学生寝室网组建

任务一　需求分析及计算机网络定义、拓扑结构研讨

【任务名称】

需求分析及计算机网络定义、拓扑结构、网络拓扑结构图设计研讨。

【任务目标】

素质目标：

(1)培养学生良好的自我表现、与人沟通的能力；

(2)培养学生的团队协作精神；

(3)培养学生民族精神、爱国精神；

(4)培养学生勇于创新、敬业乐业的工作作风；

(5)培养学生的质量意识、安全意识；

(6)培养学生诚实、守信、坚忍不拔的性格；

(7)培养学生自主、开放的学习能力；

(8)培养学生吃苦耐劳的精神及工匠精神；

(9)培养学生的家国情怀。

知识目标：

(1)掌握需求分析的技术分析过程。

(2)掌握计算机网络技术基础知识。

(3)逐步熟悉计算机网络分析思维的方法。

能力目标：

(1)培养学生对计算机网络基础知识、基本原理的认识能力。

(2)根据网络工程技术规范及网络综合布线标准，具备实现小型网络项目的设计实施能力及技术分析解决问题能力。

(3)培养学生对项目需求分析及网络拓扑结构图设计研讨的能力。

【任务描述】

为了进行学生寝室网的网络拓扑结构图的设计，需要完成设计背景、需求分析，学习计算

机网络技术的基础知识，涉及网络定义、网络拓扑结构的研讨等。

【任务分析】

需　求	关键技术分析
1）实现学生寝室网的网络拓扑结构图的设计	设计背景、需求分析等
2）实现学生寝室网组建	计算机网络技术理解、网络拓扑结构研讨
	计算机网络的分类、功能等

【人文素养】

以小组的方式研讨你家乡的美丽景色，与同学们分享热爱祖国，热爱家乡的思想情怀。

美丽家乡

【知识技术储备】

一、基础知识

1. 计算机网络的定义

· 简单定义：“互联起来的独立自主的计算机集合”。

· 完整定义：“利用通信设备和线路，将分布在不同地理位置的、功能独立的多个计算机系统连接起来，以功能完善的网络软件（网络通信协议及网络操作系统等）实现网络中资源共享和信息传递的系统”。（来自谢希仁编写的《计算机网络》第四版）

锐捷网络技术认知

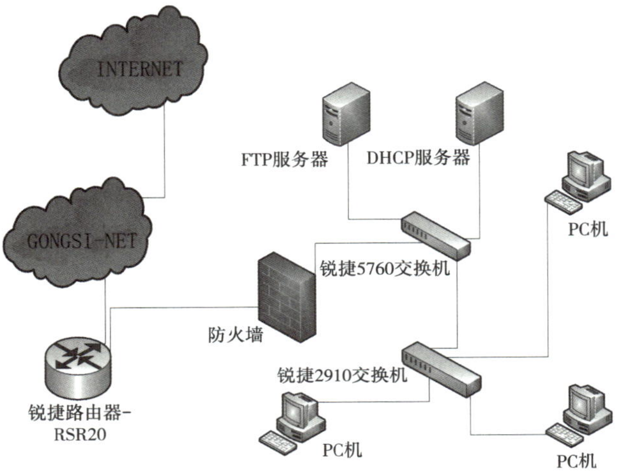

图 1-1-1　××××公司网络拓扑结构图

2. 计算机网络的功能

（1）数据交换和通信

计算机网络中的计算机之间或计算机与终端之间，可以快速可靠地相互传递数据、程序或文件。

（2）资源共享

充分利用计算机网络中提供的资源（包括硬件、软件和数据）是计算机网络组网的主要目标之一。

（3）提高系统的可靠性

在一些用于计算机实时控制和要求高可靠性的场合，通过计算机网络备份技术可以提高计算机系统的可靠性。

（4）分布式网络处理和均衡负载

执行大型任务或当网络中某台计算机的任务负荷太重时，可将任务分散到网络中的各台计算机上进行，或由网络中比较空闲的计算机分担负荷。

3. 计算机网络的组成

（1）资源子网

资源子网由主机、终端、终端控制器、连网外设、各种软件资源与信息资源组成。资源子网负责全网的数据处理业务，向网络用户提供各种网络资源与网络服务。

（2）通信子网

通信子网由通信控制处理机、通信线路与其他通信设备组成，完成网络数据传输、转发等通信处理任务。

4. 计算机网络的分类（表 1-1-1）

表 1-1-1　计算机网络分类

按网络作用范围分	按网络传输技术分	按网络使用范围分	按通信介质分	按企业管理分
局域网、城域网、广域网	广播式网络、点到点网络	公用网、专用网	有线网、无线网	内联网、外联网、因特网

阅读《愚公移山》的故事，谈谈你的感受。

愚公移山

5. 计算机网络的拓扑结构

网络拓扑是网络呈现出的形状，它在一定程度上体现了物理设备的关联性。

网络拓扑结构是指用传输媒体互联各种设备的物理布局。

网络拓扑图给出工作站、服务器、网络互联设备相互间的连接，主要有星型拓扑结构、总线型拓扑结构、环型拓扑结构、树型拓扑结构、网状型拓扑结构、混合型拓扑结构等。

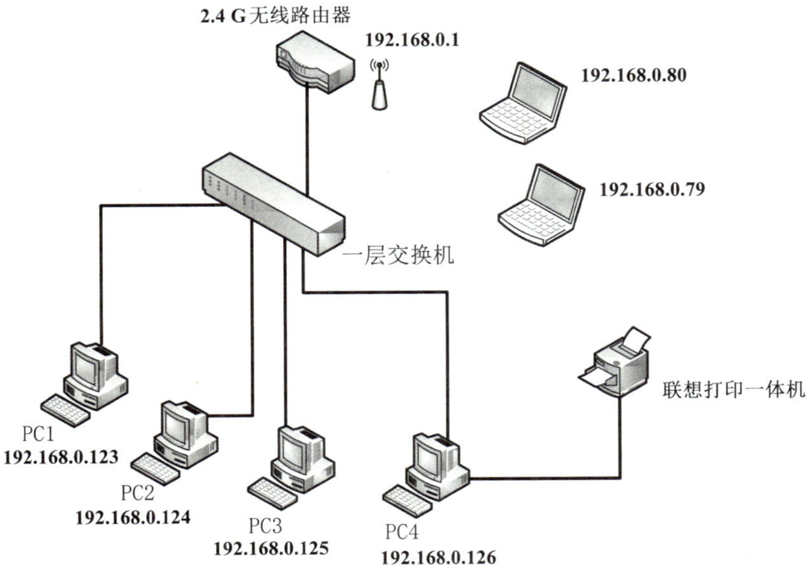

图 1-1-2　××学院网络拓扑结构图

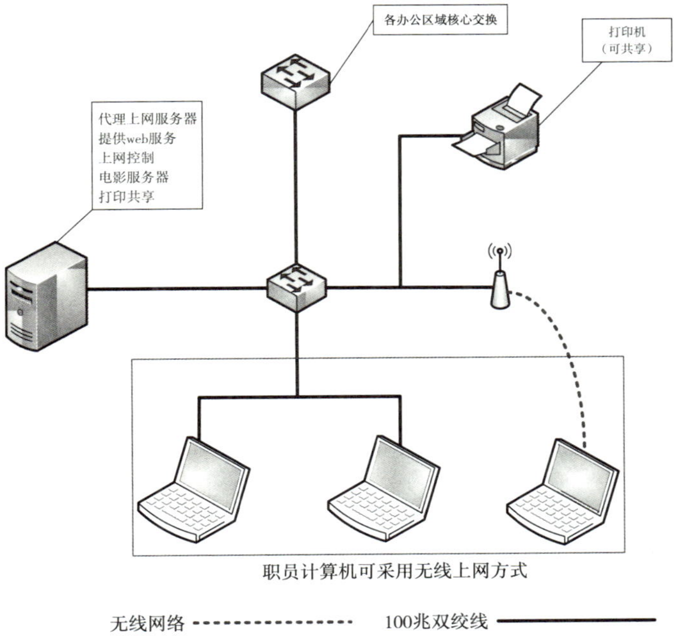

图 1-1-3　××学院办公室网络拓扑结构图

1）星型拓扑结构

（1）定义

星型拓扑结构是用一个节点作为中心节点，其他节点直接与中心节点相连构成的网络，如图 1-1-4 所示。中心节点可以是文件服务器，也可以是连接的设备。常见的中心节点为交换机,各节点通过点到点的链路与中心节点相连。

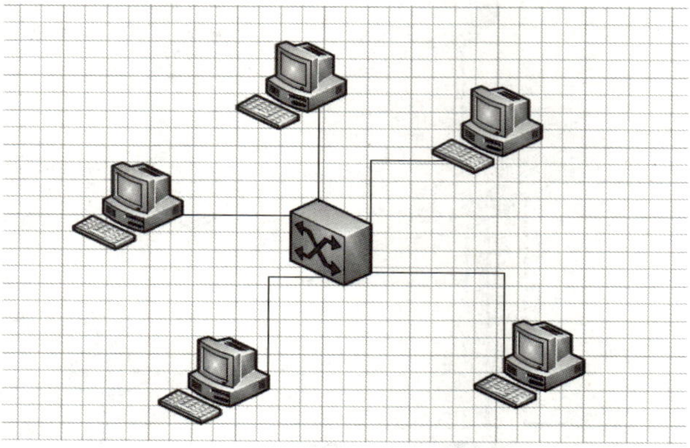

图 1-1-4　星型拓扑结构图

(2)星型拓扑结构优缺点

优点:

①控制简单。任何一节点只和中心节点相连接,故介质访问控制方法简单,致使访问协议也十分简单,易于进行网络监控和管理。

②故障诊断和隔离容易。中心节点对连接线路可以逐一隔离并进行故障检测和定位,单个连接点的故障只影响一个设备,不会影响全网。

③方便服务。中心节点可以方便地对各个站点提供服务和重新配置网络。

缺点:

①需要耗费大量的电缆,安装、维护的工作量也很巨大。

②中心节点负担重,形成"瓶颈",一旦发生故障,则全网受影响。

③各节点的分布处理能力较低。

总之,星型拓扑结构相对简单,便于管理,建网容易,是目前局域网普遍采用的一种拓扑结构。采用星型拓扑结构的局域网,一般使用双绞线或光纤作为传输介质,符合综合布线标准,能够满足多种宽带需求。

2)总线型拓扑结构

(1)定义

所谓总线型拓扑结构,即网络中所有的站点共享一条数据通道,网络上的多个节点可以接收一个节点发出的信息,多个节点连接到一条公用信道上。

总线型拓扑结构中的所有设备都直接与总线相连,所采用的介质一般是同轴电缆(包括粗缆和细缆),现在也有采用光缆作为总线型传输介质的。ATM 网、Cable Modem 所采用的网络等都属于总线型拓扑结构,具体如图 1-1-5 所示。

(2)总线型拓扑结构优缺点

优点:

①组网费用低。从示意图可以看出这样的结构根本不需要另外的互联设备,是直接通过一条总线进行连接,所以组网费用较低。

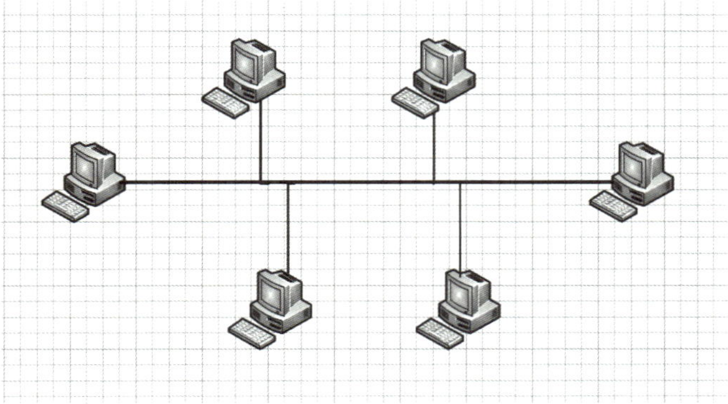

图 1-1-5　总线型拓扑结构图

②这种网络因为各节点是共用总线带宽的，所以在传输速度上会随着接入网络用户的增多而下降。

③网络用户扩展较灵活。需要扩展用户时，只需要添加一个接线器即可，但所能连接的用户数量有限。

④维护较容易。单个节点失效不影响整个网络的正常通信。但是，如果总线一断，则整个网络或者相应主干网段就断了。

⑤一次仅能有一个端用户发送数据。

总线网络安装方便，网络结构简单，需要铺设的线缆短，成本低，某个站点自身的故障一般不会影响整个网络。但缺点是实时性较差，总线的任何一点故障都会导致网络瘫痪。

3）环型拓扑结构

（1）定义

环型拓扑结构中，节点通过点到点通信线路连接成闭合环路，环中数据将沿一个方向逐站传送。具体如图 1-1-6 所示。

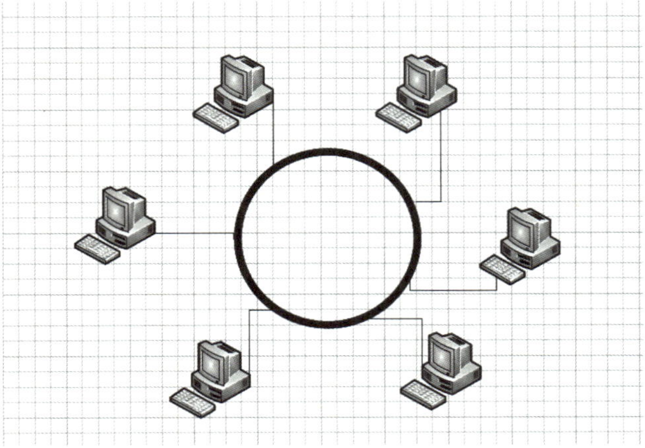

图 1-1-6　环型拓扑结构图

（2）环型拓扑结构优缺点

①环型拓扑网络结构简单，传输延时确定，但是环中每个节点与连接节点之间的通信线

路都会成为网络可靠性的屏障。对于环型拓扑结构,网络节点的加入、退出以及环路的维护和管理都比较复杂。

②消除了端用户通信时对中心系统的依赖性。

③信息流在网中是沿着固定方向流动的,两个节点间仅有一条道路,故简化了路径选择的控制。

④环路是封闭的,不便于扩充;可靠性低,一个节点的故障将会造成全网瘫痪。

实际上,大多数情况下环型拓扑结构的网络不会是所有计算机真的要连接成物理上的环型。一般情况下,环的两端是通过一个阻抗匹配器来实现环的封闭的,因为在实际组网过程中因地理位置的限制不便于真的做到环两端的物理连接。

4)树型拓扑结构

(1)定义

树型拓扑结构是分级的集中控制式网络,各节点形成了一个层次化的结构,树中的各个节点都为计算机。具体如图 1-1-7 所示。

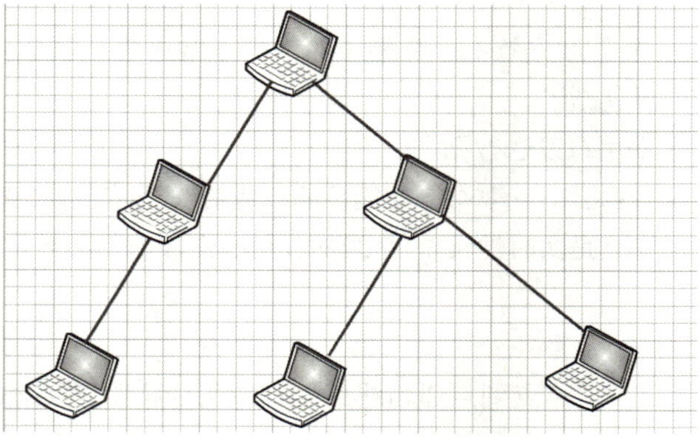

图 1-1-7　树型拓扑结构图

与星型拓扑结构相比,树型拓扑结构的通信线路总长度短,成本较低,节点易于扩充,寻找路径比较方便,但除了叶节点及其相连的线路外,任一节点或其相连的线路故障都会使系统受到影响。

注意:层次结构的层不宜过多,这样导致高层节点的负荷过重,这是因为转接开销过大。

(2)树型网络拓扑结构优缺点

①易于扩充。树型拓扑结构可以延伸出很多分支和子分支,这些新节点和新分支都能容易地加入网内。

②故障隔离较容易。如果某一分支的节点或线路发生故障,可以很容易地将故障分支与整个系统隔离开来。

③各个节点对根节点的依赖性太大。如果根发生故障,则全网不能正常工作。

5)网状型拓扑结构

(1)定义

网状型拓扑结构指各节点通过传输线互相连接起来,并且每一个节点至少与其他两个节点相连。网状型拓扑结构具有较高的可靠性，但其结构复杂，实现起来费用较高，不易管理和维护，局域网不常用。具体如图 1-1-8 所示。

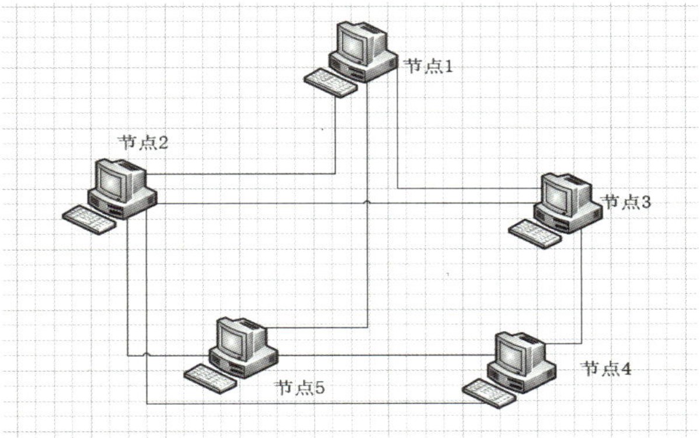

图 1-1-8　网状型拓扑结构图

（2）网状型拓扑结构优缺点

①网络可靠性高，一般通信子网中任意两个节点交换机之间存在着两条或两条以上的通信路径，这样，当一条路径发生故障时，还可以通过另一条路径把信息送至节点交换机。

②网络可组建成各种形状，采用多种通信信道，具备多种传输速率。

③网内节点共享资源容易。

④线路费用高，不易扩充。

⑤软件复杂，控制复杂。

6）混合型拓扑结构

混合型拓扑结构如图 1-1-9 所示。

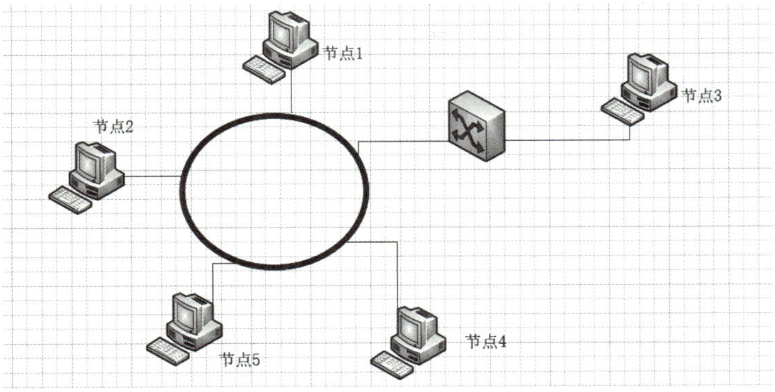

图 1-1-9　混合型拓扑结构图

二、技术实践

1. 设计背景

××××职院学院是经重庆市人民政府批准、教育部备案，具有独立颁发国家学历文凭资格的全日制高职学院，成立于 1984 年，校园占地 1 700 余亩，建有现代化的教学楼、图书馆、体育馆、综合运动场、实训大楼、各类实验室、标准学生公寓、教工宿舍、食堂、超市等完备的教学生活设施，建筑面积 30 余万 m^2，教学科研仪器设备值逾亿元，在校生近万人。其中，女生寝室楼 3 栋，男生寝室楼 8 栋，学生寝室采用标准的 4 人\6 人间，学生周末可以选修网络课堂，拓展技能。

2. 学生寝室网需求

①实现寝室人员能够访问外网；

②实现寝室网络资源共享；

③实现寝室内发布寝室主页并内部访问；

④实现寝室 WIFI 共享，手机共享 WIFI；

⑤实现寝室人员笔记本电脑内部资源设置访问权限。

3. 所需网络技术模块分析

所需网络技术模块如图 1-1-10 所示。

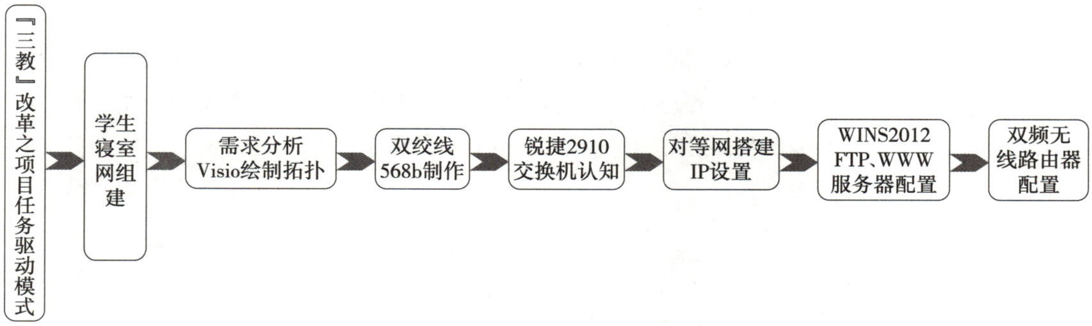

图 1-1-10　学生寝室网组建技术模块图

4. 参考网络拓扑结构图研讨

网络拓扑结构如图 1-1-11 所示。

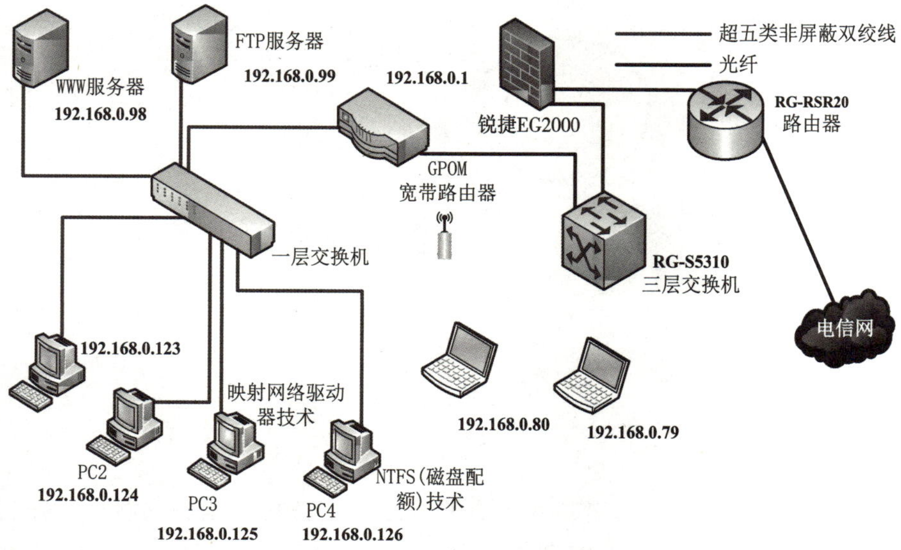

图 1-1-11　学生寝室网参考网络拓扑结构图

【任务实施】

任务名称	学生寝室网组建:需求分析及计算机网络定义、拓扑结构研讨		
班　级		姓　名	
地　点		日　期	
小组成员			

一、任务准备

(1)在智慧职教平台上对课件、技术文档等资料进行提前学习,并做好笔记。
(2)在重庆市在线开放课程平台对《计算机网络技术》完成前期学习。
(3)调研本校同学对学生寝室网络的需求,形成文档。
(4)利用互联网,调研重庆市高校学生对学生寝室网络的需求,形成文档。

二、过程记录

任务名称	任务关键技术点记录	使用资源记录	本人角色
学生寝室网组建—背景、需求分析			□协调员 □记录员 □观察员 □实践员
学生寝室网组建—所需技术模块分析			□协调员 □记录员 □观察员 □实践员
学生寝室网组建—参考网络拓扑结构图分析			□协调员 □记录员 □观察员 □实践员
学生寝室网组建—计算机网络定义			□协调员 □记录员 □观察员 □实践员
学生寝室网组建—计算机网络功能			□协调员 □记录员 □观察员 □实践员

续表

任务名称	任务关键技术点记录	使用资源记录	本人角色
学生寝室网组建—计算机网络组成			□协调员 □记录员 □观察员 □实践员
学生寝室网组建—计算机网络分类			□协调员 □记录员 □观察员 □实践员
学生寝室网组建—以网络实训室(现场描述何为网络)小组为单位进行团队 PK			□协调员 □记录员 □观察员 □实践员

【评价与考核】

序　号	任务名称	考核内容及评分标准	分　数	扣　分
1	安全 / 态度 / 团队合作能力	1. 任务实施时是否规范操作(10 分) 2. 态度是否积极(5 分) 3. 是否积极参与团队协作(5 分)	20	
2	专业技能	1. 任务实施时设计专业技术是否完全掌握(30 分) 2. 任务实施时设计专业技术呈现是否具有创新思维(20 分)	50	
3	工具及设备(软、硬件设备)的使用数据记录	1. 是否做到规范数据记录(5 分) 2. 数据记录时是否清晰、工整(5 分)	10	
4	表单填写、报告撰写能力及课堂语言表达组织能力	1. 是否能够完成表单填写及报告撰写(15 分) 2. 语言文字表述上是否用词规范(5 分)	20	
合　计			100	

【实践报告单】

实践报告单　　姓名:________					
课　程		班　级		隶属小组	
实践项目					

续表

实践任务			
实践器材			
实践内容			
反思或建议			
实践结果	组内评：	组间评：	师评：

指导教师________　　　　　　　　　　______年____月____日

【归纳提高】

本任务完成了组建学生寝室网的需求分析，以及项目所需的计算机网络技术及网络拓扑结构分析的知识储备。通过本任务，学生可以初步具备项目需求的分析能力及掌握网络技术的认知技术知识，形成计算机网络技术项目设计的基本理念和思维。

【实践强化】

1. 以小组为单位调研学生寝室网络需求及网络状况，形成简单的调研报告。
2. 如何理解学生寝室网设计的需求？

任务二　网络体系结构及局域网关键技术研讨

【任务名称】

网络体系结构 OSI 参考模型及局域网关键技术研讨。

【任务目标】

素质目标：

(1)培养学生良好的自我表现、与人沟通的能力；

(2)培养学生的团队协作精神；

(3)培养学生民族精神、爱国精神；

(4)培养学生勇于创新、敬业乐业的工作作风；

(5)培养学生的质量意识、安全意识；

(6)培养学生诚实、守信、坚忍不拔的性格；

(7)培养学生自主、开放的学习能力；

(8)培养学生吃苦耐劳的精神及工匠精神；

(9)培养学生的家国情怀。

知识目标：

(1)掌握网络体系结构的定义及 OSI 参考模型七层特点。

(2)掌握局域网关键技术知识。

(3)会分析数据包在学生寝室网中的传输过程。

能力目标：

(1)培养学生对计算机网络基础知识、基本原理的认识能力。

(2)根据网络工程技术规范，网络综合布线标准，具备小型网络项目的设计实施能力及技术分析能力。

(3)培养学生对网络体系结构 OSI 参考模型及局域网关键技术进行研讨的能力。

【任务描述】

组建学生寝室网在网络设计中会涉及网络体系结构及 OSI 参考模型技术知识。为了顺利组建学生寝室网，同时解决数据包在学生寝室网中的传输问题，必须完成网络体系结构及OSI参考模型的技术要点、局域网关键技术等任务。

【任务分析】

需　求	关键技术分析
1）实现学生寝室网稳定运行	网络体系结构
2）实现学生寝室网网络维护顺畅	网络体系结构-OSI参考模型
3）实现学生寝室网组建设计	网络拓扑图设计、局域网关键技术

【人文素养】

从司马光砸缸的典故出发，以小组的方式结合本项目研讨创新永无止境的含义。创新是第一动力的依据与现实运用。

司马光砸缸

【知识技术储备】

一、基础知识

1. 网络功能分层

为了减少计算机网络的复杂程度，按照结构化设计方法，计算机网络将其功能划分为若干个层次，较高层次建立在较低层次的基础上，并为其更高层次提供必要的服务功能。网络中的每一层都起到隔离作用，使得低层功能具体实现方法的变更不会影响到高一层所执行的功能。

网络数据通信动画模拟一

2. 网络体系结构

为完成计算机间的通信合作，可把每个计算机互联的功能划分成有明确定义的层次，并规定同层次进程通信的协议及相邻层之间的接口服务，即为网络体系结构。

3. 网络协议

网络协议是一种规则，涉及信息发送/接受信息的方式及规定信息的格式。

网络数据通信动画模拟二

（1）语法

语法即数据与控制信息的结构或格式，即通信双方“如何讲”。

（2）语义

语义即需要发出何种控制信息，完成何种动作以及做出何种响应，即通信双方准备“讲什么”。

（3）同步

同步又称为时序，即事件实现顺序的详细说明，即在实现操作时先做什么、后做什么。

二、技术实践

1. OSI 参考模型

为了实现不同厂家生产的计算机系统之间以及不同网络之间的数据通信，国际标准化组织 ISO 对各类计算机网络体系结构进行了研究，并于 1981 年正式公布了一个网络体系结构模型作为国际标准（图 1-2-1），称为开放系统互连参考模型（OSI/RM），也称为 ISO/OSI。

"开放"表示任何两个遵守 OSI/RM 的系统都可以进行互连，当一个系统能按 OSI/RM 与另一个系统进行通信时，就称该系统为开放系统。

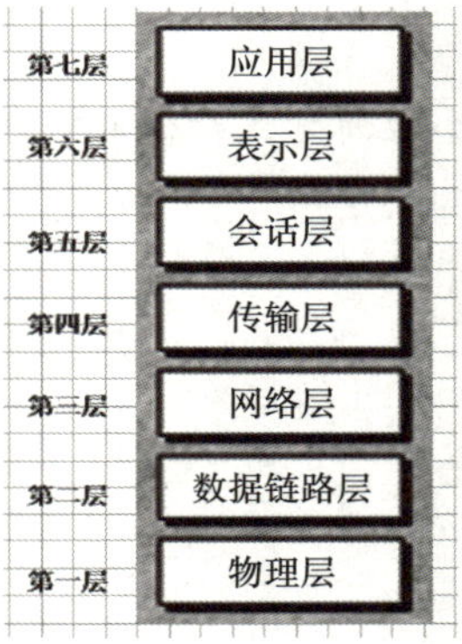

图 1-2-1　OSI 参考模型图

2. OSI 参考模型各层特点（表 1-2-1）

表 1-2-1　参考模型层次表

序号	层次名称	特点
7	应用层	提供应用程序间的通信
6	表示层	处理数据格式、数据加密
5	会话层	建立、维护和管理会话
4	传输层	建立主机端到端连接
3	网络层	寻址和路由选择
2	数据链路层	提供介质访问、链路管理等
1	物理层	透明的比特流传输

3. OSI 参考模型关键层次研讨

（1）数据链路层（DLL）

该层在物理层提供比特流服务的基础上，建立相邻节点之间的数据链路，通过差错控制提供数据帧在信道上无差错地传输，并进行数据流量控制。

（2）网络层

该层为传输层的数据传输提供建立、维护和终止网络连接的手段，把上层来的数据组织成数据包（Packet）在节点之间进行交换传送，并且负责路由控制和拥塞控制。

①逻辑地址寻址；

②路由功能；

③流量控制；

④拥塞控制。

（3）传输层

该层为上层提供端到端（最终用户到最终用户）的透明的、可靠的数据传输服务。所谓透明传输，是指在通信过程中传输层对上层屏蔽了通信传输系统的具体细节。

（4）应用层

该层为网络用户或应用程序提供各种服务，常用的网络服务包括文件服务、电子邮件（E-mail）服务、打印服务、集成通信服务、目录服务、网络管理服务、安全服务、多协议路由与路由互连服务、分布式数据库服务、虚拟终端服务等。

4. ××学院网络拓扑图研讨（巴渝工匠杯－“网络系统管理”竞赛技术点，图 1-2-2）

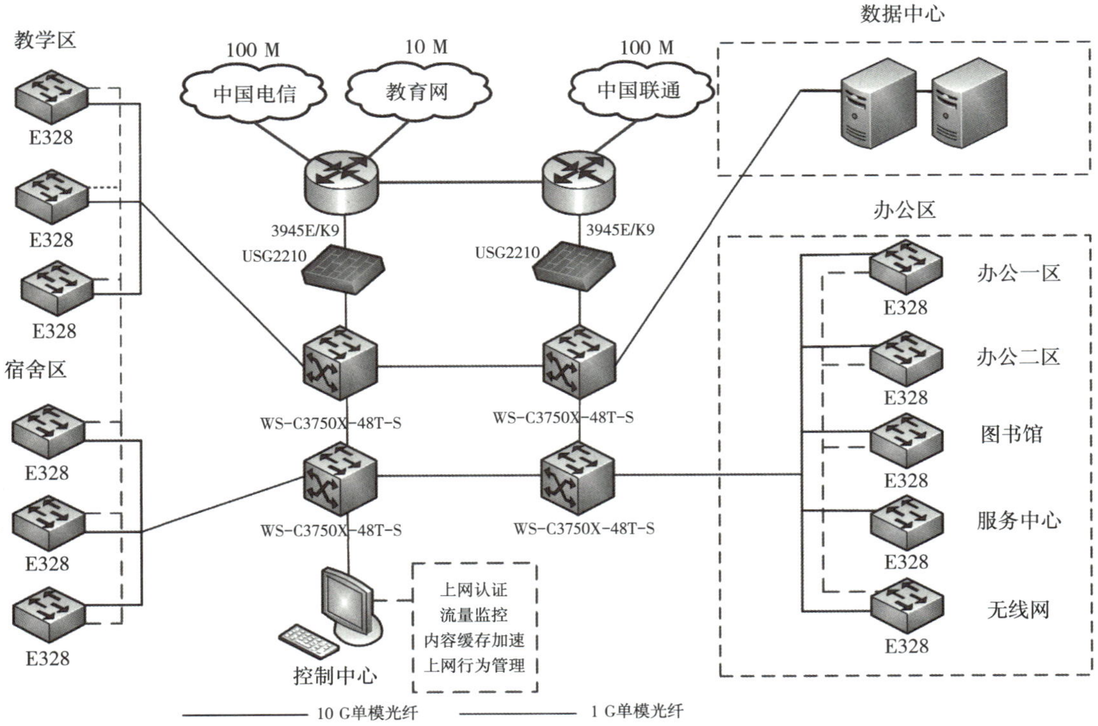

图 1-2-2　××学院网络拓扑图

5. 局域网关键技术

（1）决定局域网特征的主要技术

①拓扑结构；

②传输介质；

③介质访问控制方法。

三种技术决定了传输数据的类型、网络的响应时间、吞吐量、利用率以及网络应用等各种网络特征。

（2）介质访问控制方法（CSMA/CD）

总线型 LAN 中，所有的节点对信道的访问是以多路访问方式进行的。任一节点都可以将数据帧发送到总线上，所有连接在信道上的节点都能检测到该帧。

当目的节点检测到该数据帧的目的地址（MAC 地址）为本节点地址时，就继续接收该帧中包含的数据，同时给源节点返回一个响应。当有两个或更多的节点在同一时间都发送了数据，在信道上就造成了帧的重叠，导致冲突出现。为了克服这种冲突，总线 LAN 中常采用 CSMA/CD 协议，即带有冲突检测的载波侦听多路访问协议，它是一种随机争用型的介质访问控制方法。

在采用 CSMA/CD 协议的总线 LAN 中，各节点通过竞争的方法强占对媒体的访问权利，出现冲突后，必须延迟重发（图 1-2-3）。节点从准备发送数据到成功发送数据的时间是不能确定的，它不适合传输对时延要求较高的实时性数据。

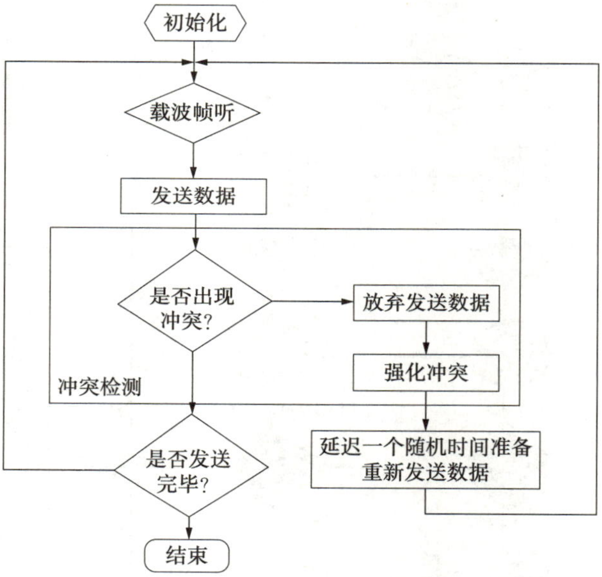

图 1-2-3　CSMA/CD 工作过程图

（3）介质访问控制方法（令牌环）

在令牌环介质访问控制方法中，闭合环路中有一个游走的令牌。网络中的节点只有截获令牌时才能发送数据，因此，使用令牌环的 LAN 中不会产生冲突，但是会使网络时延增大（图 1-2-4）。

负载较小时，等待令牌的时间是存在的，故效率较低。

负载较大时，对各节点公平，故效率高。

采用令牌环的局域网还可以对各节点设置不同的优先级。

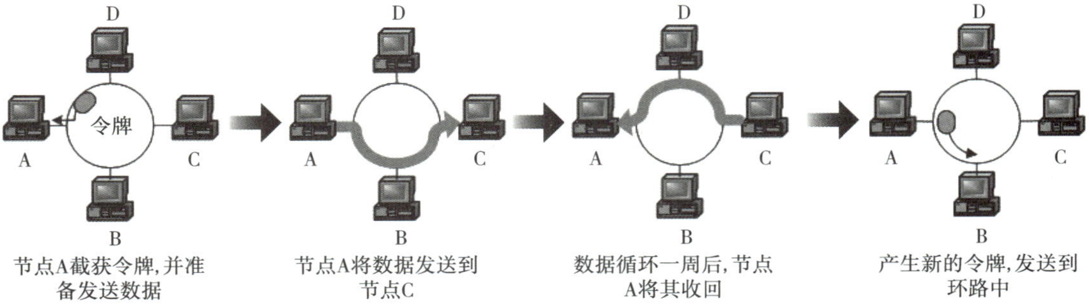

图 1-2-4　令牌环工作过程图

——《计算机网络》第四版,谢希仁主编

【任务实施】

任务名称	学生寝室网组建:网络体系结构 OSI 参考模型及局域网关键技术研讨		
班　级		姓　名	
地　点		日　期	
小组成员			

一、任务准备

(1)在智慧职教平台上对课件、技术文档等资料进行提前学习,并做好笔记。
(2)在重庆市在线开放课程平台对《计算机网络技术》完成前期学习。
(3)利用互联网查阅网络体系结构 OSI 参考模型相关知识。
(4)以小组为单位到网络实训室熟悉网络通信过程。

二、过程记录

任务名称	任务关键技术点记录	使用资源记录	本人角色
学生寝室网组建—网络体系结构及协议研讨			□协调员 □记录员 □观察员 □实践员
学生寝室网组建—OSI 参考模型研讨			□协调员 □记录员 □观察员 □实践员
学生寝室网组建—网络中数据包传输过程			□协调员 □记录员 □观察员 □实践员

续表

任务名称	任务关键技术点记录	使用资源记录	本人角色
学生寝室网组建—网络拓扑结构图分析			□协调员 □记录员 □观察员 □实践员
学生寝室网组建—局域网关键技术(一)介质访问控制方法(CSMA/CD)			□协调员 □记录员 □观察员 □实践员
学生寝室网组建—局域网关键技术(二)介质访问控制方法(令牌环)			□协调员 □记录员 □观察员 □实践员

【评价与考核】

序　号	任务名称	考核内容及评分标准	分　数	扣　分
1	安全 / 态度 / 团队合作能力	1. 任务实施时是否规范操作(10 分) 2. 态度是否积极(5 分) 3. 是否积极参与团队协作(5 分)	20	
2	专业技能	1. 任务实施时设计专业技术是否完全掌握(30 分) 2. 任务实施时设计专业技术呈现是否具有创新思维(20 分)	50	
3	工具及设备(软、硬件设备)的使用数据记录	1. 是否做到规范的数据记录(5 分) 2. 数据记录时是否清晰、工整(5 分)	10	
4	表单填写、报告的撰写能力及课堂语言表达组织能力	1. 是否能够完成表单填写及报告撰写(15 分) 2. 语言文字表述上是否用词规范(5 分)	20	
合　计			100	

【实践报告单】

实践报告单　姓名:________					
课　程		班　级		隶属小组	
实践项目					

续表

实践任务			
实践器材			
实践内容			
反思或建议			
实践结果	组内评：	组间评：	师评：

指导教师＿＿＿＿＿＿　　　　＿＿＿＿＿年＿＿月＿＿日

【归纳提高】

本任务学习了网络体系结构、通信协议及OSI参考模型的通信特点、局域网的关键技术(主要是介质访问控制方法)、网络中数据包通信过程等技术点，以更好地进行学生寝室网的设计组建，提高了学生对网络通信的理解能力及对网络设计的思维理念。

【实践强化】

1. 简述计算机网络体系结构OSI各层特点(图1-2-5)。

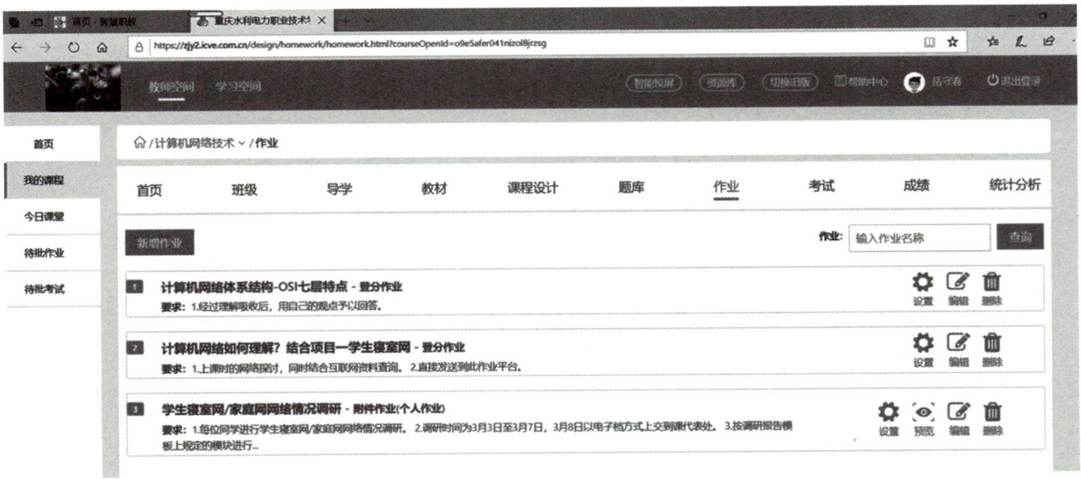

图1-2-5

2. 以小组为单位研讨本项目学生寝室网数据包传输的过程，形成技术文档。

任务三　Visio 软件使用及绘制网络拓扑结构图

【任务名称】

Visio 软件使用及绘制网络拓扑结构图。

【任务目标】

素质目标：

(1)培养学生良好的自我表现、与人沟通的能力；

(2)培养学生的团队协作精神；

(3)培养学生民族精神、爱国精神；

(4)培养学生勇于创新、敬业乐业的工作作风；

(5)培养学生的质量意识、安全意识；

(6)培养学生诚实、守信、坚忍不拔的性格；

(7)培养学生自主、开放的学习能力；

(8)培养学生吃苦耐劳的精神及工匠精神；

(9)培养学生的家国情怀。

知识目标：

(1)掌握 Visio 软件使用方法和绘图技巧。

(2)完成 Visio 软件绘制网络拓扑结构图。

(3)会分析网络拓扑结构图。

能力目标：

(1)培养学生对计算机网络基础知识、基本原理的认识能力。

(2)根据网络工程技术规范，网络综合布线标准，具备实现小型网络项目的设计实施能力及技术分析能力。

(3)培养学生对 Visio 软件使用及绘制网络拓扑结构图的能力。

【任务描述】

组建学生寝室网在网络设计中会涉及网络拓扑结构图绘制的技术知识，为了顺利组建学生寝室网，应掌握 Visio 软件使用方法和绘图技巧、××××项目的网络拓扑结构图，以此掌握网络拓扑结构图的设计理念。

【任务分析】

需　求	关键技术分析
1）实现学生寝室网组建	Visio 软件使用方法和绘图技巧
2）实现学生寝室网组建设计	××××项目的网络拓扑结构图
	网络拓扑结构图的设计理念

【人文素养】

作为学生的我们，应正确认识自己，发挥所长，成为德智体美劳全面发展的社会主义建设者和接班人。

西游取经团队的故事

【知识技术储备】

一、Visio 软件简介

Office Visio 是 Office 软件系列中的负责绘制流程图和示意图的软件，是一款便于 IT 和商务人员就复杂信息、系统和流程进行可视化处理、分析和交流的软件（图 1-3-1）。

图 1-3-1　Visio 软件界面

Visio 最初属于 Visio 公司，该公司成立于 1990 年 9 月，起初名为 Axon。原始创始人杰瑞米（Jeremy Jaech）、戴夫（Dave Walter）和泰德·约翰逊均来自 Aldus 公司，其中杰瑞米（Jeremy Jaech）、戴夫（Dave Walter）是 Aldus 的原始创始人，而泰德是 Aldus 公司 PageMaker for Windows 开发团队的领袖。

1992 年，公司更名为 Shapeware。同年 11 月，它发布了第一个产品：Visio。

1995 年 8 月 18 日,Shapeware 发布 Visio 4,这是一个专门为 Windows 95 开发的应用程序。

1995 年 11 月,Shapeware 将公司名字更改为 Visio 1。

2000 年 1 月 7 日, 微软公司以 15 亿美元股票交换收购 Visio。 此后 Visio 并入 MicrosoftOffice 一起发行。

各版本如下:

Visio 企业网络版, Visio 网络中心版。

Visio 企业框架版 2003 (VEA 2003)(基于 Visio 2002 并包含 Visual Studio.NET 2003 企业框架版)。

Office Visio 2003 (11.0; 标准版,专业版)。

Office Visio for 企业框架版 2005 (VEA 2005)(基于 Visio 2003 并包含 Visual Studio 2005 Team Suite 及 Team Architect)。

Office Visio 2007 (12.0; 标准版,专业版)。

Office Visio 2010 (14.0; 标准版,专业版,白金版)。

Office Visio 2013 (15.0; 标准版,专业版)。

Office Visio 2016 (16.0; 标准版,专业版)。

Office Visio 2019 (16.0; 标准版,专业版)。

Office Visio 2021 (16.0;标准版,专业版)。

Visio 2010 对上一版包含以下新的改进:创建图表更加容易、更多查找形状、实时预览功能、自动调整大小、自动调整间距、增加 Visio 服务、流程管理、增强 SharePoint 支持、新的图形及更好的兼容性。

二、技术实践

1. Office Visio 2010 的使用

①新建 Visio 绘图——选择详细网络图(图 1-3-2)。

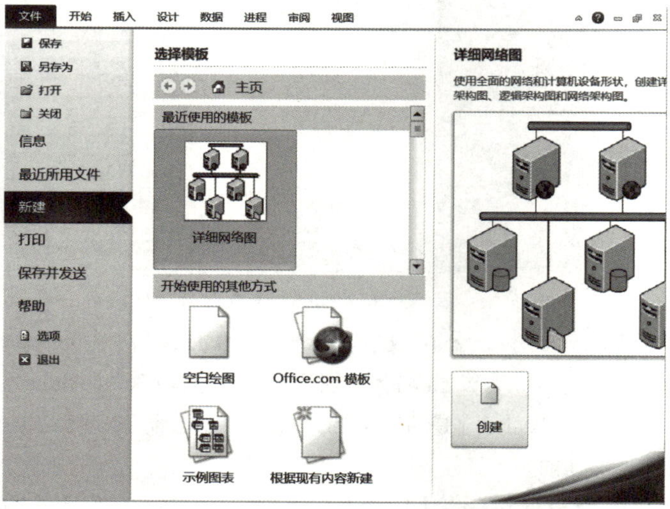

图 1-3-2

②进入 Visio 绘图界面(图 1-3-3)。

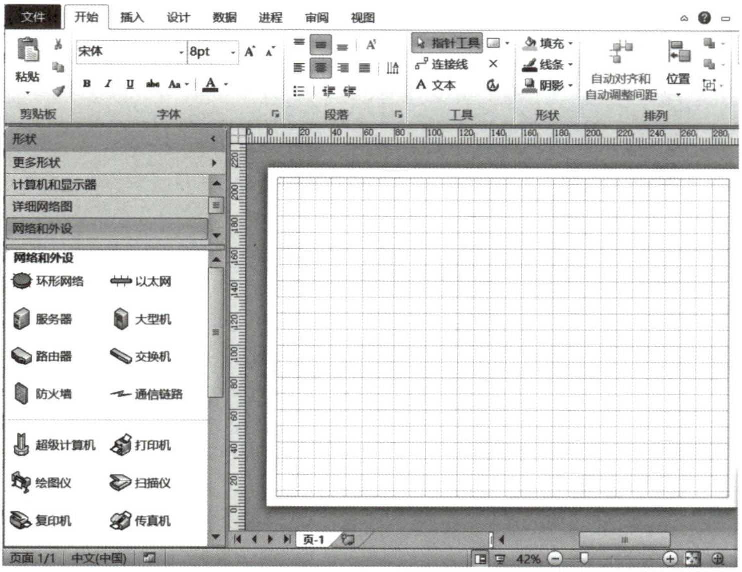

图 1-3-3

③ Visio 绘图部件选取(图 1-3-4)。

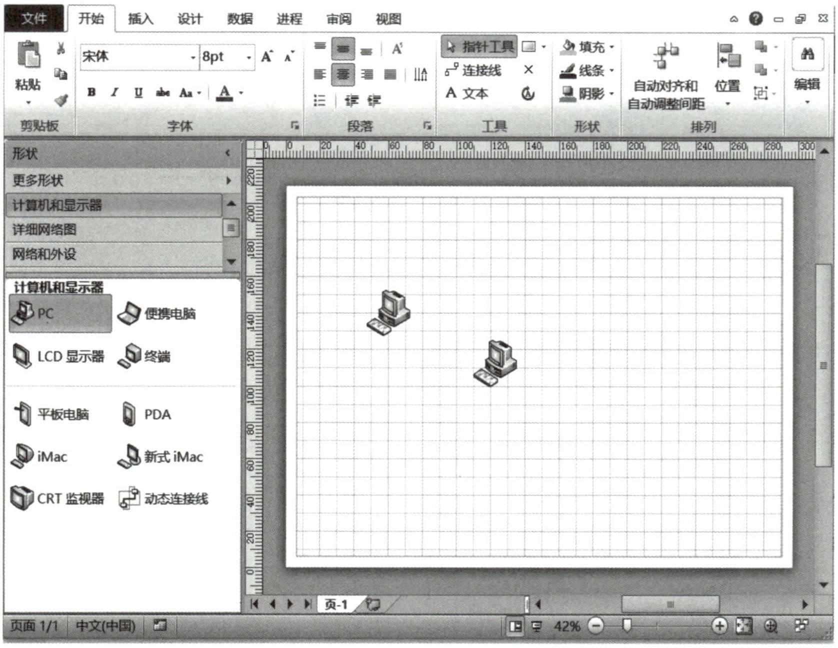

图 1-3-4

④ Visio 绘图“线”的切换(图 1-3-5、图 1-3-6)。

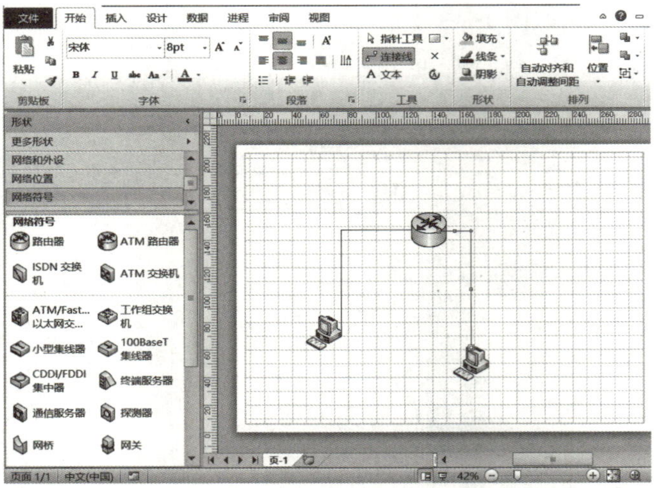

图 1-3-5

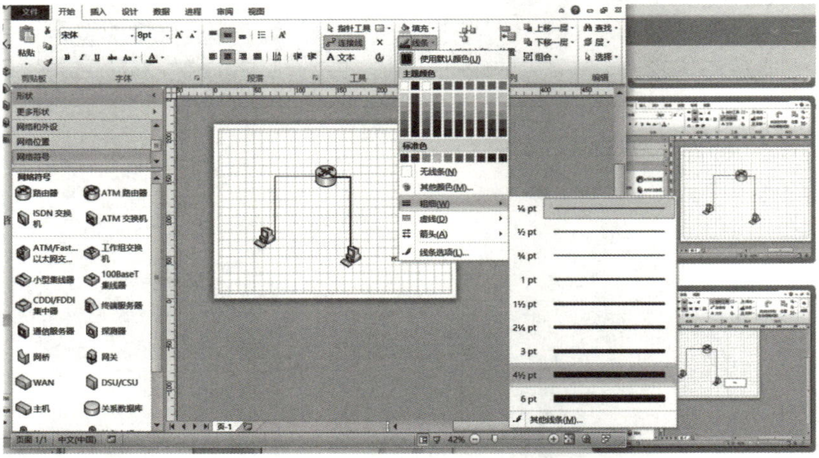

图 1-3-6

⑤ Visio 绘图“文本框”的使用(图 1-3-7)。

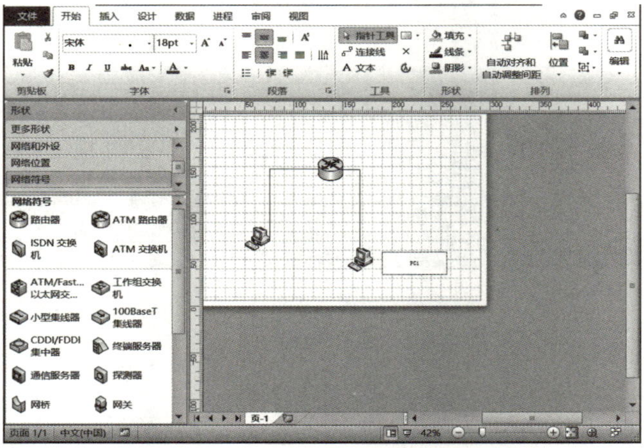

图 1-3-7

⑥ Visio 绘图文件的保存(图 1-3-8)。

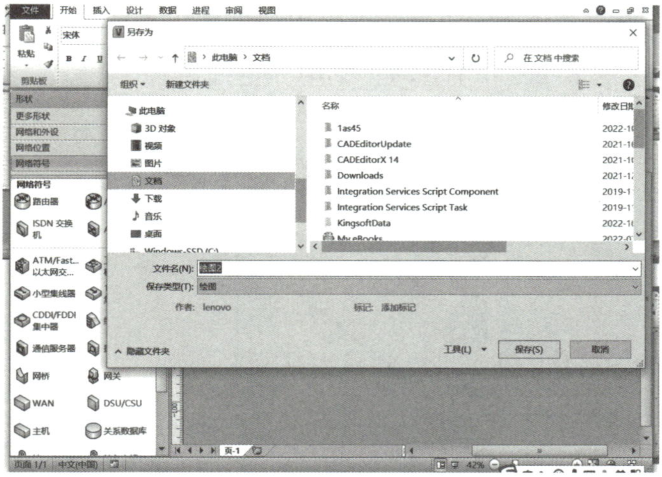

图 1-3-8

2. Visio 软件使用操作视频观看

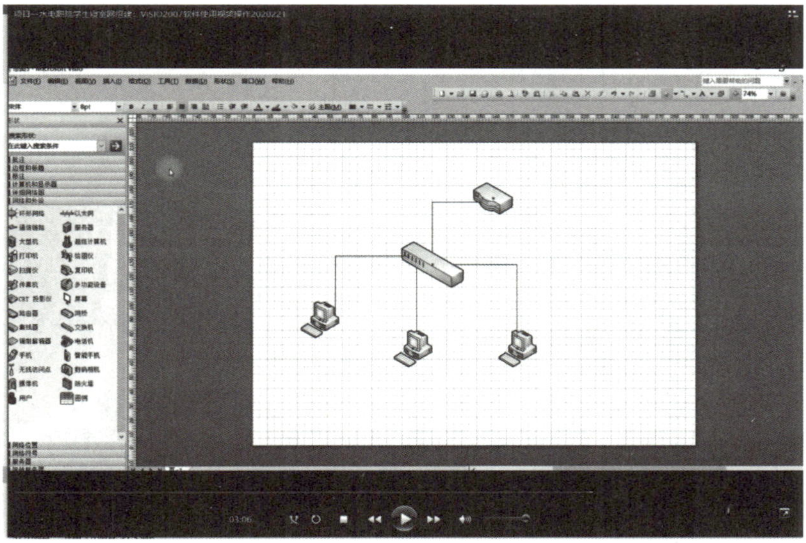

图 1-3-9

Visio 2010 使用及如何绘制网络拓扑结构图

3. 研讨 Visio 软件绘制网络拓扑结构图

① ×××× 学院网络拓扑结构图如图 1-3-10 所示。

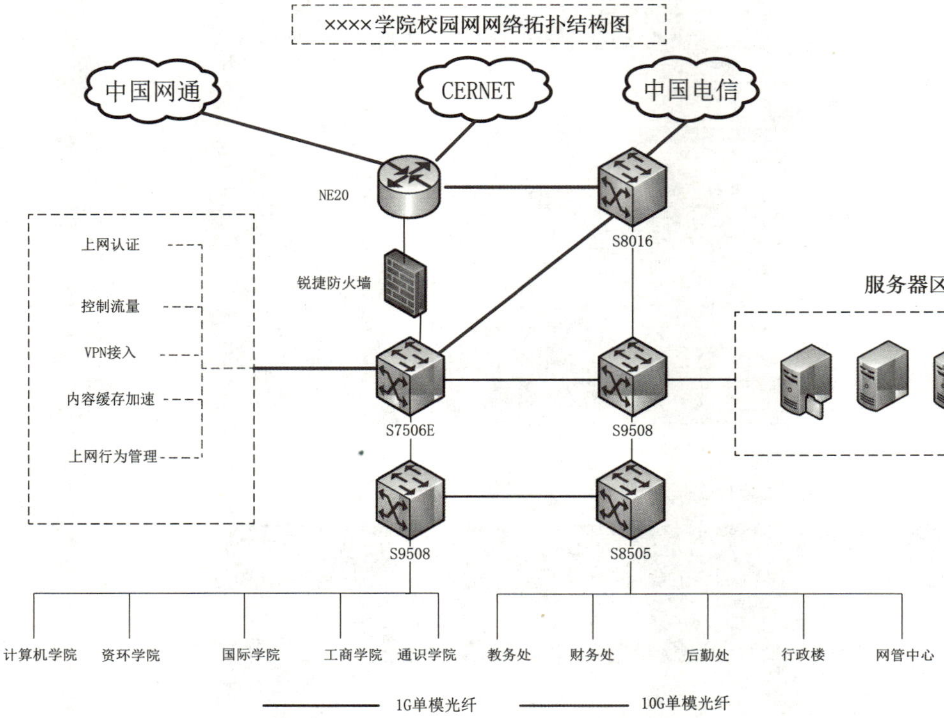

图 1-3-10

② ×××× 家庭网网络拓扑图如图 1-3-11 所示。

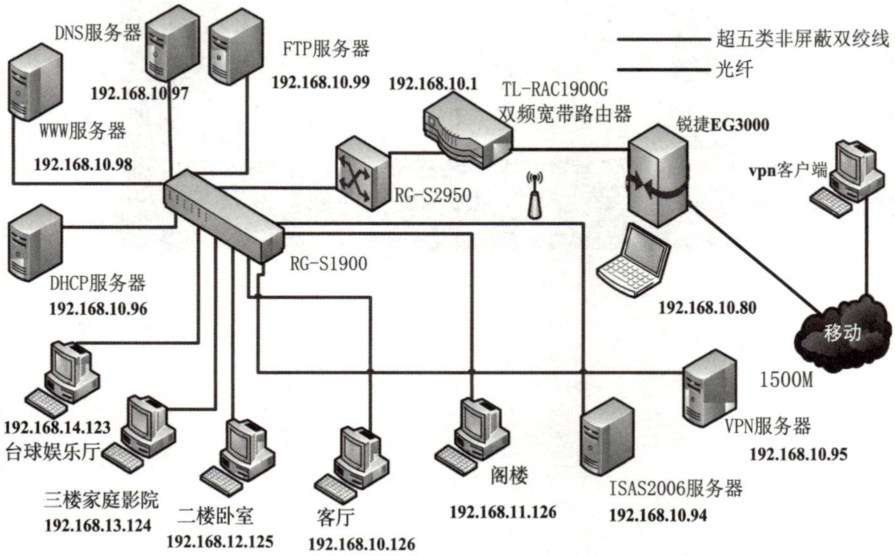

图 1-3-11

【任务实施】

任务名称	学生寝室网组建:Visio 软件使用及绘制网络拓扑结构图		
班 级		姓 名	
地 点		日 期	
小组成员			

一、任务准备

(1)在智慧职教平台上对课件、技术文档等资料进行提前学习,并做好笔记。
(2)在重庆市在线开放课程平台对《计算机网络技术》完成前期学习。
(3)利用互联网查阅 Visio 软件安装等相关知识。
(4)以小组为单位到网络实训室熟悉网络互连设备。

二、过程记录

任务名称	任务关键技术点记录	使用资源记录	本人角色
学生寝室网组建—Visio 软件使用的方法及技巧			□协调员 □记录员 □观察员 □实践员
学生寝室网组建—Visio 软件绘制 ×××× 职业学院网络拓扑结构图			□协调员 □记录员 □观察员 □实践员
学生寝室网组建—绘制学生寝室网网络拓扑图及分析研讨			□协调员 □记录员 □观察员 □实践员

【评价与考核】

序 号	任务名称	考核内容及评分标准	分 数	扣 分
1	安全/态度/团队合作能力	1. 任务实施时是否规范操作(10 分) 2. 态度是否积极(5 分) 3. 是否积极参与团队协作(5 分)	20	

续表

序号	任务名称	考核内容及评分标准	分数	扣分
2	专业技能	1. 任务实施时设计专业技术是否完全掌握（30分） 2. 任务实施时设计专业技术呈现是否具有创新思维（20分）	50	
3	工具及设备(软、硬件设备)的使用数据记录	1. 是否做到规范的数据记录（5分） 2. 数据记录时是否清晰、工整（5分）	10	
4	表单填写、报告的撰写能力及课堂语言表达组织能力	1. 是否能够完成表单填写及报告撰写（15分） 2. 语言文字表述上是否用词规范（5分）	20	
合　计			100	

【实践报告单】

实践报告单　　姓名:________					
课　程		班　级		隶属小组	
实践项目					
实践任务					
实践器材					
实践内容					
反思或建议					
实践结果	组内评:	组间评:		师评:	

指导教师__________　　　　________年____月____日

【归纳提高】

本任务完成了 Visio 软件安装、使用的方法及技巧、Visio 软件绘制 ×××× 职业学院的网络拓扑结构图、Visio 软件绘制参考网络拓扑结构图等技术点，是为了更好去进行学生寝室网的设计，夯实计算机网络技术技能。

【实践强化】

用 Visio 软件绘制 ××××职业学院的网络拓扑结构图(图 1-3-12)。

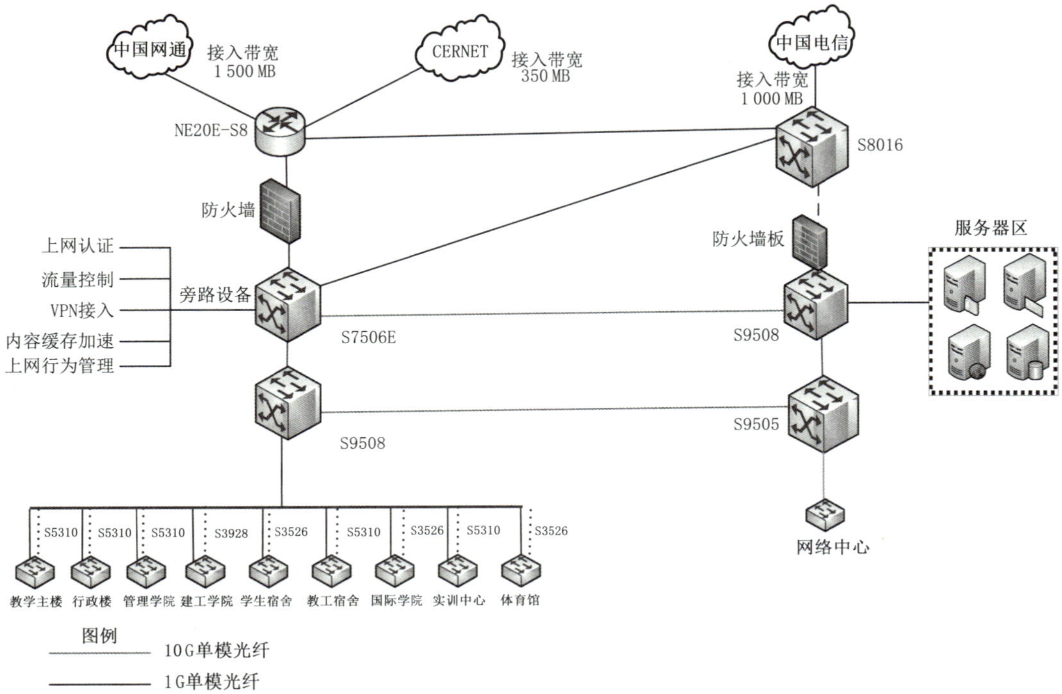

图 1-3-12

任务四　非屏蔽双绞线 RG-45 制作（直通 568b、交叉线 568a）

【任务名称】

非屏蔽双绞线 RG-45 制作。

【任务目标】

素质目标：

（1）培养学生良好的自我表现、与人沟通的能力；

（2）培养学生的团队协作精神；

（3）培养学生民族精神、爱国精神；

（4）培养学生勇于创新、敬业乐业的工作作风；

（5）培养学生的质量意识、安全意识；

（6）培养学生诚实、守信、坚忍不拔的性格；

（7）培养学生自主、开放的学习能力；

（8）培养学生吃苦耐劳的精神及工匠精神；

（9）培养学生的家国情怀。

知识目标：

（1）掌握非屏蔽双绞线 RG-45 制作步骤和技巧。

（2）掌握非屏蔽双绞线 RG-45 制作 568b、568a 的排线技巧。

能力目标：

（1）培养学生对计算机网络基础知识、基本原理认识的能力。

（2）根据网络工程技术规范、网络综合布线标准，具备实现小型网络项目的设计实施能力及技术分析能力。

（3）培养学生非屏蔽双绞线 RG-45 制作的能力。

【任务描述】

学生寝室网组建实施中需要进行网络综合布线，为了顺利进行学生寝室网络实施，需完成非屏蔽双绞线 RG-45 制作（568b、568a 排线方式）任务，以此掌握非屏蔽双绞线 RG-45 制作步骤和技巧。

【任务分析】

需　求	关键技术分析
1）实现学生寝室网组建	非屏蔽双绞线 RG-45 制作步骤
2）实现学生寝室网组建设计	非屏蔽双绞线 RG-45 制作技巧

【人文素养】

研读了毛主席的《沁园春·雪》，同学们应从中吸取了“数风流人物，还看今朝”的豪气和敢为人先的拼劲、闯劲，为第二个百年奋斗目标的胜利实现贡献自己的力量。

《沁园春·雪》

【知识技术储备】

一、知识储备

1.《综合布线系统工程设计规范（GB 50311—2007）》

为了配合现代化城镇信息通信网向数字化方向发展，规范建筑与建筑群的语音、数据、图像及多媒体业务综合网络建设，特制定《综合布线系统工程设计规范（GB 50311—2007）》。

本规范根据建设部公告第 619 号文批准发布，编号为 GB 50311—2007，自 2007 年 10 月 1 日起实施。其中 1 条（款）为强制性条文，必须严格执行。原《建筑与建筑群综合布线系统工程设计规范》（GB/T 50311—2000）同时废止。

本规范适用于新建、扩建、改建建筑与建筑群综合布线系统工程设计。

2. 网络接线标准方法（568a、568b）

T568a 线序

1	2	3	4	5	6	7	8
绿白	绿	橙白	蓝	蓝白	橙	棕白	棕

T568b 线序

1	2	3	4	5	6	7	8
橙白	橙	绿白	蓝	蓝白	绿	棕白	棕

二、技术实践

制作非屏蔽
RJ-45 水晶头
（568b）

1. 非屏蔽双绞线 RG-45 制作步骤

（1）剥去双绞线线皮

①准备好超 5 类 UTP 双绞线、RJ-45 插头和一把专用的夹线钳（图 1-4-1）。

②用夹线钳的剥线刀口将超 5 类双绞线的外保护套管划开（小心不要将里面的双绞线的绝缘层划破），刀口距 5 类双绞线的端头 2.5 cm。

③将划开的外保护套管剥去（图 1-4-2）。

（2）双绞线理线及排线

①按照 T568b 标准和导线颜色将导线按规定的序号排好（图 1-4-3）。

②将 8 根导线平坦整齐地平行排列，导线间不留空隙，要水平，成一条直线。

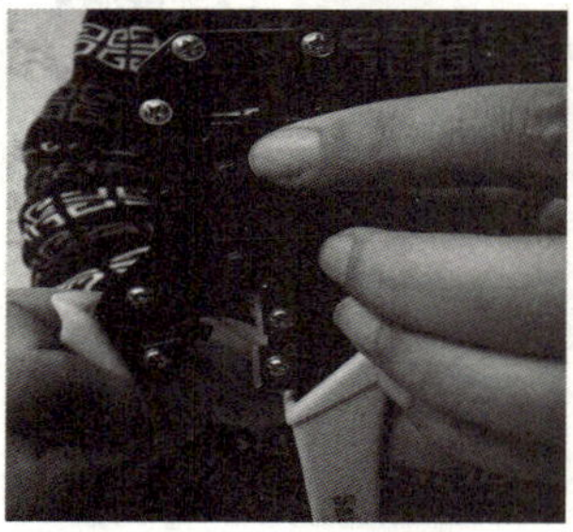
图 1-4-1

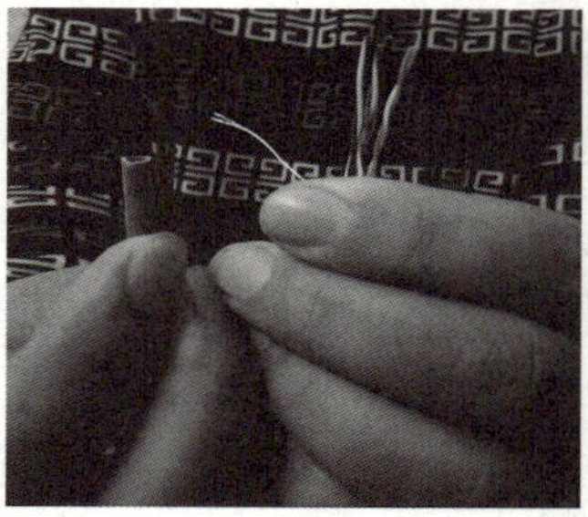
图 1-4-2

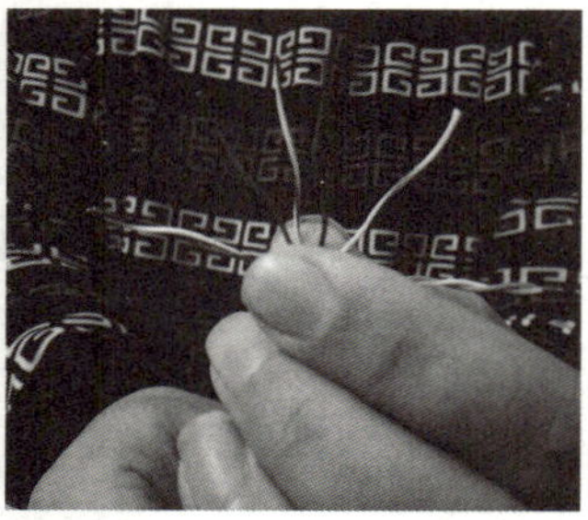
图 1-4-3

（3）双绞线剪线

用夹线钳的剪线刀口将 8 根导线剪断（图 1-4-4、图 1-4-5）。

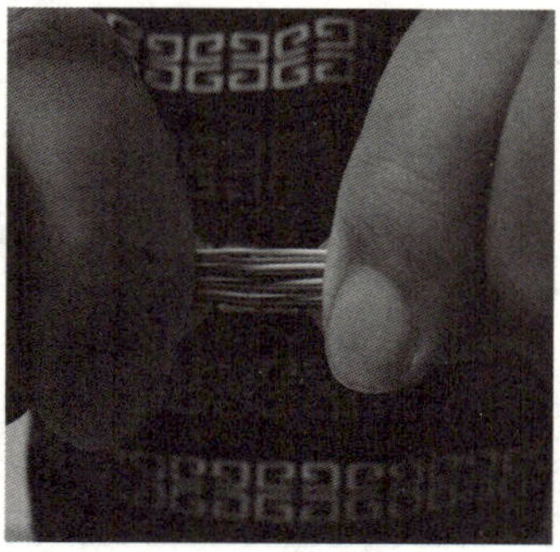
图 1-4-4

图 1-4-5

请注意：一定要剪得很整齐。剥开的导线长度不可太短，可以先留长一些。不要剥开每根导线的绝缘外层。

（4）双绞线压线

确认所做都正确后（568b 方式排线要反复检查），将 RJ-45 插头放入压线钳的压头槽内，准备最后的压实，要听到咔嚓一声，反复压 2 下（图 1-4-6、图 1-4-7）。

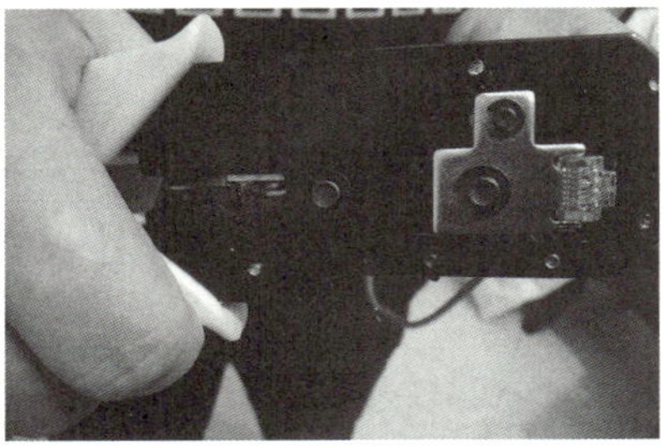

图 1-4-6

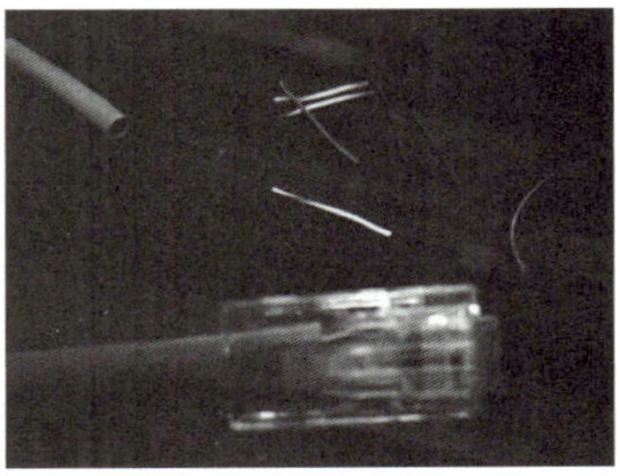

图 1-4-7

（5）双绞线 RJ-45 测试

测试时，将双绞线两端的水晶头分别插入主测试仪和远程测试端的 RJ-45 端口，将开关开至“ON”（S 为慢速挡），主机指示灯从 1 ～ 8 逐个闪亮（图 1-4-8）。注意：要同时从 1 开始，到 8 结束。

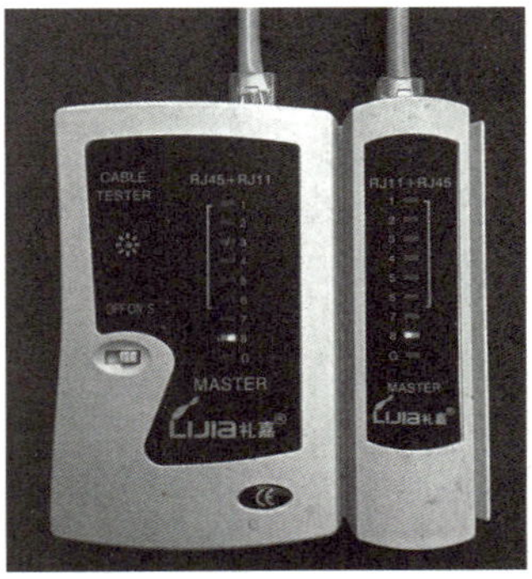

图 1-4-8

2. 非屏蔽双绞线 RG-45 制作存在的问题

① 568b 线序排线出错。实践经验如下：

首先将橙色线和棕色线放到两边，之后排中间 4 根线，排线水平后，再打开橙色线和棕色线并排线水平，这时可以在线时上下搅动几下，便于排线。

②剪线和压线时，力度要大一些，注意别弄伤手指。

③压线时，水晶头弹片朝下，两端要一致，包括排线。

④压线时，双绞线的外皮要放到水晶头里面 1/3 处，使其成为一体。

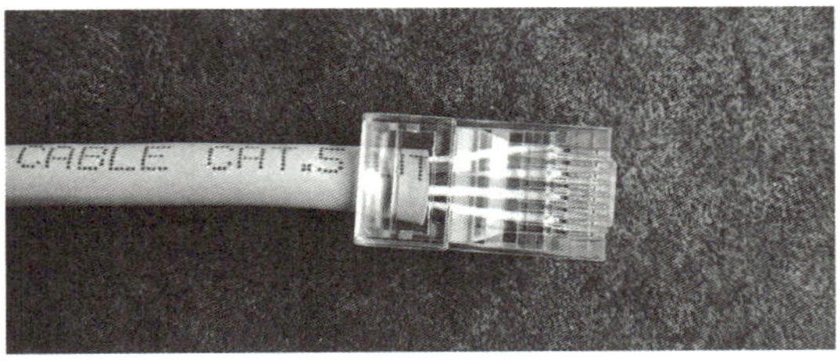

图 1-4-9

【任务实施】

任务名称	非屏蔽双绞线 RG-45 制作（直通 568b、交叉线 568a）		
班　级		姓　名	
地　点		日　期	
小组成员			

一、任务准备

(1)在智慧职教平台上对课件、技术文档等资料进行提前学习,并做好笔记。 (2)在重庆市在线开放课程平台对《计算机网络技术》完成前期学习。 (3)利用互联网查阅《综合布线系统工程设计规范》。 (4)以小组为单位到网络实训室熟悉非屏蔽双绞线 RG-45 制作工具(夹线钳、测线仪等)。

二、过程记录

任务名称	任务关键技术点记录	使用资源记录	本人角色
非屏蔽双绞线 RG-45 制作(568b)			□协调员 □记录员 □观察员 □实践员
非屏蔽双绞线 RG-45 制作(568a)			□协调员 □记录员 □观察员 □实践员

【评价与考核】

序　号	任务名称	考核内容及评分标准	分　数	扣　分
1	安全 / 态度 / 团队合作能力	1. 任务实施时是否规范操作(10 分) 2. 态度是否积极(5 分) 3. 是否积极参与团队协作(5 分)	20	
2	专业技能	1. 任务实施时设计专业技术是否完全掌握(30 分) 2. 任务实施时设计专业技术呈现是否具有创新思维(20 分)	50	
3	工具及设备(软、硬件设备)的使用数据记录	1. 是否做到规范的数据记录(5 分) 2. 数据记录时是否清晰、工整(5 分)	10	
4	表单填写、报告的撰写能力及课堂语言表达组织能力	1. 是否能够完成表单填写及报告撰写(15 分) 2. 语言文字表述上是否用词规范(5 分)	20	
合　计			100	

【实践报告单】

实践报告单					姓名：________
课　程		班　级		隶属小组	
实践项目					
实践任务					
实践器材					
实践内容					
反思或建议					
实践结果	组内评：		组间评：		师评：

指导教师__________　　　　　　　　　　　　　　________年____月____日

【归纳提高】

本任务要求完成非屏蔽双绞线 RG-45 制作（直通 568b、交叉线 568a），掌握关键技术点及相应技巧，这是为了更好地进行学生寝室网的设计组建，夯实计算机网络技术技能。

【实践强化】

以小组为单位实践制作非屏蔽双绞线 RG-45 对等网线（排线方式：一端为 568b，一端为 568a）。测试时，测线仪上的灯亮的顺序为 1-3,2-6,4-4,5-5,7-7,8-8。

要求：

1. 每位同学都要认真做一遍；
2. 以组为单位形成技术文档并融入注意事项。

任务五　IP 地址规划设计及对等网组建实践配置

【任务名称】

IP 地址规划设计及对等网组建实践配置。

【任务目标】

素质目标：

（1）培养学生良好的自我表现、与人沟通的能力；

（2）培养学生的团队协作精神；

（3）培养学生民族精神、爱国精神；

（4）培养学生勇于创新、敬业乐业的工作作风；

（5）培养学生的质量意识、安全意识；

（6）培养学生诚实、守信、坚忍不拔的性格；

（7）培养学生自主、开放的学习能力；

（8）培养学生吃苦耐劳的精神及工匠精神；

（9）培养学生的家国情怀。

知识目标：

（1）掌握 IP 地址规划设计的相关知识。

（2）掌握对等网组建实践配置的相关技术。

能力目标：

（1）培养学生对计算机网络基础知识、基本原理认识的能力。

（2）根据网络工程技术规范、网络综合布线标准，具备实现小型网络项目的设计实施能力及技术分析能力。

（3）培养学生对项目 IP 地址规划设计及对等网组建实践配置的能力。

【任务描述】

学生寝室网组建实施中需要进行 IP 地址规划设计及对等网组建。为了顺利进行学生寝室网网络实施，完成对等网组建实践配置，应掌握 IP 地址规划设计的相关技巧。

【任务分析】

需　求	关键技术分析
1）实现学生寝室网组建	IP 地址规划设计
2）实现学生寝室网组建——资源共享	对等网组建实践配置

【人文素养】

由卖油翁自钱孔滴油而钱不湿可知，熟能生巧，实践出真知，学以致用，用技术技能武装自己，成为国家需要的高质量人才。

《卖油翁》

【知识技术储备】

一、知识储备

1. IP 地址定义、版本

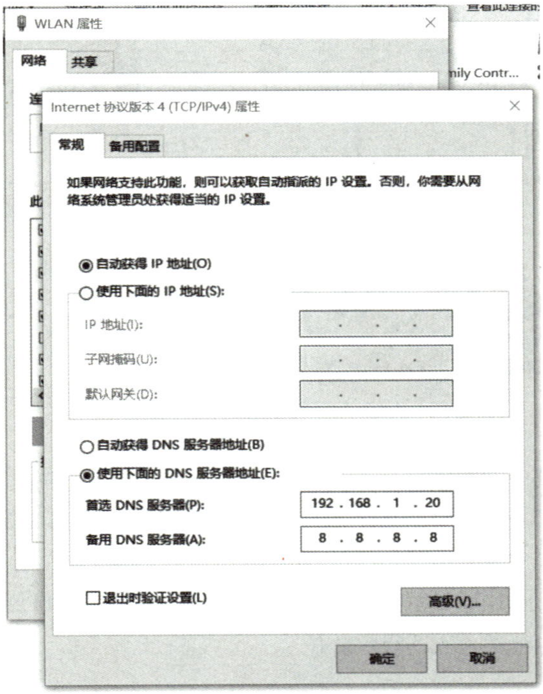

图 1-5-1

```
无线局域网适配器 WLAN:

   连接特定的 DNS 后缀 . . . . . . . :
   描述. . . . . . . . . . . . . . . : Intel(R) Wireless-AC 9560 160MHz
   物理地址. . . . . . . . . . . . . : AE-3F-59-1F-AC-CA
   DHCP 已启用 . . . . . . . . . . . : 是
   自动配置已启用. . . . . . . . . . : 是
   本地链接 IPv6 地址. . . . . . . . : fe80::75c:51fd:5792:2f5a%4(首选)
   IPv4 地址 . . . . . . . . . . . . : 192.168.0.5(首选)
   子网掩码  . . . . . . . . . . . . : 255.255.255.0
   获得租约的时间  . . . . . . . . . : 2022年11月20日 8:54:51
   租约过期的时间  . . . . . . . . . : 2022年11月20日 11:54:50
   默认网关. . . . . . . . . . . . . : 192.168.0.1
   DHCP 服务器 . . . . . . . . . . . : 192.168.0.1
   DHCPv6 IAID . . . . . . . . . . . : 78528345
   DHCPv6 客户端 DUID  . . . . . . . : 00-03-00-01-AE-3F-59-1F-AC-CA
   DNS 服务器  . . . . . . . . . . . : 192.168.1.20
                                       8.8.8.8
   TCPIP 上的 NetBIOS  . . . . . . . : 已启用
```

图 1-5-2

IP 地址用于在网络上(可以探讨公网和私有网络的不同)唯一标记一台电脑。如图 1-5-3 所示的学生寝室网网络中,包含多个 PC 机和服务器。假设其中的 PC3 要向 PC4 发送信息,那么 PC3 必须能在这个网络中找到 PC4,这要求 PC3 在整个网络中有一个唯一标识,这个唯一标识就是 IP 地址。

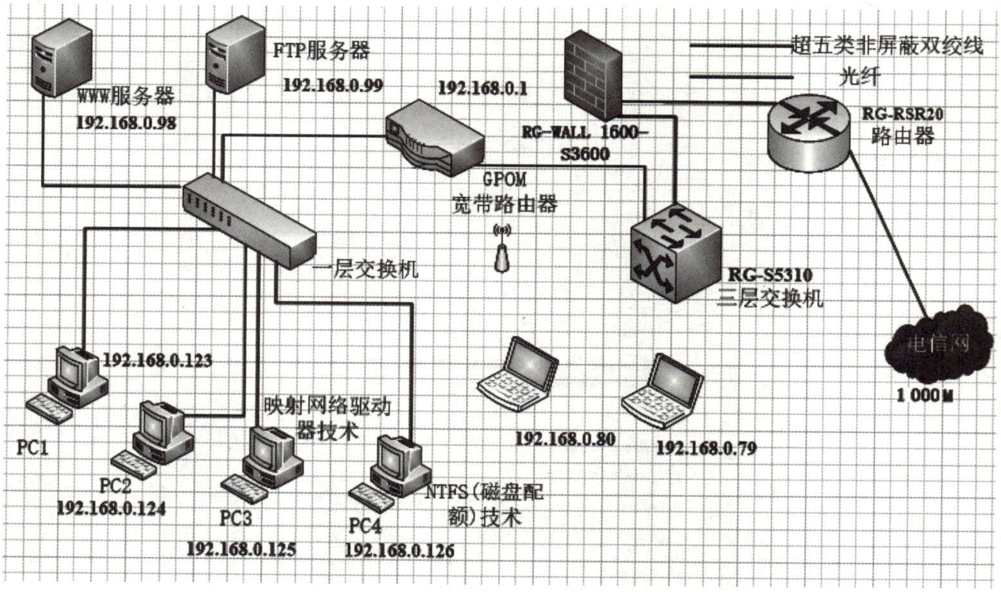

图 1-5-3

2. IPv4 地址分类及子网掩码

目前常见的 IP 地址有 IPv4 和 IPv6 两个版本,其中 IPv4 是广泛使用的版本, IPv6 是最新版本。

IPv4 版本的 IP 地址由 4 个字段和 3 个分割字段的“.”组成,每个字段的取值范围为 0 ～ 255,采用点分十进制,对应二进制 32 位。

例如:

172.16.16.13

192.168.43.165

IPv4 地址共分为 5 类,依次为 A 类 IP 地址、B 类 IP 地址、C 类 IP 地址、D 类 IP 地址和 E 类 IP 地址。A、B、C 类 IP 地址在逻辑上又分为两个部分:

网络号:标识网络;

主机号:标识网络中的主机。

注意:数制转换中十进制到二进制的相互转换,同学们已在《信息技术应用》或《计算机基础》课中已学,这里不再赘述。

IPv4 地址根据取值范围分类,具体如图 1-5-4 所示。

图 1-5-4

图片来源:谢希仁主编的《计算机网络》第 4 版

注意:A、B、C 类 IP 地址每个网络号中可用的 IP 地址数量为 2^m-2(m 为主机号中对应二进制的 "0" 的个数),A、B、C 类 IP 地址网络数量为 2^n-2(n 为网络号中对应二进制的 "1" 的个数);主机号 "0" 与网络号一起表示网络号;主机号 "255" 与网络号一起作为广播地址。

一般在网络工程中,IP 地址只包含 "网络号" 和 "主机号"。

A 类 IP 地址、B 类 IP 地址、C 类 IP 地址、D 类 IP 地址和 E 类 IP 地址对应范围如图 1-5-5 所示。

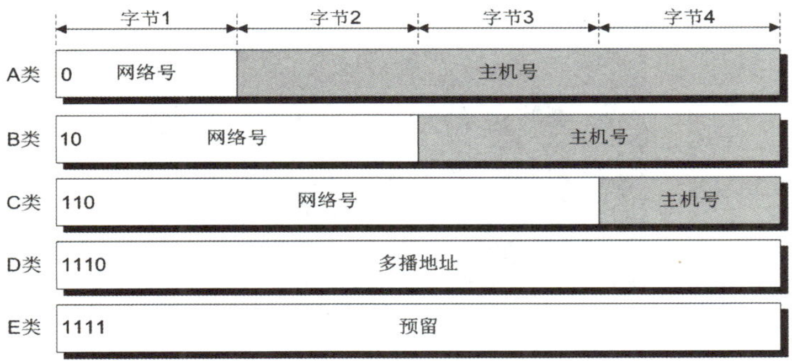

图 1-5-5

图片来源:谢希仁主编的《计算机网络》第 4 版

(1)A 类地址

A 类地址的网络数为 2^7(128)个,每个网络包含的主机数为 2^{24}(16777216)个,A 类地址的范围是 0.0.0.0 ~ 127.255.255.255。

由于网络号全为 0 和全为 1 的地址用于特殊目的,所以 A 类地址有效的网络数为 126 个,其范围是 1 ～ 126。另外,主机号全为 0 和全为 1 也有特殊作用,所以每个网络号包含的主机数应该是 $2^{24}-2$(16777214)个。因此,一台主机能使用的 A 类地址的有效范围是:1.0.0.1 ～ 126.255.255.254。

子网掩码为:255.0.0.0。

(2)B 类地址

B 类地址网络数为 2^{14} 个(实际有效的网络数是 $2^{14}-2$),每个网络号所包含的主机数为 2^{16} 个(实际有效的主机数是 $2^{16}-2$)。

B 类地址的范围为 128.0.0.0 ～ 191.255.255.255,与 A 类地址类似(网络号和主机号全 0 和全 1 有特殊作用),一台主机能使用的 B 类地址的有效范围是:128.1.0.1 ～ 191.254.255.254。

子网掩码为:255.255.0.0。

(3)C 类地址

C 类地址网络数为 2^{21}(实际有效的为 $2^{21}-2$)个,每个网络号所包含的主机数为 256(实际有效的为 254)个。

C 类地址的范围为 192.0.0.0 ～ 223.255.255.255,同样,一台主机能使用的 C 类地址的有效范围是:192.0.1.1 ～ 223.255.254.254。

子网掩码为:255.255.255.0。

(4)D 类地址

D 类地址用于多播。多播就是同时把数据发送给一组主机,只有那些已经登记可以接收多播地址的主机,才能接收多播数据包。

D 类地址的范围是 224.0.0.0 ～ 239.255.255.255。

(5)E 类地址

E 类地址是为将来预留的。

几类特殊的 IP 地址见表 1-5-1。

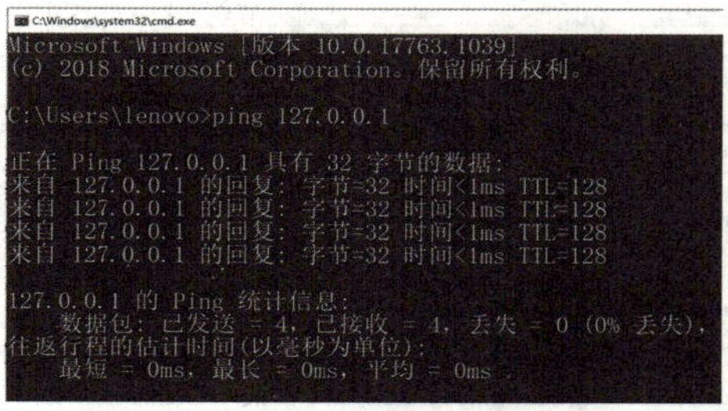
C:\Windows\system32\cmd.exe
Microsoft Windows [版本 10.0.17763.1039]
(c) 2018 Microsoft Corporation。保留所有权利。
C:\Users\lenovo>ping 127.0.0.1
正在 Ping 127.0.0.1 具有 32 字节的数据:
来自 127.0.0.1 的回复: 字节=32 时间<1ms TTL=128
来自 127.0.0.1 的回复: 字节=32 时间<1ms TTL=128
来自 127.0.0.1 的回复: 字节=32 时间<1ms TTL=128
来自 127.0.0.1 的回复: 字节=32 时间<1ms TTL=128
127.0.0.1 的 Ping 统计信息:
数据包: 已发送 = 4, 已接收 = 4, 丢失 = 0 (0% 丢失),
往返行程的估计时间(以毫秒为单位):
最短 = 0ms, 最长 = 0ms, 平均 = 0ms

图 1-5-6

表 1-5-1　特殊 IP 地址

序号	特殊 IP 地址
1	0.0.0.0 是默认网段,默认路由会使用。
2	回送地址是一种虚假的 IP 地址,回送到本地主机,并且拥有该地址的请求或信息从来不会被发送到网络中。

续表

序号	特殊 IP 地址
3	组播地址用于组播网络中。
4	169.254.X.X 是网络中主机没有获取到 IP 地址，系统给分配的。

几类私有 IP 地址：

10.0.0.0 ～ 10.255.255.255

172.16.0.0 ～ 172.31.255.255

192.168.0.0 ～ 192.168.255.255

3. IPv6 地址

随着人工智能的时代到来，元宇宙概念的出现，IPv4 格式的地址数量早已不能满足人类的需求，为此 IETF（The Internet Engineering Task Force，国际互联网工程任务组）设计了新的 IP 地址格式，即 IPv6（图 1-5-7）。

图 1-5-7

IPv6 的地址长度为 128b，是 IPv4 地址长度的 4 倍。

通常使用点分 16 进制表示。

二、技术实践

1. WIN 2012 系统下 IP 地址设置及网络测试

（1）网络参数设置（图 1-5-8）

IP 地址：192.168.0.132。

子网掩码：255.255.255.0。

默认网关：192.168.0.1。

首选 DNS 服务器：192.168.0.1。

（2）网络测试

使用显示网络参数命令：ipconfig，如图 1-5-9 所示。

使用 ping 命令测试网络是否畅通，如图 1-5-10 所示。

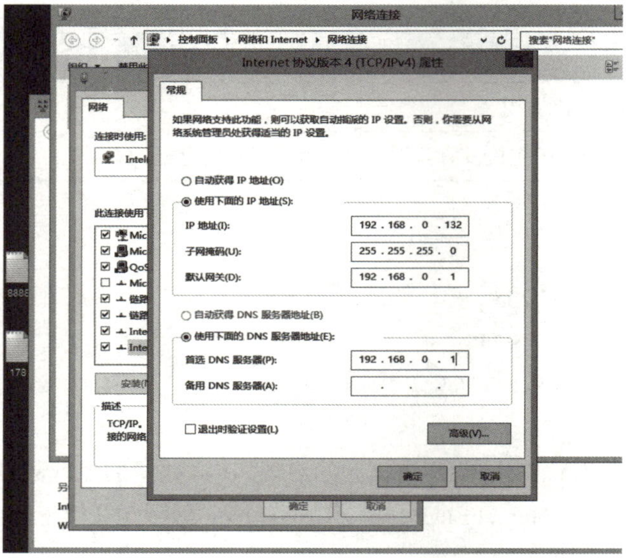
网络连接
控制面板 ▸ 网络和 Internet ▸ 网络连接
Internet 协议版本 4 (TCP/IPv4) 属性
常规
如果网络支持此功能，则可以获取自动指派的 IP 设置。否则，你需要从网络系统管理员处获得适当的 IP 设置。
自动获得 IP 地址(O)
使用下面的 IP 地址(S):
IP 地址(I): 192 . 168 . 0 . 132
子网掩码(U): 255 . 255 . 255 . 0
默认网关(D): 192 . 168 . 0 . 1
自动获得 DNS 服务器地址(B)
使用下面的 DNS 服务器地址(E):
首选 DNS 服务器(P): 192 . 168 . 0 . 1
备用 DNS 服务器(A):
退出时验证设置(L)
高级(V)...
确定
取消

图 1-5-8

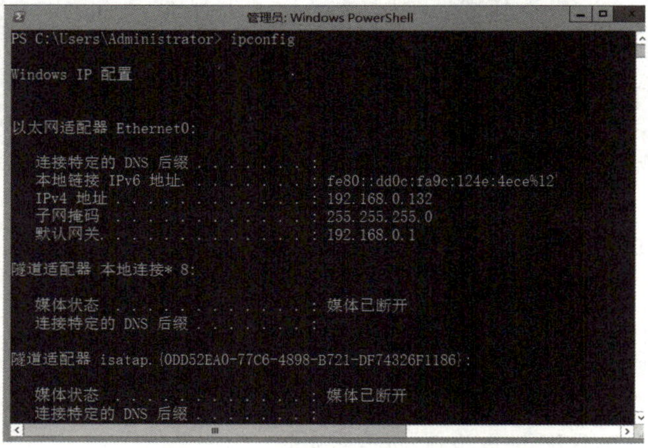
管理员: Windows PowerShell
PS C:\Users\Administrator> ipconfig
Windows IP 配置
以太网适配器 Ethernet0:
连接特定的 DNS 后缀 . . . . :
本地链接 IPv6 地址. . . . . : fe80::dd0c:fa9c:124e:4ece%12
IPv4 地址 . . . . : 192.168.0.132
子网掩码 . . . . : 255.255.255.0
默认网关. . . . . : 192.168.0.1
隧道适配器 本地连接* 8:
媒体状态 . . . . : 媒体已断开
连接特定的 DNS 后缀 . . . . :
隧道适配器 isatap.{0DD52EA0-77C6-4898-B721-DF74326F1186}:
媒体状态 . . . . : 媒体已断开
连接特定的 DNS 后缀 . . . . :

图 1-5-9

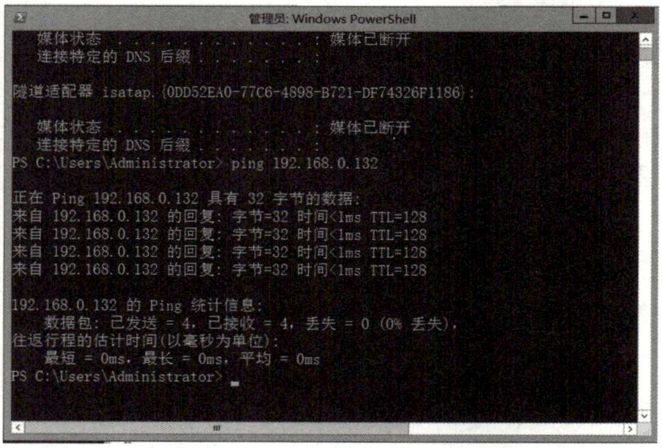
管理员: Windows PowerShell
媒体状态 . . . . : 媒体已断开
连接特定的 DNS 后缀 . . . . :
隧道适配器 isatap.{0DD52EA0-77C6-4898-B721-DF74326F1186}:
媒体状态 . . . . : 媒体已断开
连接特定的 DNS 后缀 . . . . :
PS C:\Users\Administrator> ping 192.168.0.132
正在 Ping 192.168.0.132 具有 32 字节的数据:
来自 192.168.0.132 的回复: 字节=32 时间<1ms TTL=128
来自 192.168.0.132 的回复: 字节=32 时间<1ms TTL=128
来自 192.168.0.132 的回复: 字节=32 时间<1ms TTL=128
来自 192.168.0.132 的回复: 字节=32 时间<1ms TTL=128
192.168.0.132 的 Ping 统计信息:
数据包: 已发送 = 4，已接收 = 4，丢失 = 0 (0% 丢失)，
往返行程的估计时间(以毫秒为单位):
最短 = 0ms，最长 = 0ms，平均 = 0ms
PS C:\Users\Administrator>

图 1-5-10

数据包丢失率为 0,网络畅通。

2. WIN 2012 系统下对等网组建(双机互联)

对等网中的每一台计算机的关系是平等的,没有主从之分。

对等网中的资源是分布在每一台计算机上的,每一台计算机既是资源的提供者,也是资源的使用者(图 1-5-11)。

图 1-5-11

(1)双机互联的对等网组建步骤

①设置 PC0、PC1 的网络参数,保证网卡正常工作。

②确立 PC0、PC1 网络位置,启用 PC0、PC1 网络发现,打开文件和打印机共享。

③制作一根对等网线(568b-568a),并测试成功。

④分别在 PC0、PC1 计算机上建立将要共享的资源,比如文件夹。

⑤在将要共享的文件夹上进行共享配置,比如确定其共享名、共享用户、共享权限、共享密码等,然后确定共享。

⑥在 PC1 计算机上找到设置的共享资源,完成测试;采用在“运行”里输入“\\192.168.0.123\共享文件夹名\”。

⑦在 PC0 计算机上找到设置的共享资源,完成测试;采用在“运行”里输入“\\192.168.0.125\共享文件夹名\”。

⑧能够完成文件的往出“复制”和往里“粘贴”,就表示对等网组建已完成。

(2)双机互联的对等网组建的关键技术

①配置 TCP/IP 协议。对 TCP/IP 协议进行配置一般从“IP 地址”“子网掩码”“默认网关”和“DNS 服务器”4 个方面进行(图 1-5-12)。

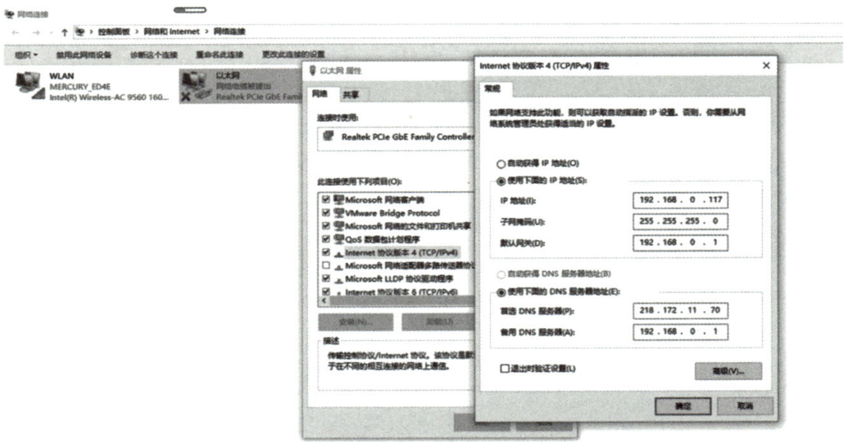

图 1-5-12

②对等网线制作(图 1-5-13)。EIA/TIA 的布线标准中规定了两种双绞线的线序 568a 与 568b,分别为:

T568a:白绿 | 绿 | 白橙 | 蓝 | 白蓝 | 橙 | 白棕 | 棕

T568b:白橙 | 橙 | 白绿 | 蓝 | 白蓝 | 绿 | 白棕 | 棕

图 1-5-13

③启用网络发现及文件夹共享设置(图 1-5-14、图 1-5-15)。

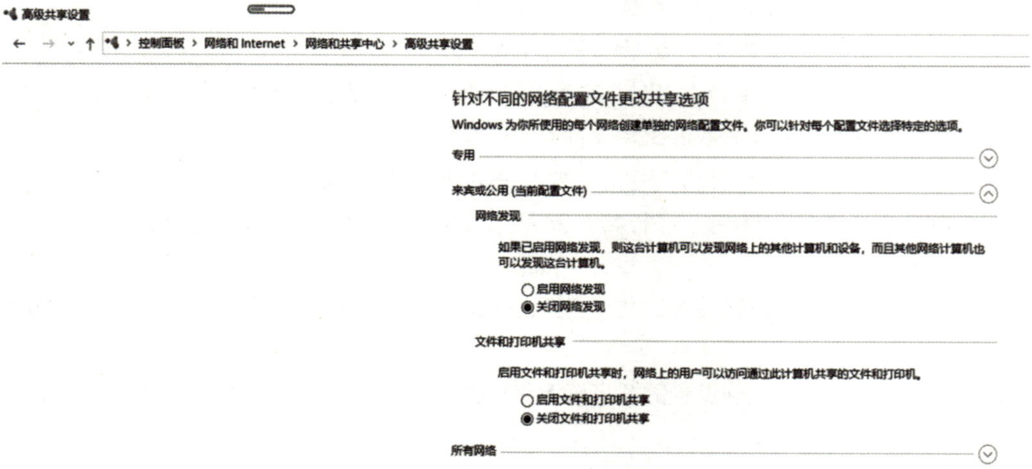

图 1-5-14

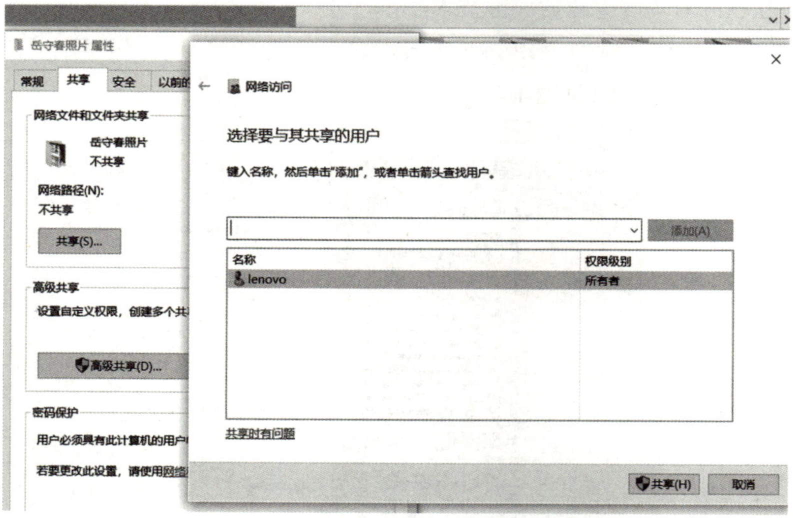

图 1-5-15

【任务实施】

任务名称	IP 地址规划设计及对等网组建实践配置		
班　级		姓　名	
地　点		日　期	
小组成员			

一、任务准备

(1)在智慧职教平台上对课件、技术文档等资料进行提前学习,并做好笔记。
(2)在重庆市在线开放课程平台对《计算机网络技术》完成前期学习。
(3)利用互联网查阅对等网组建实践配置的关键技术。
(4)以小组为单位到网络实训室熟悉非屏蔽双绞线 RG-45 制作工具(夹线钳、测线仪等)。

二、过程记录

任务名称	任务关键技术点记录	使用资源记录	本人角色
WIN 2012 系统下 IP 地址设置及网络测试(可利用云桌面的架构模式)			□协调员 □记录员 □观察员 □实践员
双机互联的对等网组建			□协调员 □记录员 □观察员 □实践员

【评价与考核】

序　号	任务名称	考核内容及评分标准	分　数	扣　分
1	安全 / 态度 / 团队合作能力	1. 任务实施时是否规范操作(10 分) 2. 态度是否积极(5 分) 3. 是否积极参与团队协作(5 分)	20	
2	专业技能	1. 任务实施时设计专业技术是否完全掌握(30 分) 2. 任务实施时设计专业技术呈现是否具有创新思维(20 分)	50	

续表

序号	任务名称	考核内容及评分标准	分数	扣分
3	工具及设备（软、硬件设备）的使用数据记录	1. 是否做到规范的数据记录（5 分） 2. 数据记录时是否清晰、工整（5 分）	10	
4	表单填写、报告的撰写能力及课堂语言表达组织能力	1. 是否能够完成表单填写及报告撰写（15 分） 2. 语言文字表述上是否用词规范（5 分）	20	
合　计			100	

【实践报告单】

实践报告单					姓名：________
课　程		班　级		隶属小组	
实践项目					
实践任务					
实践器材					
实践内容					
反思或建议					
实践结果	组内评：		组间评：		师评：

指导教师__________　　　　________年____月____日

【归纳提高】

本任务完成 IP 地址规划设计及对等网组建实践配置，掌握关键技术点及相应技巧，完成了组建学生寝室网的任务需求，夯实计算机网络技术技能。

【实践强化】

以小组为单位实践在无线局域网架构下，组建无线对等网，并做好实践关键技术的研讨和记录。

任务六　锐捷 2910 交换机基础知识及网络测试命令研讨

【任务名称】

锐捷 2910 交换机基础知识及网络测试命令研讨。

【任务目标】

素质目标：

(1)培养学生良好的自我表现、与人沟通的能力；

(2)培养学生的团队协作精神；

(3)培养学生民族精神、爱国精神；

(4)培养学生勇于创新、敬业乐业的工作作风；

(5)培养学生的质量意识、安全意识；

(6)培养学生诚实、守信、坚忍不拔的性格；

(7)培养学生自主、开放的学习能力；

(8)培养学生吃苦耐劳的精神及工匠精神；

(9)培养学生的家国情怀。

知识目标：

(1)掌握锐捷 2910 交换机基础知识。

(2)掌握网络测试命令应用。

能力目标：

(1)培养学生对计算机网络基础知识、基本原理认识的能力。

(2)根据网络工程技术规范、网络综合布线标准，具备实现小型网络项目的设计实施能力及技术分析能力。

(3)培养学生对锐捷 2910 交换机基础知识及网络测试命令实践的能力。

【任务描述】

学生寝室网组建实施中需要进行二层交换机及网络连通测试，所以应掌握锐捷 2910 交换机基础知识及网络测试命令应用。

【任务分析】

需求	关键技术分析
实现学生寝室网组建	锐捷 2910 交换机相关技术
	网络测试命令技术

【人文素养】

项目小组讨论：这种拼搏精神我们该如何接力传递，项目学习中如何吸收，如何在学习生活中将这种精神转化为无穷的力量，推动我们为实现中华民族伟大复兴的中国梦积极贡献自我。

中国女排精神

【知识技术储备】

一、知识储备

1. 交换机的含义

交换机（英文：Switch，意为“开关”）是一种用于电信号转发的网络设备。它可以为接入交换机的任意两个网络节点提供独享的电信号通路。最常见的交换机是以太网交换机（图 1-6-1）。其他常见的还有电话语音交换机、光纤交换机等。

锐捷可网管的交换机认知

图 1-6-1

2. 交换机功能

①交换机提供了大量可供线缆连接的端口（图 1-6-2）；

②交换机将局域网分为多个冲突域，每个冲突域都有独立的宽带；

③使用 Vlan 技术可以隔离广播风暴。

图 1-6-2

3. 交换机网络术语

交换机的背板带宽，是指交换机接口处理器或接口卡和数据总线间所能吞吐的最大数据量。背板带宽标志了交换机总的数据交换能力，单位为 Gbps，也叫交换带宽。一般的交换机的背板带宽从几 Gbps 到上百 Gbps 不等。一台交换机的背板带宽越高，所能处理数据的能力就越强，设计成本也会越高。

吞吐量是指对网络、设备、端口、虚电路或其他设施，单位时间内成功地传送数据的数量（以比特、字节、分组等测量）。

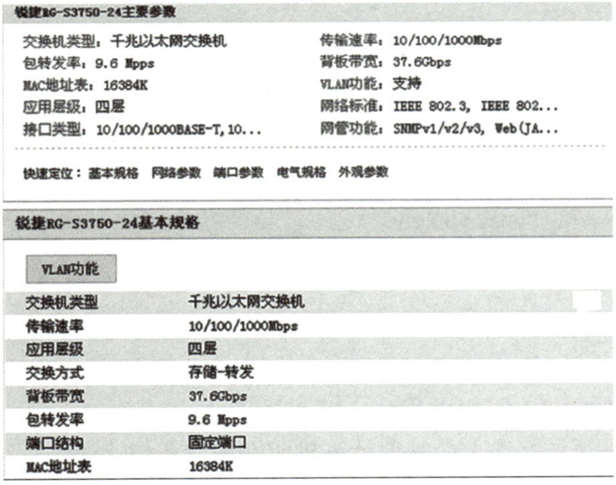

锐捷RG-S3750-24主要参数

交换机类型：千兆以太网交换机　传输速率：10/100/1000Mbps
包转发率：9.6 Mpps　背板带宽：37.6Gbps
MAC地址表：16384K　VLAN功能：支持
应用层级：四层　网络标准：IEEE 802.3, IEEE 802...
接口类型：10/100/1000BASE-T, 10...　网管功能：SNMPv1/v2/v3, Web(JA...

快速定位：基本规格　网络参数　端口参数　电气规格　外观参数

锐捷RG-S3750-24基本规格

VLAN功能

交换机类型	千兆以太网交换机
传输速率	10/100/1000Mbps
应用层级	四层
交换方式	存储-转发
背板带宽	37.6Gbps
包转发率	9.6 Mpps
端口结构	固定端口
MAC地址表	16384K

图 1-6-3

4. 二层交换机及三层交换机

二层交换机是数据链路层设备，以帧的形式理解并转发数据。

（1）二层交换机工作原理

①用以太网帧的形式理解数据。

②在内存中建立并维持 MAC 地址表。

③基于收到的数据的源 MAC 学习。

如果一个帧的入口和 MAC 地址表中该 MAC 地址对应的端口不同，该地址条码将更新到新的端口，地址表条目的老化时间是 300 秒。

（2）三层交换机工作原理

①以 IP 包的形式理解数据。

②基于接口 IP 和配置的路由生成路由表，并维持 MAC 地址表和 ARP 表。

③路由器、三层交换机是网络层设备，以 IP 包的形式理解并转发数据。

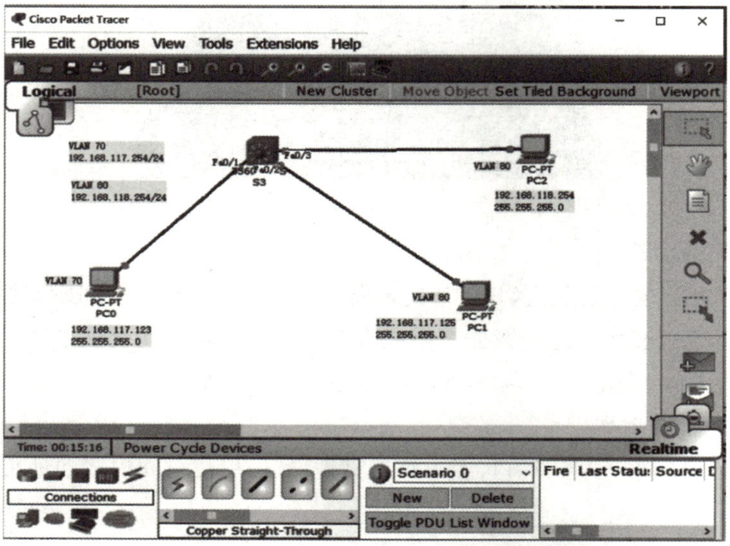

图 1-6-4

二、技术实践

1. 网络测试命令实践

（1）ping 命令（图 1-6-5 至图 1-6-8）

①命令格式：

ping 212.14.136.13

或：

ping 202.4.135.67 -t　　（在 DOS 模式下输入）

功能：查看本机是否与网络上的其他计算机或网关设备相连通。

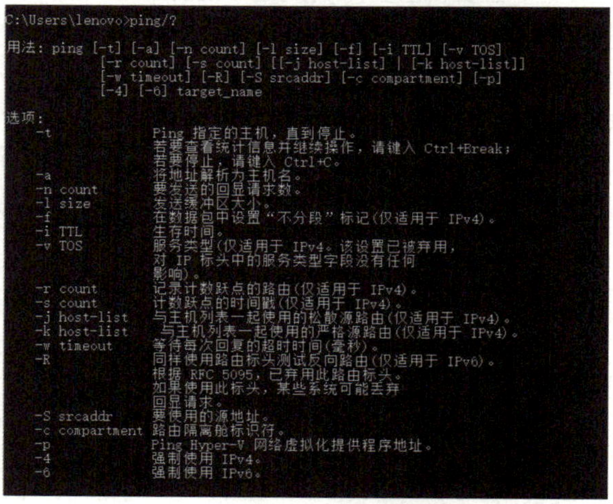

```
C:\Users\lenovo>ping/?

用法: ping [-t] [-a] [-n count] [-l size] [-f] [-i TTL] [-v TOS]
            [-r count] [-s count] [[-j host-list] | [-k host-list]]
            [-w timeout] [-R] [-S srcaddr] [-c compartment] [-p]
            [-4] [-6] target_name

选项:
    -t             Ping 指定的主机，直到停止。
                   若要查看统计信息并继续操作，请键入 Ctrl+Break;
                   若要停止，请键入 Ctrl+C。
    -a             将地址解析为主机名。
    -n count       要发送的回显请求数。
    -l size        发送缓冲区大小。
    -f             在数据包中设置“不分段”标记(仅适用于 IPv4)。
    -i TTL         生存时间。
    -v TOS         服务类型(仅适用于 IPv4。该设置已被弃用，
                   对 IP 标头中的服务类型字段没有任何
                   影响)。
    -r count       记录计数跃点的路由(仅适用于 IPv4)。
    -s count       计数跃点的时间戳(仅适用于 IPv4)。
    -j host-list   与主机列表一起使用的松散源路由(仅适用于 IPv4)。
    -k host-list    与主机列表一起使用的严格源路由(仅适用于 IPv4)。
    -w timeout     等待每次回复的超时时间(毫秒)。
    -R             同样使用路由标头测试反向路由(仅适用于 IPv6)。
                   根据 RFC 5095，已弃用此路由标头。
                   如果使用此标头，某些系统可能丢弃
                   回显请求。
    -S srcaddr     要使用的源地址。
    -c compartment 路由隔离舱标识符。
    -p             Ping Hyper-V 网络虚拟化提供程序地址。
    -4             强制使用 IPv4。
    -6             强制使用 IPv6。
```

图 1-6-5

在 DOS 方式下输入：

ping IP 地址

ping 计算机名

ping 网址

例如：

ping 213.12.36.65

ping LAPTOP-A11OAUA3

ping WWW.163.COM

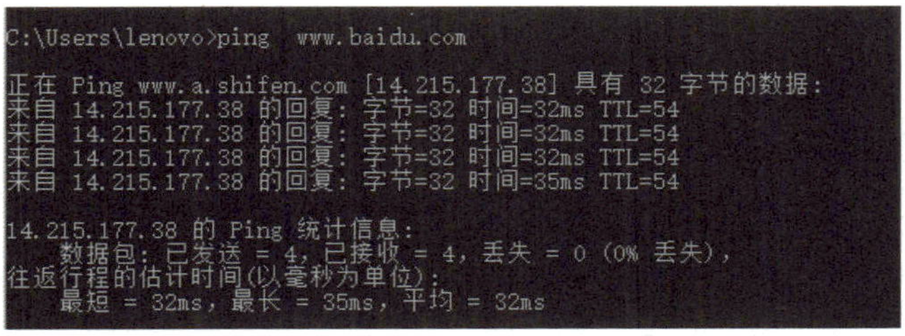

```
C:\Users\lenovo>ping  www.baidu.com

正在 Ping www.a.shifen.com [14.215.177.38] 具有 32 字节的数据:
来自 14.215.177.38 的回复: 字节=32 时间=32ms TTL=54
来自 14.215.177.38 的回复: 字节=32 时间=32ms TTL=54
来自 14.215.177.38 的回复: 字节=32 时间=32ms TTL=54
来自 14.215.177.38 的回复: 字节=32 时间=35ms TTL=54

14.215.177.38 的 Ping 统计信息:
    数据包: 已发送 = 4，已接收 = 4，丢失 = 0 (0% 丢失)，
往返行程的估计时间(以毫秒为单位):
    最短 = 32ms，最长 = 35ms，平均 = 32ms
```

图 1-6-6

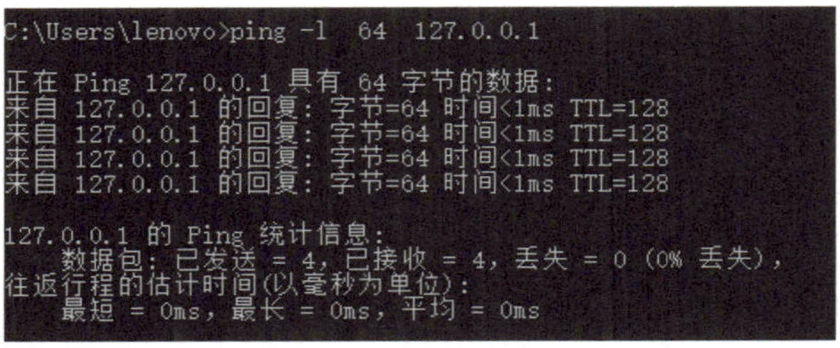

```
C:\Users\lenovo>ping -l  64  127.0.0.1

正在 Ping 127.0.0.1 具有 64 字节的数据:
来自 127.0.0.1 的回复: 字节=64 时间<1ms TTL=128
来自 127.0.0.1 的回复: 字节=64 时间<1ms TTL=128
来自 127.0.0.1 的回复: 字节=64 时间<1ms TTL=128
来自 127.0.0.1 的回复: 字节=64 时间<1ms TTL=128

127.0.0.1 的 Ping 统计信息:
    数据包: 已发送 = 4，已接收 = 4，丢失 = 0 (0% 丢失)，
往返行程的估计时间(以毫秒为单位):
    最短 = 0ms，最长 = 0ms，平均 = 0ms
```

图 1-6-7

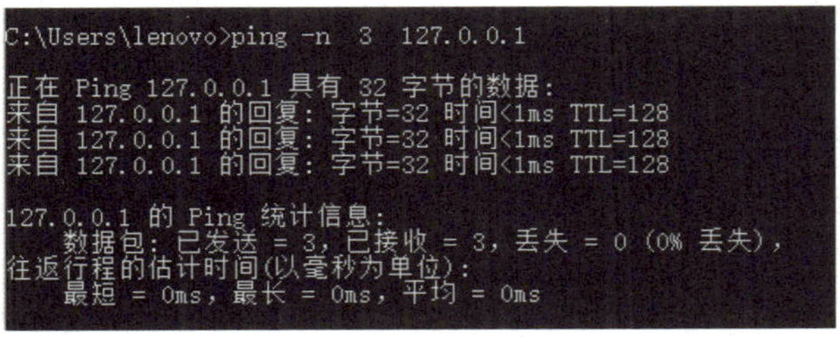

```
C:\Users\lenovo>ping -n  3  127.0.0.1

正在 Ping 127.0.0.1 具有 32 字节的数据:
来自 127.0.0.1 的回复: 字节=32 时间<1ms TTL=128
来自 127.0.0.1 的回复: 字节=32 时间<1ms TTL=128
来自 127.0.0.1 的回复: 字节=32 时间<1ms TTL=128

127.0.0.1 的 Ping 统计信息:
    数据包: 已发送 = 3，已接收 = 3，丢失 = 0 (0% 丢失)，
往返行程的估计时间(以毫秒为单位):
    最短 = 0ms，最长 = 0ms，平均 = 0ms
```

图 1-6-8

②网络不通的现象(图 1-6-9)。

表示“超时”：

Request timed out.

Request timed out.

Request timed out.

Request timed out.

注意：例如对方计算机关机、网络线路不通、对方计算机不存在。

```
C:\Users\lenovo>ping 192.168.43.165

正在 Ping 192.168.43.165 具有 32 字节的数据:
请求超时。
请求超时。
请求超时。
请求超时。

192.168.43.165 的 Ping 统计信息:
    数据包: 已发送 = 4, 已接收 = 0, 丢失 = 4 (100% 丢失),

C:\Users\lenovo>
```

图 1-6-9

（2）ipconfig /all 命令（图 1-6-10）

功能：查看本机当前的相关配置，包括计算机名、物理地址（即 Mac 地址）、IP 地址、子网掩码、默认网关、域名服务器列表。

注意：不能查看其他计算机的信息。

```
C:\Users\lenovo>ipconfig/all

Windows IP 配置

   主机名  . . . . . . . . . . . . . : LAPTOP-A110AUA3
   主 DNS 后缀 . . . . . . . . . . . :
   节点类型  . . . . . . . . . . . . : 混合
   IP 路由已启用 . . . . . . . . . . : 否
   WINS 代理已启用 . . . . . . . . . : 否

以太网适配器 以太网:

   媒体状态  . . . . . . . . . . . . : 媒体已断开连接
   连接特定的 DNS 后缀 . . . . . . . :
   描述. . . . . . . . . . . . . . . : Realtek PCIe GbE Family Controller
   物理地址. . . . . . . . . . . . . : 98-FA-9B-76-FA-DE
   DHCP 已启用 . . . . . . . . . . . : 是
   自动配置已启用. . . . . . . . . . : 是

以太网适配器 以太网 2:

   媒体状态  . . . . . . . . . . . . : 媒体已断开连接
   连接特定的 DNS 后缀 . . . . . . . :
   描述. . . . . . . . . . . . . . . : SSL VPN Client Virtual Network Adapter
   物理地址. . . . . . . . . . . . . : 08-00-58-00-00-05
   DHCP 已启用 . . . . . . . . . . . : 是
   自动配置已启用. . . . . . . . . . : 是

无线局域网适配器 本地连接* 3:

   媒体状态  . . . . . . . . . . . . : 媒体已断开连接
   连接特定的 DNS 后缀 . . . . . . . :
   描述. . . . . . . . . . . . . . . : Microsoft Wi-Fi Direct Virtual Adapter #3
   物理地址. . . . . . . . . . . . . : 50-E0-85-52-03-B0
   DHCP 已启用 . . . . . . . . . . . : 是
   自动配置已启用. . . . . . . . . . : 是

无线局域网适配器 本地连接* 12:

   媒体状态  . . . . . . . . . . . . : 媒体已断开连接
   连接特定的 DNS 后缀 . . . . . . . :
   描述. . . . . . . . . . . . . . . : Microsoft Wi-Fi Direct Virtual Adapter #4
   物理地址. . . . . . . . . . . . . : 52-E0-85-52-03-AF
   DHCP 已启用 . . . . . . . . . . . : 否
   自动配置已启用. . . . . . . . . . : 是

无线局域网适配器 WLAN:

   连接特定的 DNS 后缀 . . . . . . . :
   描述. . . . . . . . . . . . . . . : Intel(R) Wireless-AC 9560 160MHz
   物理地址. . . . . . . . . . . . . : 96-F4-8D-CE-F9-1F
   DHCP 已启用 . . . . . . . . . . . : 是
   自动配置已启用. . . . . . . . . . : 是
   本地链接 IPv6 地址. . . . . . . . : fe80::48c:1fd0:f2c7:64c4%4(首选)
   IPv4 地址 . . . . . . . . . . . . : 192.168.0.2(首选)
   子网掩码  . . . . . . . . . . . . : 255.255.255.0
   获得租约的时间  . . . . . . . . . : 2022年11月21日 5:37:56
   租约过期的时间  . . . . . . . . . : 2022年11月21日 16:37:55
   默认网关. . . . . . . . . . . . . : 192.168.0.1
   DHCP 服务器 . . . . . . . . . . . : 192.168.0.1
   DHCPv6 IAID . . . . . . . . . . . : 77001869
   DHCPv6 客户端 DUID  . . . . . . . : 00-03-00-01-96-F4-8D-CE-F9-1F
   DNS 服务器  . . . . . . . . . . . : 192.168.1.20
                                       8.8.8.8
   TCPIP 上的 NetBIOS  . . . . . . . : 已启用
```

图 1-6-10

（3）tracert 命令（图 1-6-11）

功能：跟踪网络主机命令。

用法：tracert [-d][-h maximum_hops][-j host-list][-w timeout]

[-R][-S srcaddr][-4] [-6] target_name

选项：

-d	不将地址解析成主机名。
-h maximum_hops	搜索目标的最大跃点数。
-j host-list	与主机列表一起的松散源路由(仅适用于 IPv4)。
-w timeout	等待每个回复的超时时间(以毫秒为单位)。
-R	跟踪往返行程路径(仅适用于 IPv6)。
-S srcaddr	要使用的源地址(仅适用于 IPv6)。
-4	强制使用 IPv4。
-6	强制使用 IPv6。

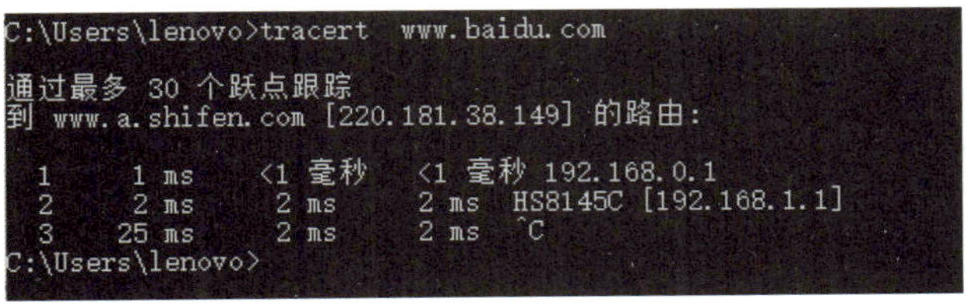

图 1-6-11

(4)nbtstat 命令

功能：显示协议统计和当前 TCP/IP 连接。该命令只有在安装了 TCP/IP 协议之后才可用。

格式：

-c 给定每个名称的 IP 地址并列出 NetBIOS 名称缓存的内容。

-n 列出本地 NetBIOS 名称。“已注册”表明该名称已被广播(Bnode)或者 WINS (其他节点类型)注册。

(5)net send 命令(图 1-6-12)

功能：在网络中实现信息的传输，只能用于 TCP/IP 协议中。

格式：net send　IP 地址　　须发的信息

　　　net send　计算机名　　须发的信息

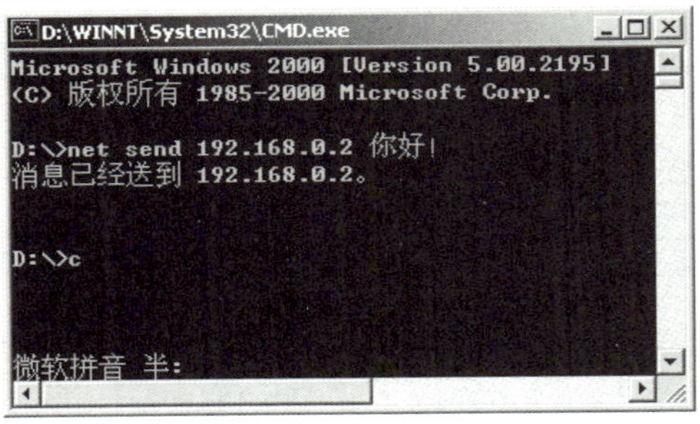

图 1-6-12

2.××学校网络设计案例需求分析

(1)项目背景

××学校由多家运营商独立建设多套网络独立运营，学校多年未进行基础网络建设投入，管理非常混乱。信息中心需要一个可以整合多家运营商的解决方案，实现多家运营商的认证下移和整合技术，建立统一身份验证系统，学院实现管理统一，日志规范监控，实现运营商计费标准对接，项目现阶段需求确定属于细化阶段。

（2）存在的问题

①学校存在电信有线无线网络、移动无线网络、联通无线网络，三套网络的管理权均不在学校，因学生的上网认证计费系统都由运营商进行，学校无法进行管理。

②现在学校至少有 9 个出口，有通过运营商无线专线访问互联网的，有通过学校防火墙访问互联网的，出口复杂，不利于统一管理。

③用户账户不统一，学校监管不便。

④运营商一般允许一个账号登录一个终端，现在无线建设完成后，用户需要单账号、多终端登录。

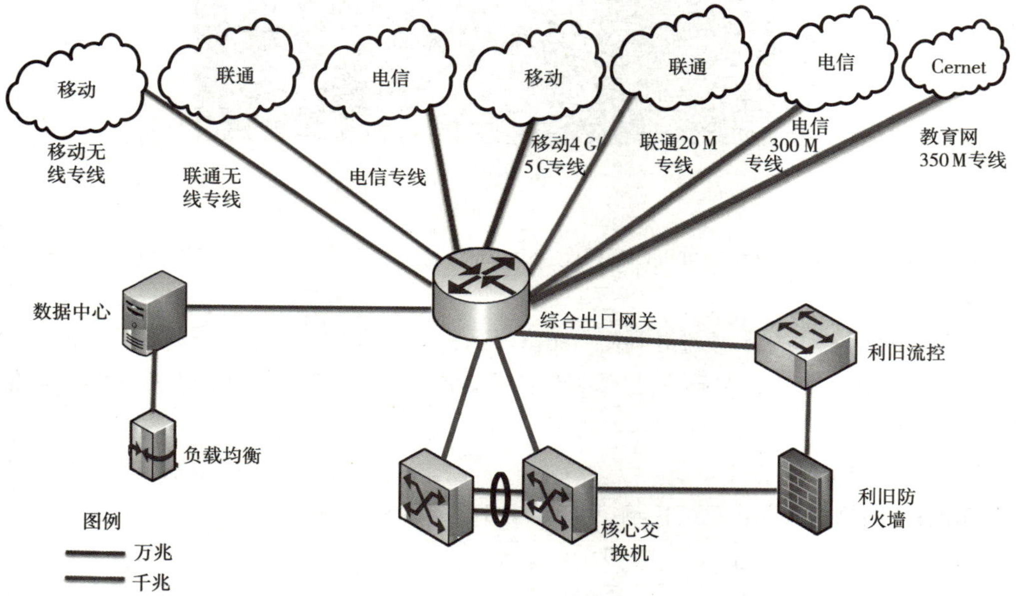

图 1-6-13

【任务实施】

任务名称	锐捷 2910 交换机基础知识及网络测试命令研讨		
班　级		姓　名	
地　点		日　期	
小组成员			

一、任务准备

(1)在智慧职教平台上对课件、技术文档等资料进行提前学习,并做好笔记。 (2)在重庆市在线开放课程平台对《计算机网络技术》完成前期学习。 (3)利用互联网查阅网络测试命令实践的关键技术。 (4)以小组为单位到网络实训室熟悉锐捷二层交换机 2910、三层交换机 5310。

二、过程记录

任务名称	任务关键技术点记录	使用资源记录	本人角色
网络测试命令实践			□协调员 □记录员 □观察员 □实践员
网络设计案例分析			□协调员 □记录员 □观察员 □实践员

【评价与考核】

序 号	任务名称	考核内容及评分标准	分 数	扣 分
1	安全/态度/团队合作能力	1. 任务实施时是否规范操作(10 分) 2. 态度是否积极(5 分) 3. 是否积极参与团队协作(5 分)	20	
2	专业技能	1. 任务实施时设计专业技术是否完全掌握(30 分) 2. 任务实施时设计专业技术呈现是否具有创新思维(10 分)	50	
3	工具及设备(软、硬件设备)的使用数据记录	1. 是否做到规范的数据记录(5 分) 2. 数据记录时是否清晰、工整(5 分)	10	
4	表单填写、报告的撰写能力及课堂语言表达组织能力	1. 是否能够完成表单填写及报告撰写(15 分) 2. 语言文字表述上是否用词规范(5 分)	20	
合 计			100	

【实践报告单】

实践报告单					姓名：________
课　程		班　级		隶属小组	
实践项目					
实践任务					
实践器材					
实践内容					
反思或建议					
实践结果	组内评：		组间评：		师评：

指导教师__________　　　　________年____月____日

【归纳提高】

本任务完成锐捷 2910 交换机基础知识及网络测试命令实践研讨，掌握关键技术点及相应技巧，完成学生寝室网组建的任务需求，夯实计算机网络技术运维的技能。

【实践强化】

以小组为单位利用华为、思科、锐捷公司的官网，查询二层、三层交换机的各项参数及应用领域；同时完成学生寝室网网络拓扑图设计（图 1-6-14）中涉及的网络互连设备交换机的选型。

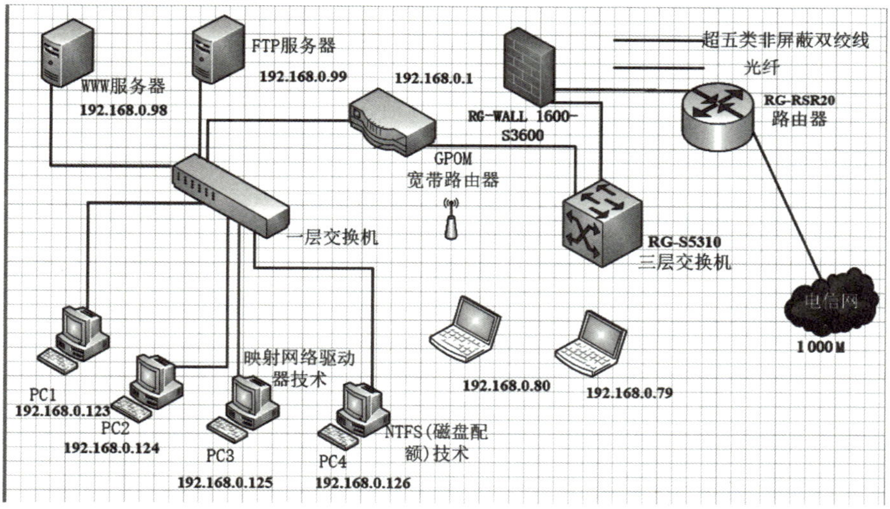
FTP服务器
192.168.0.99
WWW服务器
192.168.0.98
192.168.0.1
超五类非屏蔽双绞线
光纤
RG-RSR20
路由器
RG-WALL 1600-
S3600
GPOM
宽带路由器
一层交换机
RG-S5310
三层交换机
电信网
1 000 M
映射网络驱动
器技术
NTFS(磁盘配
额)技术
192.168.0.80
192.168.0.79
PC1
192.168.0.123
PC2
192.168.0.124
PC3
192.168.0.125
PC4
192.168.0.126

图 1-6-14

任务七　虚拟机 VMWARE 技术研讨及 WINDOWS2012 SERVER 网络配置

【任务名称】

虚拟机 VMWARE 技术研讨及 WINDOWS2012 SERVER 网络配置。

【任务目标】

素质目标：

（1）培养学生良好的自我表现、与人沟通的能力；

（2）培养学生的团队协作精神；

（3）培养学生民族精神、爱国精神；

（4）培养学生勇于创新、敬业乐业的工作作风；

（5）培养学生的质量意识、安全意识；

（6）培养学生诚实、守信、坚忍不拔的性格；

（7）培养学生自主、开放的学习能力；

（8）培养学生吃苦耐劳的精神及工匠精神；

（9）培养学生的家国情怀。

知识目标：

（1）掌握虚拟机 VMWARE 技术涉及安装、网络配置、虚拟机工具的安装。

（2）掌握虚拟机 VMWARE 下 WINDOWS2012 SERVER 网络配置。

能力目标：

（1）培养学生对计算机网络基础知识、基本原理认识的能力。

（2）根据网络工程技术规范、网络综合布线标准，具备实现小型网络项目的设计实施能力及技术分析能力。

（3）培养学生对虚拟机 VMWARE 技术研讨及 WINDOWS2012 SERVER 网络配置的能力。

【任务描述】

学生寝室网组建需完成寝室主页发布及文件资源共享，所以应掌握虚拟机 VMWARE 技术涉及安装、网络配置、虚拟机工具的安装、虚拟机 VMWARE 下 WINDOWS2012 SERVER 网络配置。

【任务分析】

需　求	关键技术分析
实现学生寝室网组建	虚拟机 VMWARE 技术涉及安装、网络配置、虚拟机工具的安装
	虚拟机 VMWARE 下 WINDOWS2012 SERVER 网络配置

【人文素养】

以小组为单位讨论：从“三人行必有我师焉”这句古语中获得的感悟。在项目一技术学习期间你将如何将这一思想内化于心，外化于形？将自己打造成堪当民族复兴重任的时代新人？

三人行，必有我师

【知识技术储备】

一、知识储备

1. 虚拟机的含义

虚拟机（Virtual Machine）指通过软件模拟的具有完整硬件系统功能的、运行在一个完全隔离环境中的完整计算机系统。在实体计算机中能够完成的工作在虚拟机中都能够实现。在计算机中创建虚拟机时，需要将实体机的部分硬盘和内存容量作为虚拟机的硬盘和内存容量。每个虚拟机都有独立的 CMOS、硬盘和操作系统，可以像使用实体机一样对虚拟机进行操作。

虚拟机技术是虚拟化技术的一种。所谓虚拟化技术，就是将事物从一种形式转变成另一种形式，最常用的虚拟化技术有操作系统中内存的虚拟化，实际运行时用户需要的内存空间可能远远大于物理机器的内存大小，利用内存的虚拟化技术，用户可以将一部分硬盘虚拟化为内存，而这对用户是透明的。又如，可以利用虚拟专用网技术（VPN）在公共网络中虚拟化一条安全、稳定的“隧道”，用户感觉像是使用私有网络一样。

2. VMware Workstation

VMware 是 EMC 公司旗下独立的软件公司。1998 年 1 月，Stanford 大学的 Mendel Rosenblum 教授带领他的学生 Edouard Bugnion 和 Scott Devine 创立了 VMware 公司，主要研究在工业领域应用的大型主机级的虚拟技术计算机，并于 1999 年发布了它的第一款产品：基于主机模型的虚拟机 VMware Workstation。2001 年推出了面向服务器市场的 VMware GSX Server 和 VMware ESX Server。 目前，VMware 是虚拟机市场上的领航者，其首先提出并采用的气球驱动程序（balloon driver），影子页表（shadow page table），虚拟设备驱动程序（Virtual Driver）等均已被后来的其他虚拟机，如 Xen 采用。

使用 Vmware，可以同时运行 Linux 各种发行版、Dos、Windows 各种版本，以及 Unix 等，甚至可以在同一台计算机上安装多个 Linux 发行版、多个 Windows 版本。

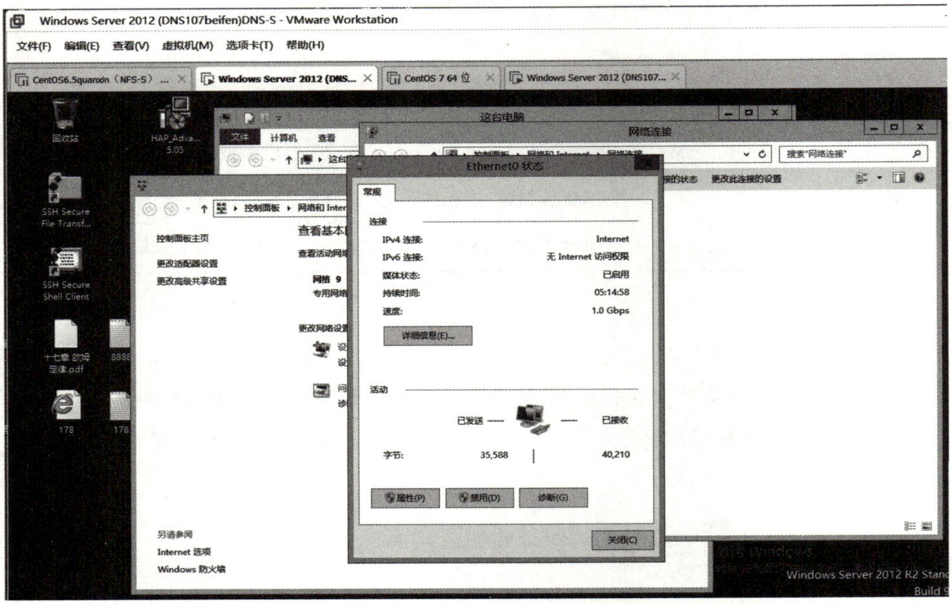

图 1-7-1

优点：

①可同时在同一台 PC 上运行多个操作系统，每个 OS 都有自己独立的一个虚拟机。

②在 Windows2019/2012 上同时运行两个 VM，相互之间可以进行对话，也可以在全屏方式下进行虚拟机之间对话，不过此时另一个虚拟机在后台运行。

③在 VM 上安装同一种操作系统的另一发行版，不需要重新对硬盘进行分区。

④虚拟机之间共享文件、应用、网络资源等。

⑤可以运行 C/S 方式的应用，也可以在同一台计算机上，使用另一台虚拟机的所有资源。

二、技术实践

虚拟机软件安装操作录屏 VMW12

1. VMWARE 版本选择

VMWARE 版本如图 1-7-2 所示。

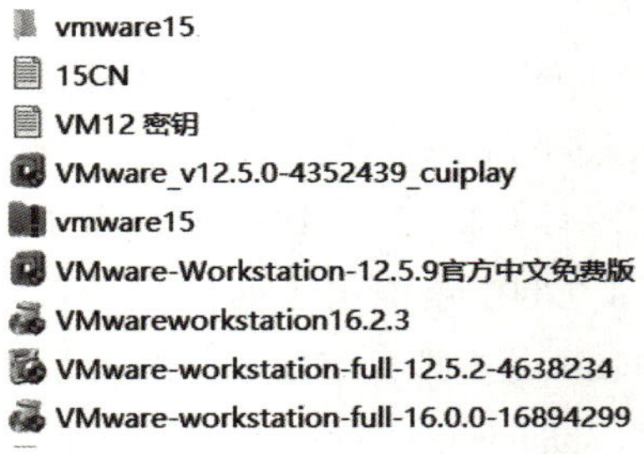

图 1-7-2

VMWARE 中的 WINS2012 与外面的 WIN10 网络配置

2.VMWARE16 安装

①双击 VMware-Workstation-12.5.9 图标(图 1-7-3)。

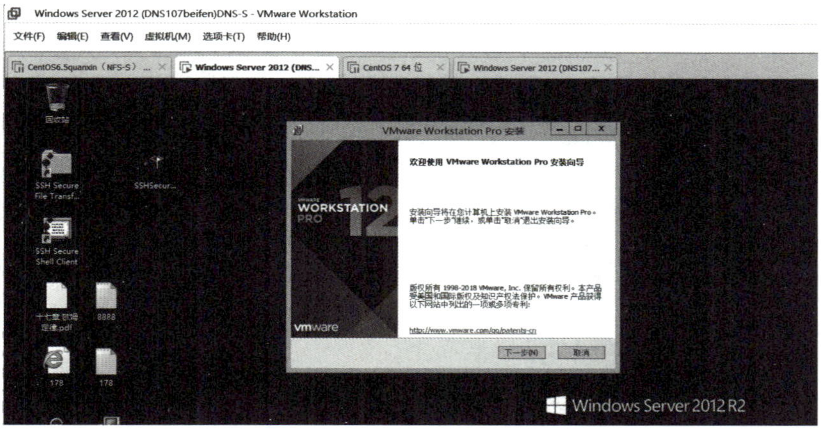

图 1-7-3

②接受协议(图 1-7-4)。

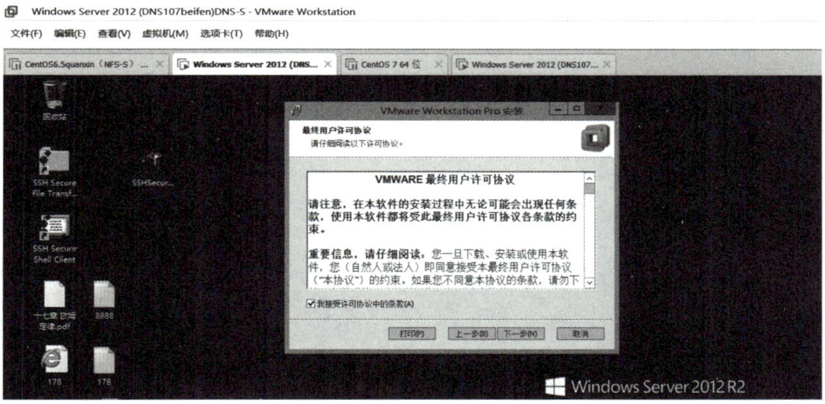

图 1-7-4

③单击“下一步”按钮(图 1-7-5)。

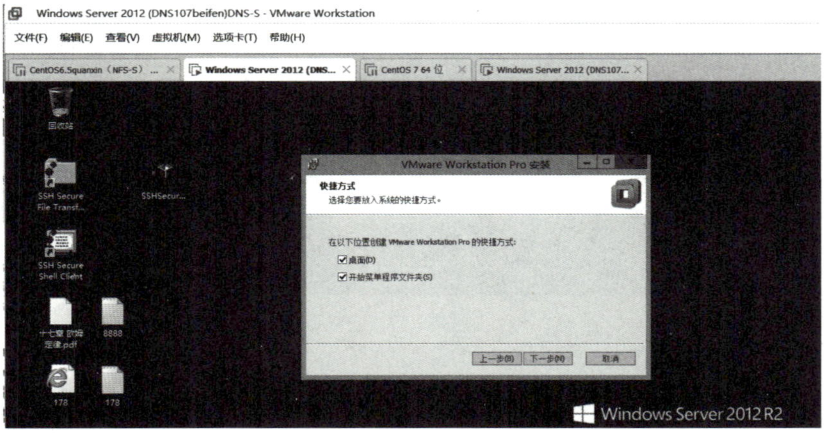

图 1-7-5

④进入安装界面(图 1-7-6)。

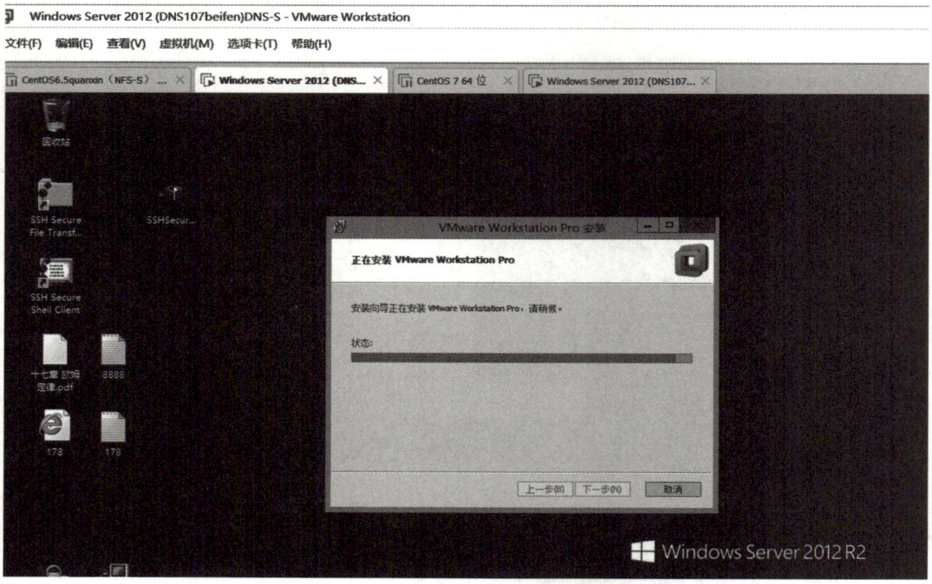

图 1-7-6

⑤输入许可号(图 1-7-7)。

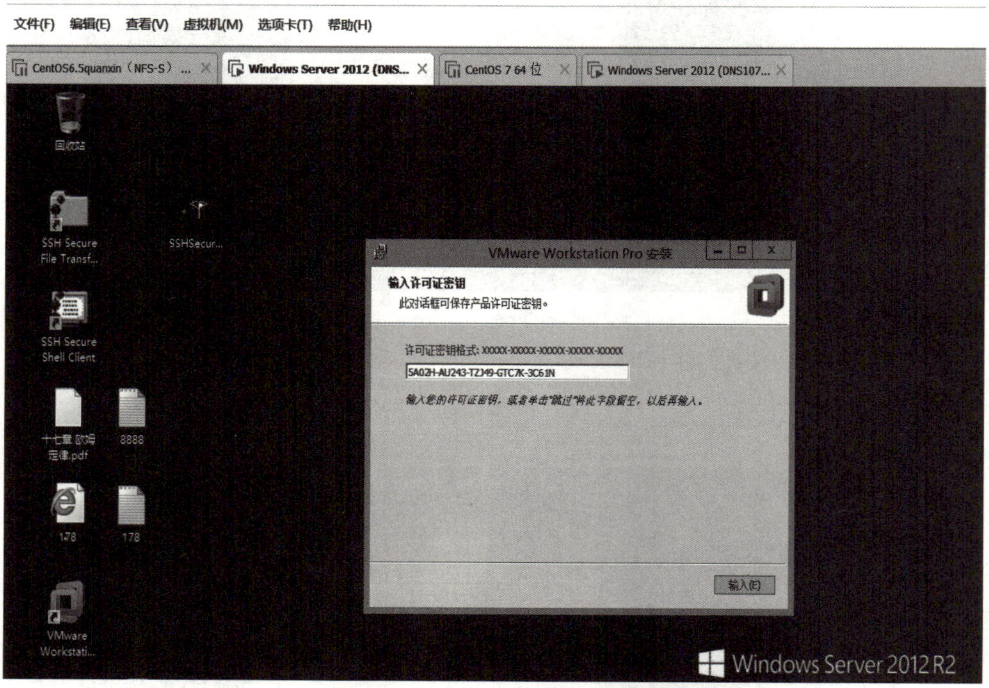

图 1-7-7

⑥安装完成(图 1-7-8)。

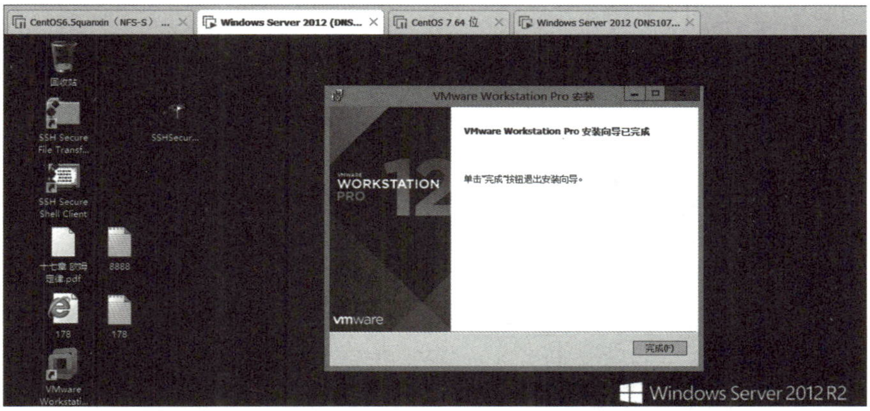

图 1-7-8

3.VMWARE16 下架设 WIN2012server

镜像文件:cn_windows_server_2012_r2_x64_dvd_2707961。

①新建虚拟机(图 1-7-9)。

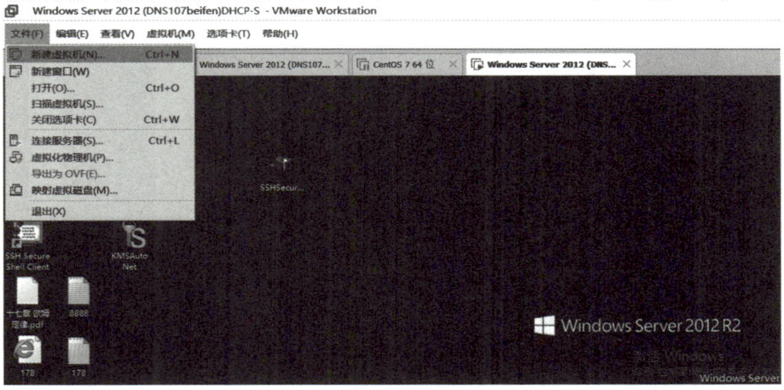

图 1-7-9

②选取安装 WIN2012server 的镜像文件路径,并显示已检测到(图 1-7-10)。

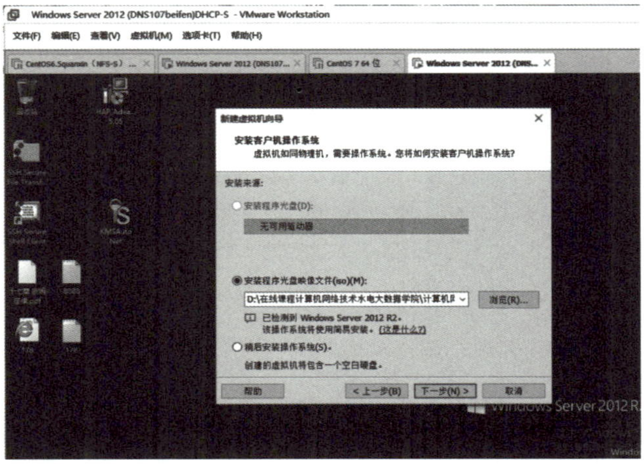

图 1-7-10

③输入产品密钥(图 1-7-11)。

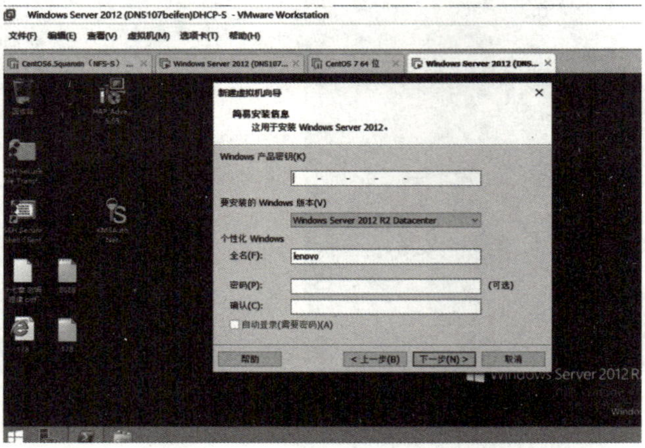

图 1-7-11

④单击“下一步”(图 1-7-12)。

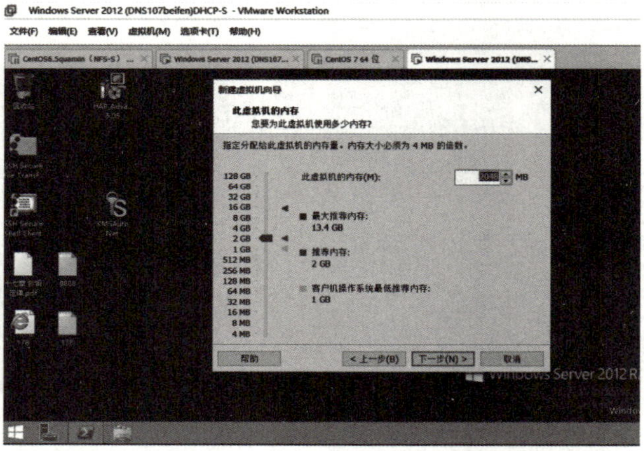

图 1-7-12

⑤单击“完成”进入安装阶段(图 1-7-13)。

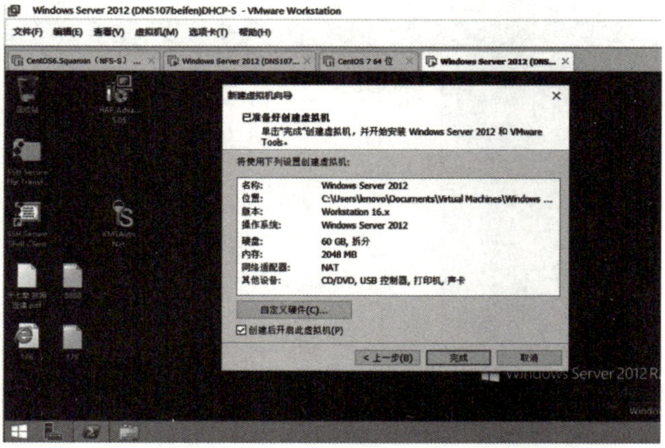

图 1-7-13

4. VMWARE16 下架设 WIN2012server 的网络配置

利用虚拟机本身的 DHCP 功能,这样便于内外网络畅通,外联网络作为服务器的客户端。DHCP 功能设置时,要和外联系统网络在同一网段(图 1-7-14)。

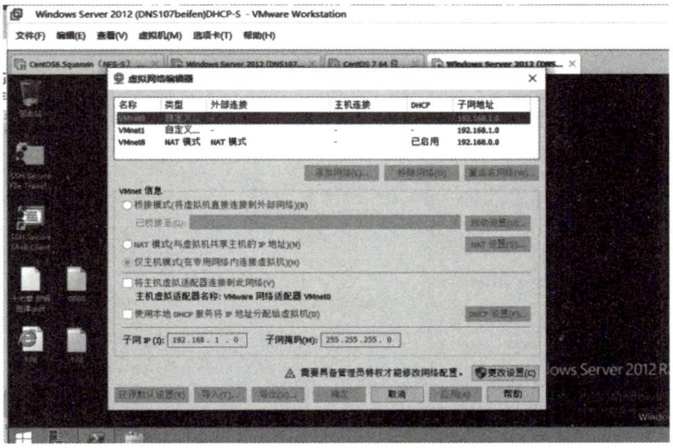

图 1-7-14

单击“虚拟机”选择网络适配器,设备状态均要勾选,桥接模式为直通外面的物理网络,可以选择;NAT 模式是共享主机的 IP 地址,在需要访问外网时,可以选择此项(图 1-7-15)。

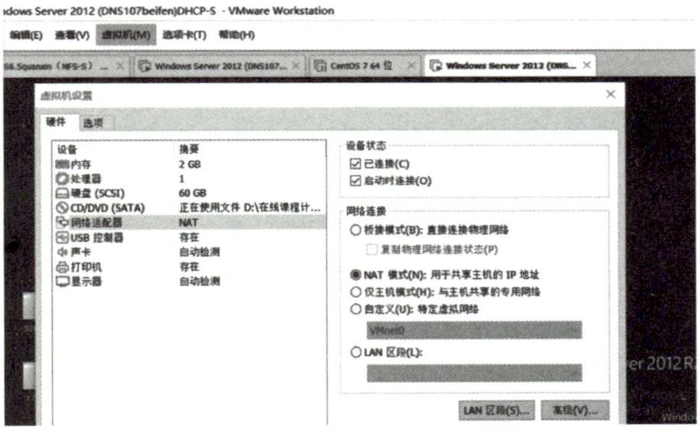

图 1-7-15

单击“选项”可设置虚拟机名称(图 1-7-16)。

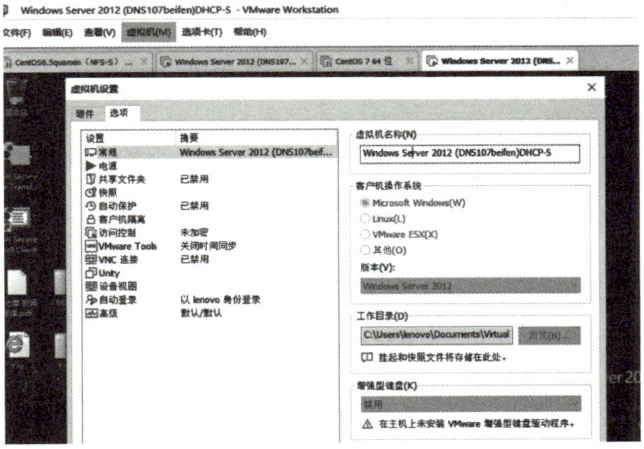

图 1-7-16

设置网络参数(图 1-7-17)。

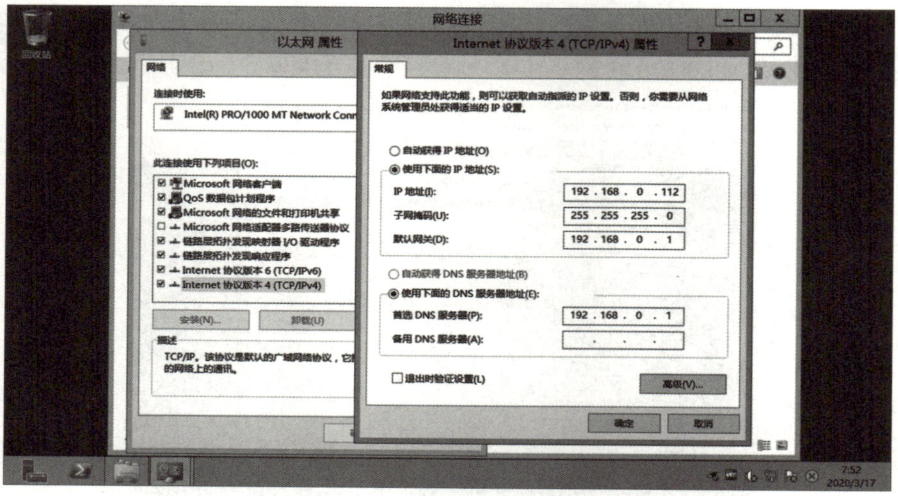

图 1-7-17

5. 关键技术点

①安装虚拟机工具,可实现内外网络文件等直接拖拽,方便操作。直接单击“虚拟机”中的取消“VMware Tools”,前提是 CD/DVD 选项中 WIN2012server 的镜像文件(ISO)路径正确,确保存在。

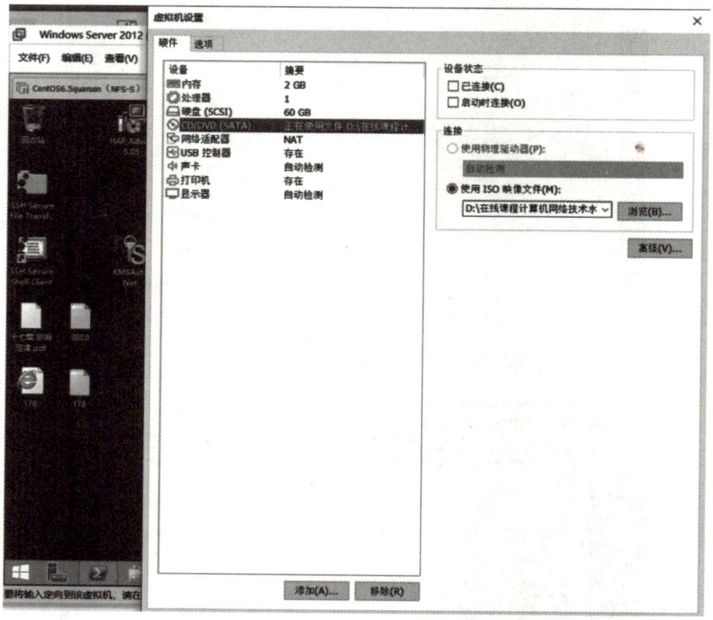

图 1-7-18

或者单击“虚拟机”中的取消“VMware Tools”,在运行中输入 D:\setup.exe (其中 D: 为虚拟 CD-ROM 驱动器,图 1-7-19)。

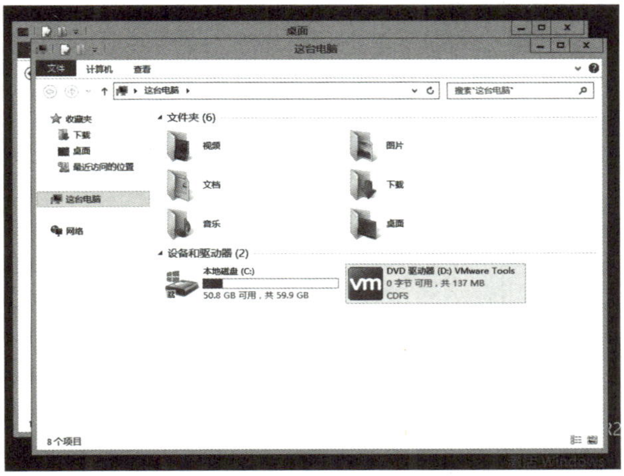
桌面
这台电脑
文件
计算机
查看
这台电脑
收藏夹
下载
桌面
最近访问的位置
这台电脑
网络
文件夹 (6)
视频
图片
文档
下载
音乐
桌面
设备和驱动器 (2)
本地磁盘 (C:)
50.8 GB 可用，共 59.9 GB
DVD 驱动器 (D:) VMware Tools
0 字节 可用，共 137 MB
CDFS
8 个项目

图 1-7-19

② DELL 笔记本电脑，可先安装虚拟机 16 版，再装 WIN2012。

如出现图 1-7-20 所示情况，应进入 BIOS 里将 Intel VT-x 设置为 enable。

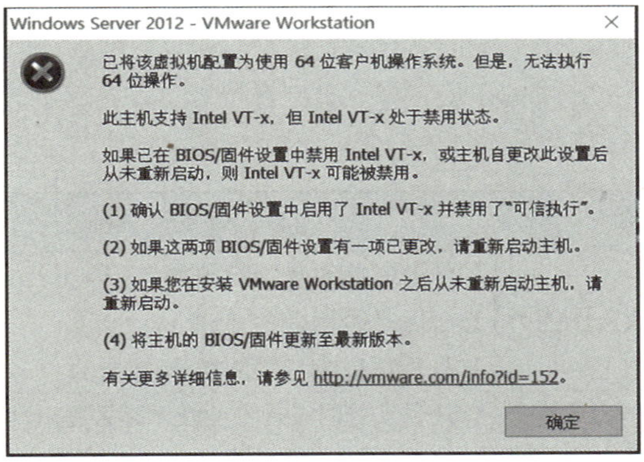
Windows Server 2012 - VMware Workstation
已将该虚拟机配置为使用 64 位客户机操作系统。但是，无法执行 64 位操作。
此主机支持 Intel VT-x，但 Intel VT-x 处于禁用状态。
如果已在 BIOS/固件设置中禁用 Intel VT-x，或主机自更改此设置后从未重新启动，则 Intel VT-x 可能被禁用。
(1) 确认 BIOS/固件设置中启用了 Intel VT-x 并禁用了“可信执行”。
(2) 如果这两项 BIOS/固件设置有一项已更改，请重新启动主机。
(3) 如果您在安装 VMware Workstation 之后从未重新启动主机，请重新启动。
(4) 将主机的 BIOS/固件更新至最新版本。
有关更多详细信息，请参见 http://vmware.com/info?id=152。
确定

图 1-7-20

【任务实施】

任务名称	虚拟机 VMWARE 技术研讨及 WINDOWS2012 SERVER 网络配置		
班　级		姓　名	
地　点		日　期	
小组成员			

一、任务准备

(1)在智慧职教平台上对课件、技术文档等资料进行提前学习，并做好笔记。 (2)在重庆市在线开放课程平台对《计算机网络技术》完成前期学习。 (3)利用互联网查阅虚拟机安装实践的关键技术。

二、过程记录

任务名称	任务关键技术点记录	使用资源记录	本人角色
虚拟机 VMWARE 技术研讨实践（安装及虚拟机工具安装）			□协调员 □记录员 □观察员 □实践员
虚拟机 VMWAREWIN2012-S 安装实践及网络配置实践			□协调员 □记录员 □观察员 □实践员
虚拟机 VMWARE 下 WIN2012-S 内外网络测试实践及虚拟机 VMWARE 下 WIN2012-S 克隆技术实践			□协调员 □记录员 □观察员 □实践员

【评价与考核】

序　号	任务名称	考核内容及评分标准	分　数	扣　分
1	安全/态度/团队合作能力	1. 任务实施时是否规范操作（10 分） 2. 态度是否积极（5 分） 3. 是否积极参与团队协作（5 分）	20	
2	专业技能	1. 任务实施时设计专业技术是否完全掌握（30 分） 2. 任务实施时设计专业技术呈现是否具有创新思维（10 分）	50	
3	工具及设备（软、硬件设备）的使用数据记录	1. 是否做到规范的数据记录（5 分） 2. 数据记录时是否清晰、工整（5 分）	10	
4	表单填写、报告的撰写能力及课堂语言表达组织能力	1. 是否能够完成表单填写及报告撰写（15 分） 2. 语言文字表述上是否用词规范（5 分）	20	
合　计			100	

【实践报告单】

实践报告单　　　　姓名：________					
课　程		班　级		隶属小组	
实践项目					

续表

实践任务			
实践器材			
实践内容			
反思或建议			
实践结果	组内评:	组间评:	师评:

指导教师__________　　　　　　　　　　　　　　　　__________年____月____日

【归纳提高】

本任务完成虚拟机 VMWARE 技术研讨实践(安装及虚拟机工具安装)、虚拟机 VMWARE WIN2012-S 安装实践及网络配置实践等,掌握关键技术点及相应技巧,完成了学生寝室网组建的任务需求,夯实计算机网络技术运维的技能。

【实践强化】

以小组为单位完成针对虚拟机不是很兼容的笔记本电脑的调试工作,方法为:可调换虚拟机软件的版本;在系统“程序卸载”中的“启用或关闭 winows 功能”可关闭“虚拟机平台”等,调试笔记本电脑的品牌可选“戴尔”、“联想”小新版、“惠普”等,做好调试记录。

任务八　映射网络驱动器技术配置探讨及重庆高校网络设计需求分析

【任务名称】

映射网络驱动器技术配置探讨及重庆高校网络设计需求分析。

【任务目标】

素质目标：

(1)培养学生良好的自我表现、与人沟通的能力；
(2)培养学生的团队协作精神；
(3)培养学生民族精神、爱国精神；
(4)培养学生勇于创新、敬业乐业的工作作风；
(5)培养学生的质量意识、安全意识；
(6)培养学生诚实、守信、坚忍不拔的性格；
(7)培养学生自主、开放的学习能力；
(8)培养学生吃苦耐劳的精神及工匠精神；
(9)培养学生的家国情怀。

知识目标：

(1)掌握映射网络驱动器技术原理及实践配置。
(2)掌握网络设计 - 需求分析的技术。

能力目标：

(1)培养学生对计算机网络基础知识、基本原理认识的能力。

(2)根据网络工程技术规范、网络综合布线标准，具备实现小型网络项目的设计实施能力及技术分析能力。

(3)培养学生对映射网络驱动器技术配置及重庆高校网络设计需求分析的能力。

【任务描述】

学生寝室网组建需完成寝室局域网内文件资源共享，所以应掌握映射网络驱动器技术原理及实践；同时继续夯实网络设计需求分析等方面的技巧。

【任务分析】

需　求	关键技术分析
实现学生寝室网组建	映射网络驱动器技术原理及实践配置 重庆 ×××× 高校网络设计 - 需求分析的技术

【人文素养】

同学们应该具备坚定的勇气和自信，因为它是一种自然而然的力量，笑对生活！心胸开阔！积极向上！

《曾经的你》

【知识技术储备】

一、知识储备

1. 映射网络驱动器技术原理

映射网络驱动器是实现磁盘共享的一种方法，具体来说就是利用局域网将自己的数据保存在另外一台电脑上或者把另外一台电脑里的文件虚拟到自己的机器上。把远端共享资源映射到本地后，在“我的电脑”中多了一个盘符，就像自己的电脑上多了一个磁盘，可以很方便地进行操作（如“创建一个文件”“复制”“粘贴”等）。

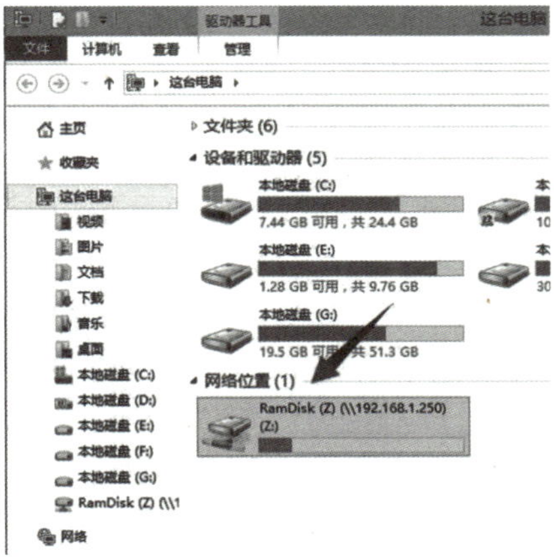

映射网络驱动器技术（三系统共享）

图 1-8-1

2. 学生寝室网文件共享探讨

图 1-8-2

在运行中直接输入“\\IP\ 共享文件夹的名称”，此种方式要求网络中的 PC 机网络畅通；共享文件夹时注意：“将同时共享的用户数量限制为”及权限中添加 everyone 设置为完全控制，同时将相互防火墙关闭。

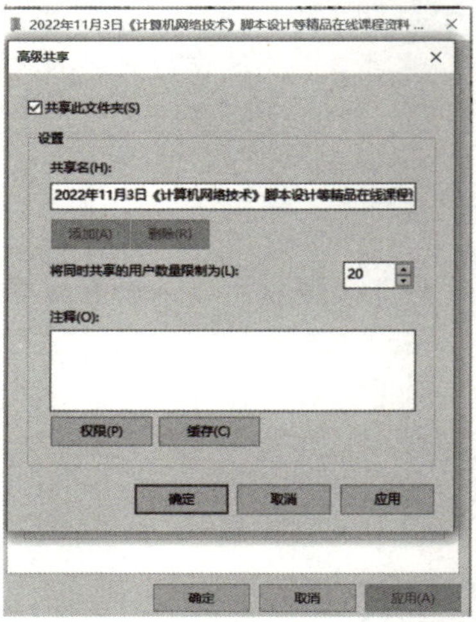

图 1-8-3

3. “映射网络驱动器”技术网络拓扑结构图探讨

“映射网络驱动器”技术网络拓扑结构图如图 1-8-4 所示。

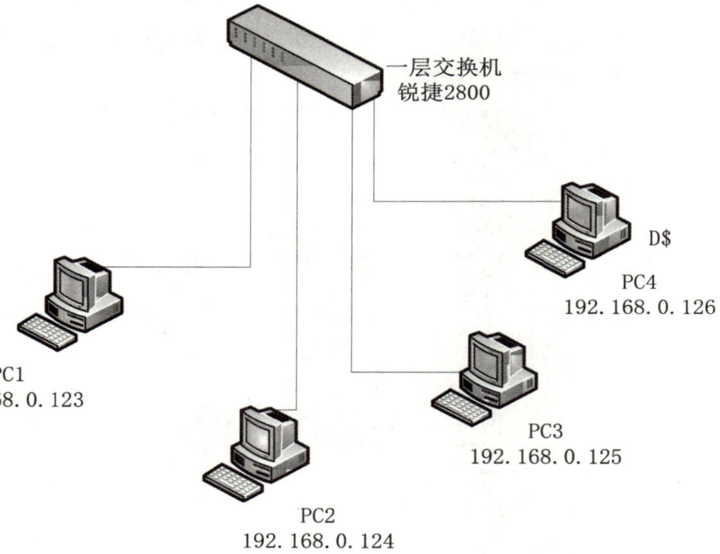

图 1-8-4

二、技术实践

1. “映射网络驱动器”技术实践（针对映射文件夹）

①单击文件夹“属性”，选择“高级共享”项(图 1-8-5)。

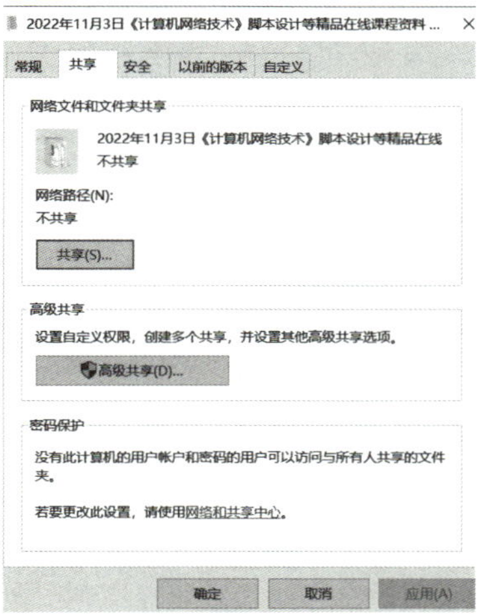

图 1-8-5

②在高级共享里，设置共享名 “netclass”，“将同时共享的用户数量限制为” 10 个，单击 “权限” 添加 everyone 用户，设置为完全控制(图 1-8-6)。

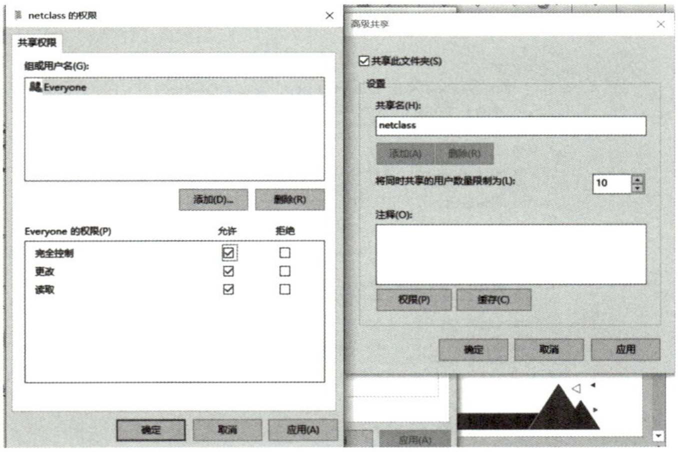

图 1-8-6

③进入 PC2 系统 “控制面板”，关闭防火墙和启用网络发现、文件及打印机共享，勾选 “无密码登录”(图 1-8-7 至图 1-8-9)。

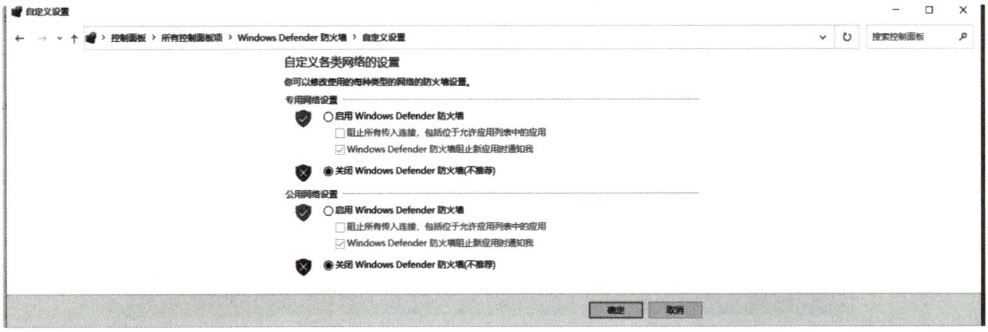

图 1-8-7

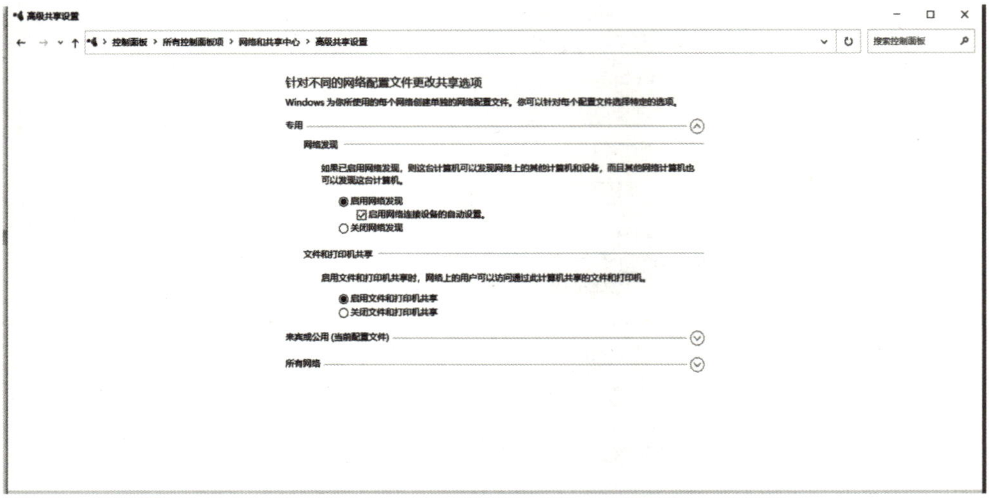
高级共享设置
控制面板 › 所有控制面板项 › 网络和共享中心 › 高级共享设置
搜索控制面板
针对不同的网络配置文件更改共享选项
Windows 为你所使用的每个网络创建单独的网络配置文件。你可以针对每个配置文件选择特定的选项。
专用
网络发现
如果已启用网络发现，则这台计算机可以发现网络上的其他计算机和设备，而且其他网络计算机也可以发现这台计算机。
启用网络发现
启用网络连接设备的自动设置。
关闭网络发现
文件和打印机共享
启用文件和打印机共享时，网络上的用户可以访问通过此计算机共享的文件和打印机。
启用文件和打印机共享
关闭文件和打印机共享
来宾或公用 (当前配置文件)
所有网络

图 1-8-8

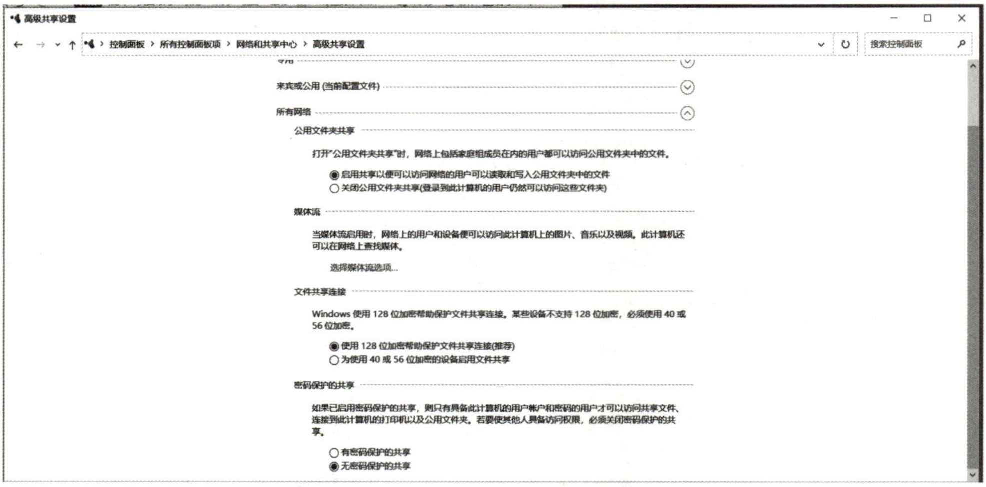
高级共享设置
控制面板 › 所有控制面板项 › 网络和共享中心 › 高级共享设置
搜索控制面板
来宾或公用 (当前配置文件)
所有网络
公用文件夹共享
打开"公用文件夹共享"时，网络上包括家庭组成员在内的用户都可以访问公用文件夹中的文件。
启用共享以便可以访问网络的用户可以读取和写入公用文件夹中的文件
关闭公用文件夹共享(登录到此计算机的用户仍然可以访问这些文件夹)
媒体流
当媒体流启用时，网络上的用户和设备便可以访问此计算机上的图片、音乐以及视频。此计算机还可以在网络上查找媒体。
选择媒体流选项...
文件共享连接
Windows 使用 128 位加密帮助保护文件共享连接。某些设备不支持 128 位加密，必须使用 40 或 56 位加密。
使用 128 位加密帮助保护文件共享连接(推荐)
为使用 40 或 56 位加密的设备启用文件共享
密码保护的共享
如果已启用密码保护的共享，则只有具备此计算机的用户帐户和密码的用户才可以访问共享文件、连接到此计算机的打印机以及公用文件夹。若要使其他人具备访问权限，必须关闭密码保护的共享。
有密码保护的共享
无密码保护的共享

图 1-8-9

④在本机测试“映射网络驱动器”设置中共享文件夹是否设置成功(图 1-8-10)。

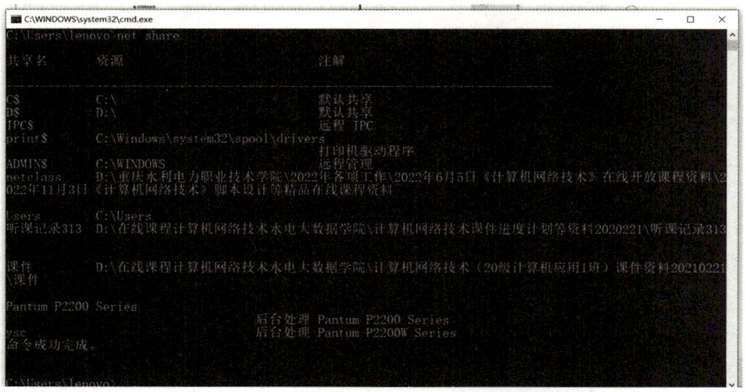
C:\WINDOWS\system32\cmd.exe
C:\Users\lenovo>net share
共享名 资源 注解
C$ C:\ 默认共享
D$ D:\ 默认共享
IPC$ 远程 IPC
print$ C:\Windows\system32\spool\drivers 打印机驱动程序
ADMIN$ C:\WINDOWS 远程管理
Users C:\Users
Pantum P2200 Series
命令成功完成。

图 1-8-10

⑤ PC3 映射 PC2（图 1-8-11 至图 1-8-15）。

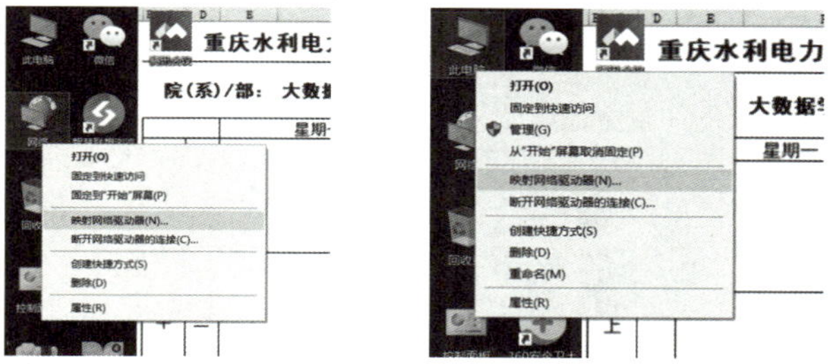

图 1-8-11

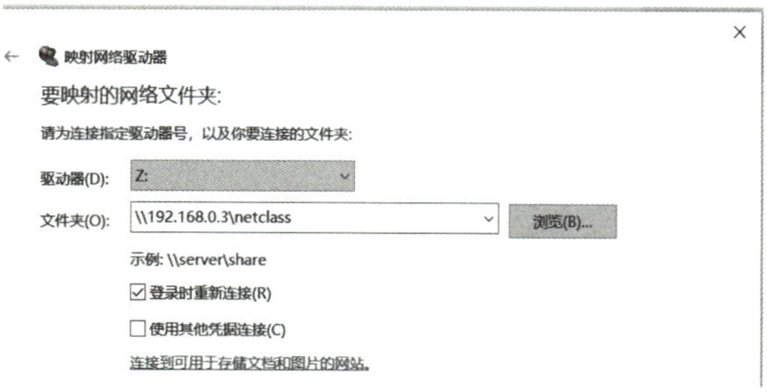

图 1-8-12

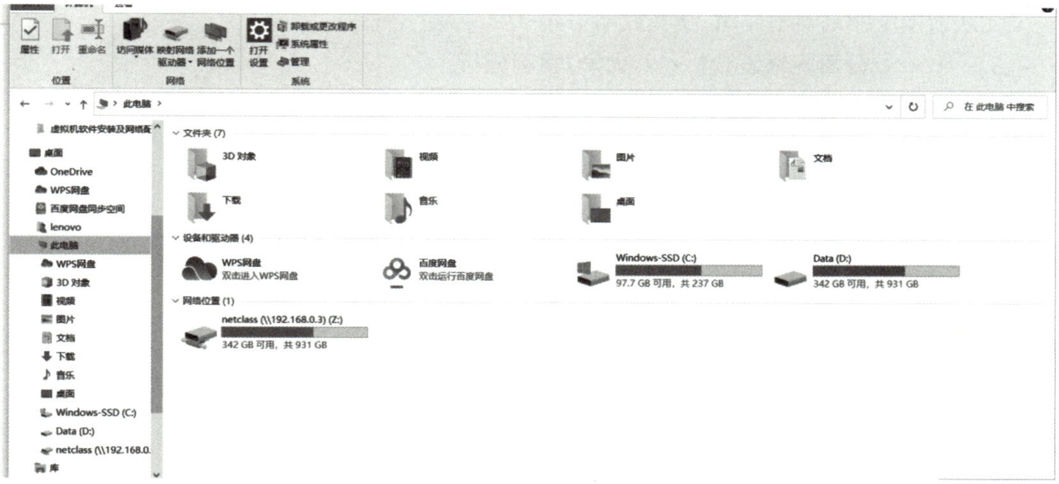

图 1-8-13

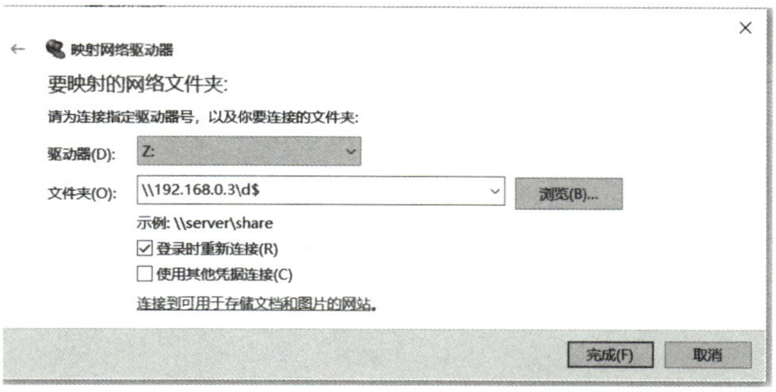

图 1-8-14

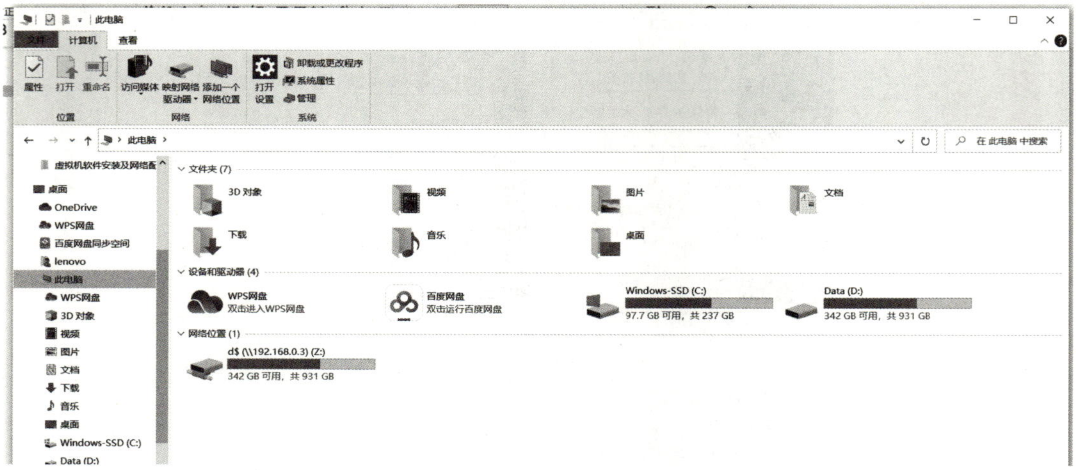

图 1-8-15

2. “映射网络驱动器”技术注意事项

①映射前的网络检查，网络保证畅通（防火墙是否关闭）。

②执行映射网络驱动器技术时，文件夹或驱动器是否共享。

③启用网络发现、文件及打印机共享及勾选“无密码登录”是否设置。

④映射网络驱动器不用时，需释放网络共享资源（断开）。

3. ×××× 公司网络设计（××大学）案例分析

案例分析图如图 1-8-16 所示。

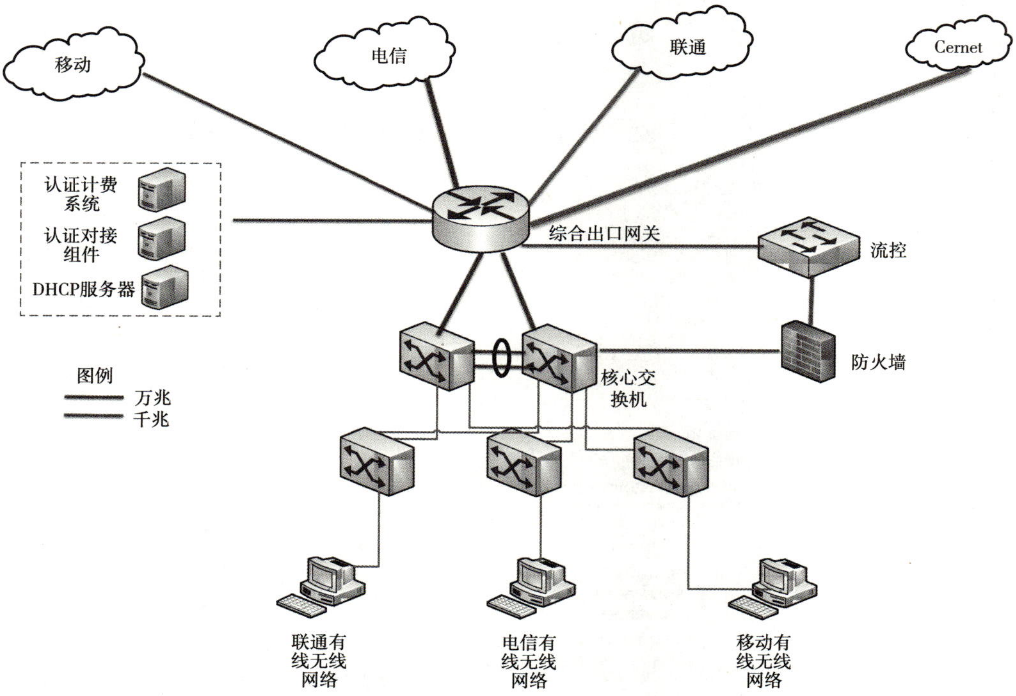

图 1-8-16

网络情况：

表 1-8-1

电信互联网专线，出口类型 1G 接口
移动无线互联网专线，出口类型 1G/10G 接口
联通无线互联网专线，出口类型 1G/10G 接口
电信 500M 链路，办公区访问互联网和电信用户访问学校提供公共资源，出口类型 1G 接口
联通 20M 办公链路，联通用户校外用户访问学校提供的公共资源，出口类型 1G 接口
教育网 350M 链路，办公区访问互联网和教育网用户访问学校提供的公共资源，出口类型 1G 接口
移动 4G/5G 专线回连链路，出口接口类型 10G 接口
内网数据中心迁移到综合出口网关，链路类型 10G 接口

用户需求：

表 1-8-2　用户需求表

1	出口综合网关拒绝所有 IPV4 和 IPV6 流量
2	DHCP 信息主动推送认证系统，支持 IPV4 和 IPV6 地址分配，并记录分配对应关系
3	用户用 IPV4 认证成功后，认证系统将用户的 IPV4 和 IPV6 地址同步给综合出口网关
4	出口综合网关放行用户 IPV4 和 IPV6 的流量并记录日志

【任务实施】

任务名称	映射网络驱动器技术配置探讨及重庆高校网络设计需求分析		
班　级		姓　名	
地　点		日　期	
小组成员			

一、任务准备

(1)在智慧职教平台上对课件、技术文档等资料进行提前学习，并做好笔记。 (2)在重庆市在线开放课程平台对《计算机网络技术》完成前期学习。 (3)利用互联网查阅映射网络驱动器技术配置的关键技术。

二、过程记录

任务名称	任务关键技术点记录	使用资源记录	本人角色
“映射网络驱动器”技术实践（针对映射文件夹）			□协调员 □记录员 □观察员 □实践员
“映射网络驱动器”技术实践（针对驱动器）			□协调员 □记录员 □观察员 □实践员
××公司网络设计—网络拓扑结构图（××大学）案例分析			□协调员 □记录员 □观察员 □实践员

【评价与考核】

序　号	任务名称	考核内容及评分标准	分　数	扣　分
1	安全/态度/团队合作能力	1. 任务实施时是否规范操作（10分） 2. 态度是否积极（5分） 3. 是否积极参与团队协作（5分）	20	
2	专业技能	1. 任务实施时设计专业技术是否完全掌握（30分） 2. 任务实施时设计专业技术呈现是否具有创新思维（20分）	50	
3	工具及设备（软、硬件设备）的使用数据记录	1. 是否做到规范的数据记录（5分） 2. 数据记录时是否清晰、工整（5分）	10	
4	表单填写、报告的撰写能力及课堂语言表达组织能力	1. 是否能够完成表单填写及报告撰写（15分） 2. 语言文字表述上是否用词规范（5分）	20	
合　计			100	

【实践报告单】

实践报告单				姓名：________	
课　程		班　级		隶属小组	
实践项目					

续表

实践任务	
实践器材	
实践内容	
反思或建议	
实践结果	组内评：　　　　组间评：　　　　师评：

指导教师__________　　　　　　　　　　________年____月____日

【归纳提高】

本任务完成映射网络驱动器技术配置探讨及重庆高校网络设计—网络拓扑结构图，掌握关键技术点及相应技巧，完成学生寝室网组建的任务需求，夯实计算机网络技术运维的技能。

【实践强化】

以小组为单位完成本机下及无线网络下的三系统 - 映射网络驱动器技术配置实践（三系统是指本机下的 WIN10 及虚拟机下的 WIN2012 系统、无线局域网下的 PC 机），录制实践视频及形成技术文档，网络拓扑图如图 1-8-17 所示。

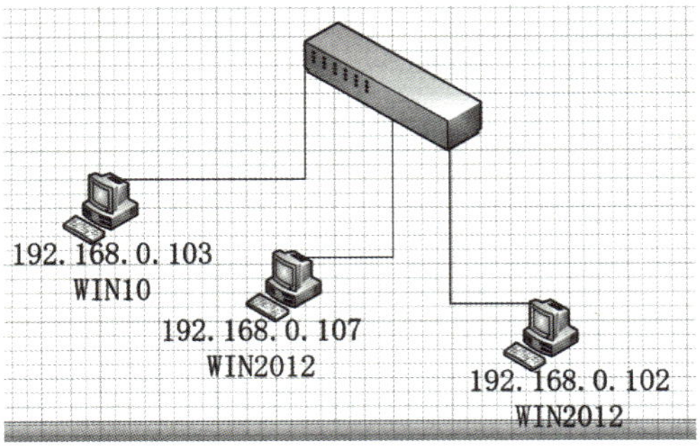

图 1-8-17

任务九　WINDOWS2012 SERVER 下 FTP 服务器原理及架设配置

【任务名称】

WINDOWS2012 SERVER 下 FTP 服务器原理及架设配置。

【任务目标】

素质目标：

(1)培养学生良好的自我表现、与人沟通的能力；

(2)培养学生的团队协作精神；

(3)培养学生民族精神、爱国精神；

(4)培养学生勇于创新、敬业乐业的工作作风；

(5)培养学生的质量意识、安全意识；

(6)培养学生诚实、守信、坚忍不拔的性格；

(7)培养学生自主、开放的学习能力；

(8)培养学生吃苦耐劳的精神及工匠精神；

(9)培养学生的家国情怀。

知识目标：

(1)掌握 WINDOWS2012 SERVER 下 FTP 服务器原理技术。

(2)掌握 WINDOWS2012 SERVER 下 FTP 服务器架设实践配置。

能力目标：

(1)培养学生对计算机网络基础知识、基本原理认识的能力。

(2)根据网络工程技术规范、网络综合布线标准，具备实现小型网络项目的设计实施能力及技术分析能力。

(3)培养学生对虚拟机下 WINDOWS2012 SERVER 上 FTP 服务器原理及架设配置的能力。

【任务描述】

学生寝室网组建需完成寝室局域网内文件资源共享，所以应掌握 WINDOWS2012 SERVER

下 FTP 服务器原理技术及架设实践配置。

【任务分析】

需　求	关键技术分析
实现学生寝室网组建	WINDOWS2012 SERVER 下 FTP 服务器原理技术
	WINDOWS2012 SERVER 下 FTP 服务器架设实践配置

【人文素养】

绿水青山就是金山银山,祖国的每一寸土地都孕育无限的美景,请珍爱这每一片土地。

美丽中国之茶山竹海

【知识技术储备】

一、知识储备

1. WINDOWS2012 SERVER 下 FTP 服务器原理技术

FTP 的全称是 File Transfer Protocol (文件传输协议),就是网络上用来传输文件的应用层协议。用户通过 FTP 协议登录上 FTP 服务器,查看服务器上的共享文件,可以把文件从服务器下载到本地计算机,或把本地计算机的文件上传到服务器。

FTP 协议采用 C/S (客户端 / 服务器)模式,用户通过一个支持 FTP 协议的客户端程序,连接到远端服务器上的 FTP 服务器。

C/S:Client/Server,客户端 / 服务器,客户端和服务器端通过两个独立的程序分别实现。

客户端:用户交互功能。

服务器:数据存储、计算、管理功能。

优点:

①充分利用两端硬件环境的优势,将任务合理分配到 Client 端和 Server 端实现,降低系统的通信开销。

②客户端程序和服务器程序独立,应用程序设计可分别进行。

缺点:

①需要根据不同的操作系统开发不同版本的软件。

②每次更新都伴随产品升级,用户需在产品升级时手动更新客户端软件。

③用户通过客户端程序向服务器程序发出命令,服务器程序执行用户所发出的命令,并将执行的结果返回到客户端。通过 FTP 进行文件传输时,服务器与客户端之间会建立两个 TCP 连接:FTP 控制连接和 FTP 数据连接。FTP 控制连接负责客户端与服务器之间交互 FTP 控制命令和应答信息,在整个 FTP 会话过程中一直保持打开;FTP 数据连接负责在客户端与

服务器之间进行文件和目录传输，仅在需要传输数据时才建立连接，数据传输完毕后会终止连接。

2. 关键技术点

FTP 服务器的工作模式分为主动模式和被动模式。

当工作在主动模式时，客户端首先发起连接请求，与服务器的 21 号端口建立控制连接，连接成功后，客户端方借此发送命令。若客户端需要传输数据，客户端会通过已建立的连接通道向服务器发送消息，告知服务器客户端中接收数据的端口，之后服务器通过 20 号端口连接到客户端指定的端口并传输数据。

当 FTP 工作在被动模式下时，客户端首先发起连接请求，与服务器的 21 号端口建立控制连接，之后仍由客户端发送信息，请求与服务器建立数据连接。服务器接收到此请求后，会随机打开一个高端端口，并将该端口号告知客户端，此时客户端与服务器的该端口再建立数据连接，通过该通道进行数据传递。如图 1-9-1、图 1-9-2 所示。

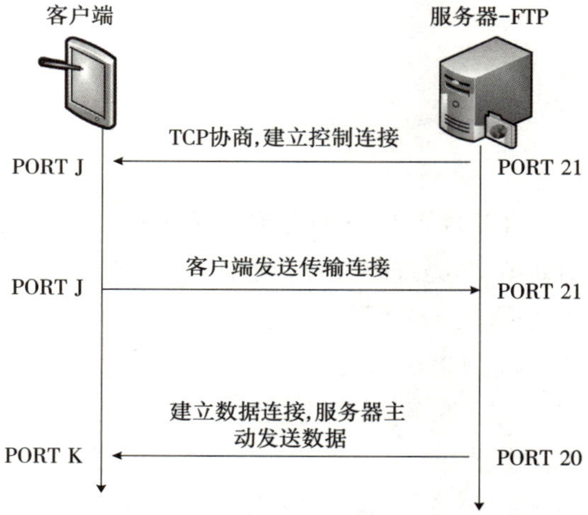

图 1-9-1

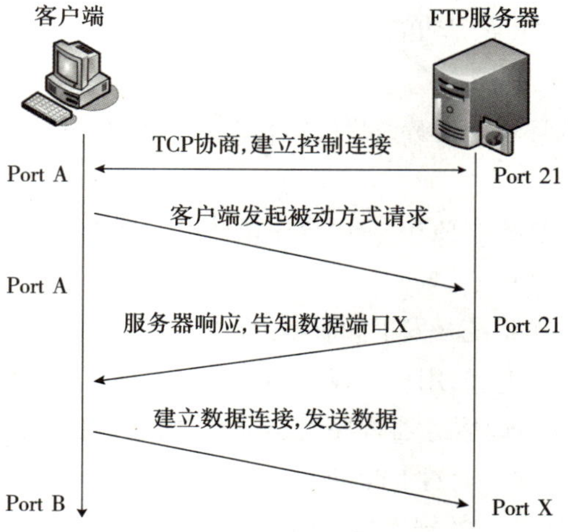

图 1-9-2

在 WINDOWS2012 SERVER 平台下，FTP 服务器既支持主动方式，也支持被动方式传输数据。但是在 FTP 客户端上，如果需要支持被动方式传输数据，需要做出合适的配置。

在 WINDOWS2012 SERVER 平台下还支持 TFTP 的服务器和客户端配置（Trivial File Transfer Protocol，简单文件传输协议，基于 UDP 传输，服务器端口号 69），这种协议也可以完成类似 FTP 的功能，主要是进行小文件传输。它不具备通常的 FTP 的许多功能，它只能从文件服务器上获得或写入文件，不能列出目录，不进行身份认证等。

二、技术实践

1. WIN2012S-FTP 服务器安装实践

①启动“服务器管理器”，选择“配置此本地服务器”（图 1-9-3）。

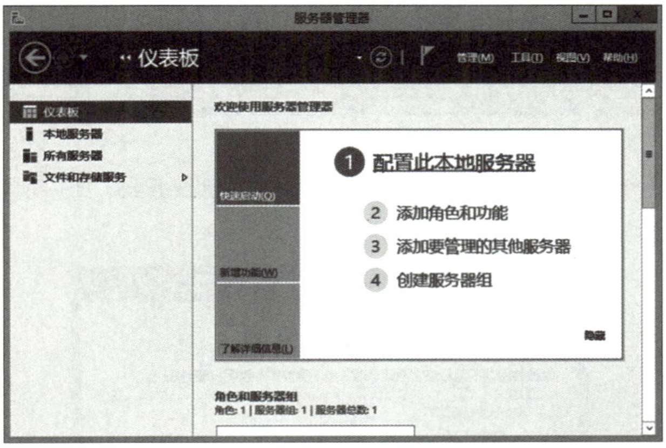

WIN2012 下 FTP 服务器的配置实践

图 1-9-3

②单击“添加角色和功能”，进入“添加和角色功能向导”，单击“下一步”，选择“基于角色或基于功能的安装”（图 1-9-4）。

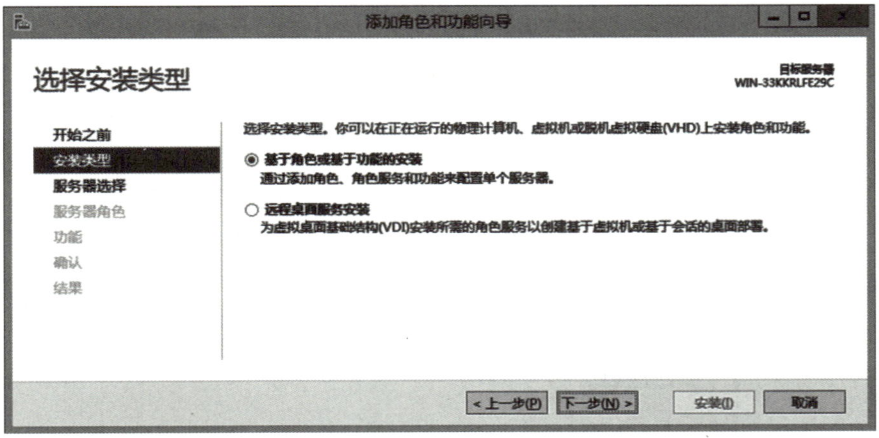

图 1-9-4

③单击“下一步”，选择“从服务器池中选择服务器”，安装程序会自动检测与显示这台计算机采用静态 IP 地址设置的网络连接；单击“下一步”，在“服务器角色”中选择“Web 服务器

（IIS）”（图 1-9-5）。

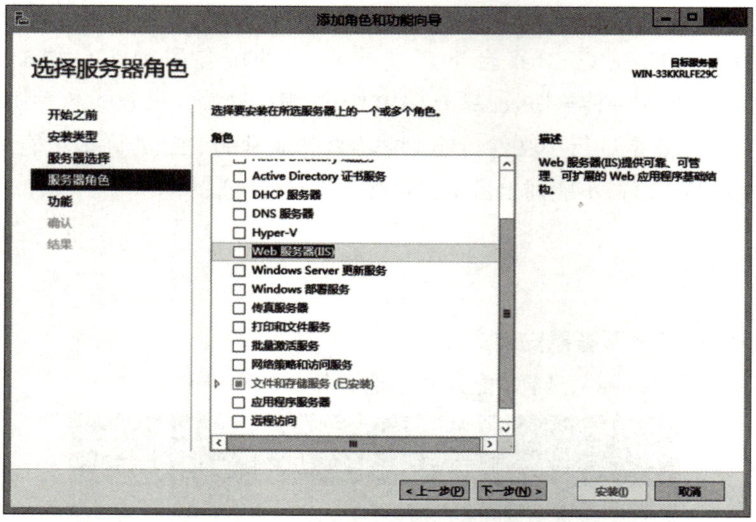

图 1-9-5

④选择“Web 服务器（IIS）”会自动弹出“添加 Web 服务器（IIS）所需的功能”，单击“添加功能”（图 1-9-6）。

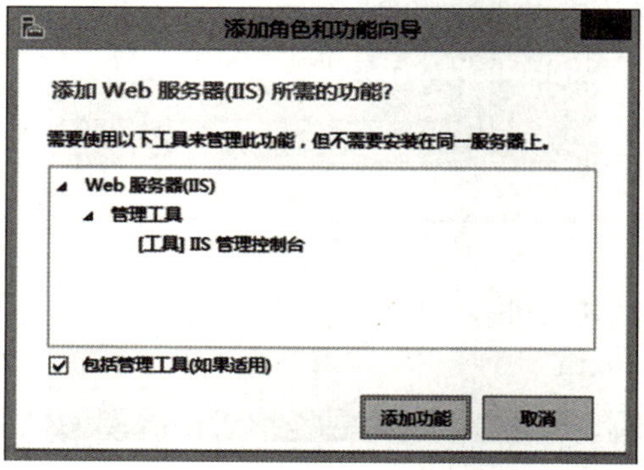

图 1-9-6

⑤单击“下一步”继续，来到“为 Web 服务器（IIS）选择要安装的角色服务”，勾选“FTP 服务器”（默认即可，安装完成后可以更改），单击“下一步”继续后单击“安装”（图 1-9-7）。

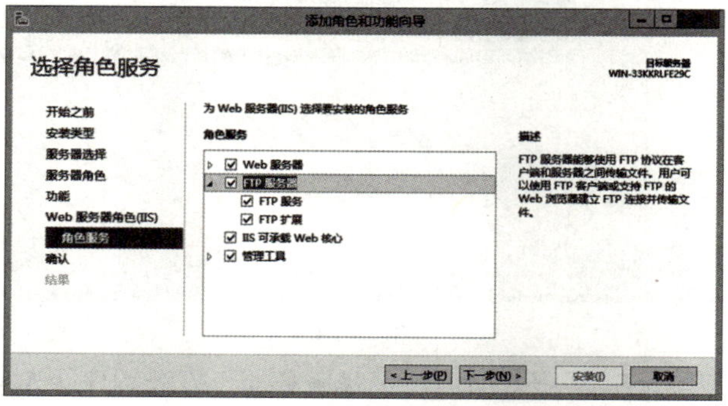

图 1-9-7

⑥等待安装进度完成后，单击“关闭”完成安装(图 1-9-8)。

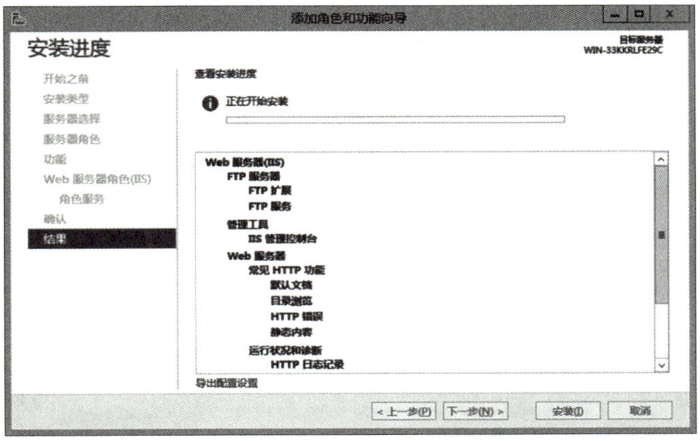

图 1-9-8

2.WIN2012S-FTP 服务器配置实践(指定用户方式)

可先观看课程数字资源：WIN2012 下 FTP 服务器的配置实践操作视频，这样学起来会更好。

①新建用户 yyftp，密码为 11。

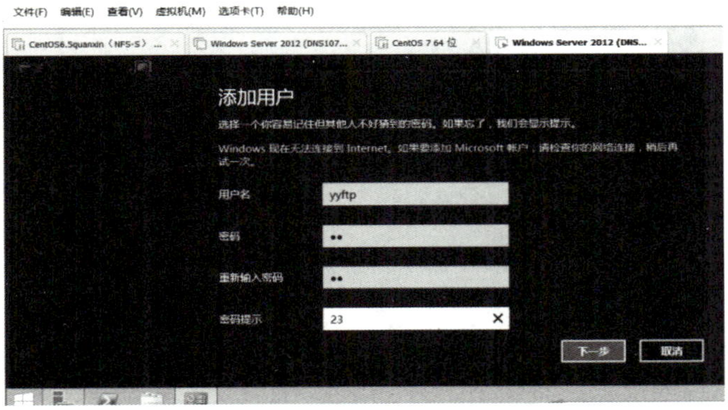

图 1-9-9

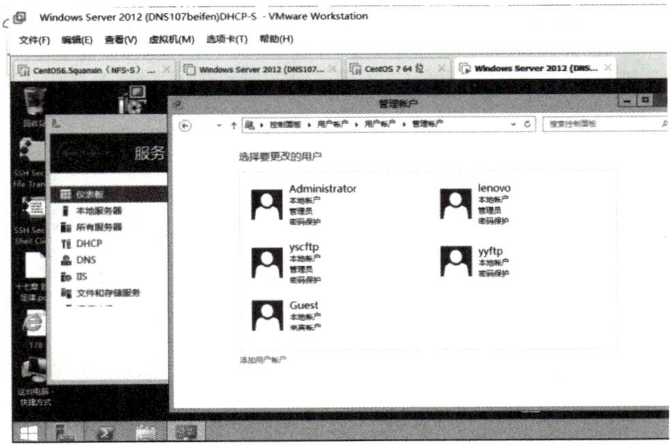

图 1-9-10

技巧：可进入管理工具中“本地安全策略”将“账户策略”中的“密码策略”——“密码必须符合复杂性要求”设置为“禁用”。

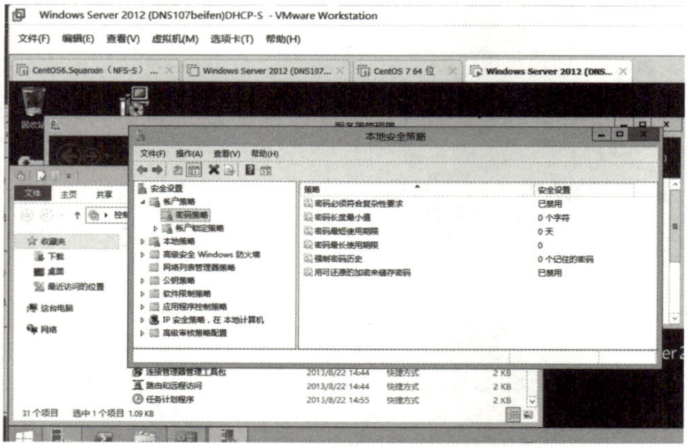

图 1-9-11

②打开 IIS，新建 FTP 站点 yyftp，物理路径为 C:\inetpub\ftproot（图 1-9-12）。

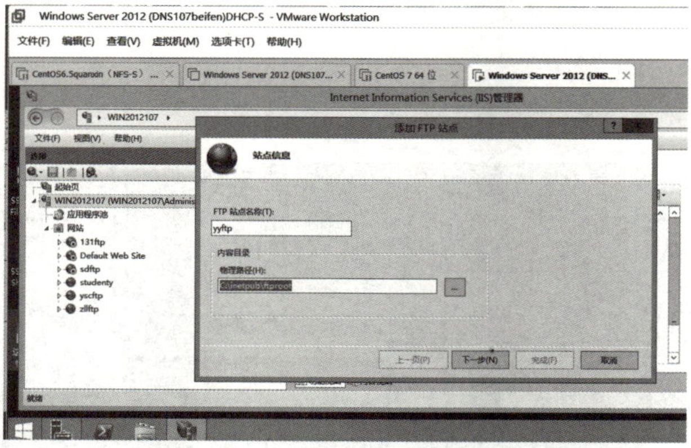

图 1-9-12

③单击“下一步”，设置 IP 地址（192.168.0.132），端口 21，选择无 SSL（图 1-9-13）。

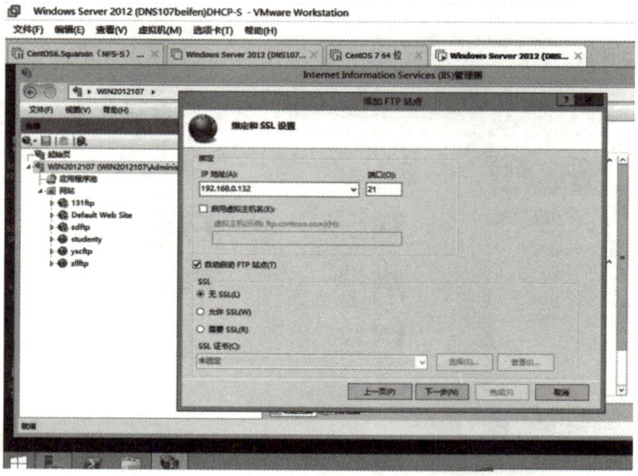

图 1-9-13

④单击“下一步”,选择“基本”身份验证,允许访问,选择“指定用户”yyftp,权限勾选”读取““写入”,之后单击完成(图 1-9-14)。

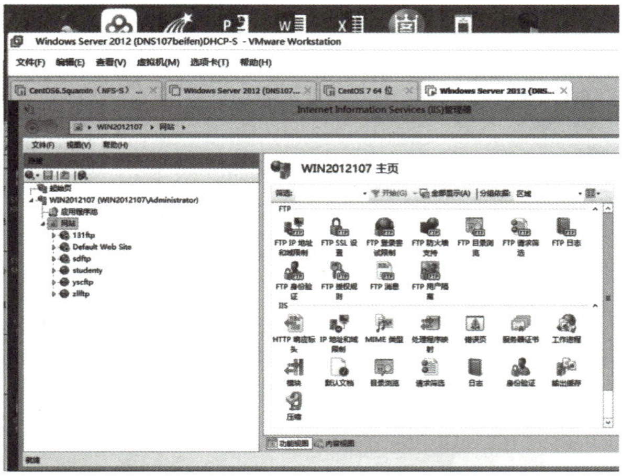

图 1-9-14

⑤查看 FTP 授权规则、FTP 身份验证、基本设置等,关闭 FTP 服务器的系统防火墙。

⑥在客户端的 DOS 界面 pingFTP 服务器看是否网络畅通(图 1-9-15)。

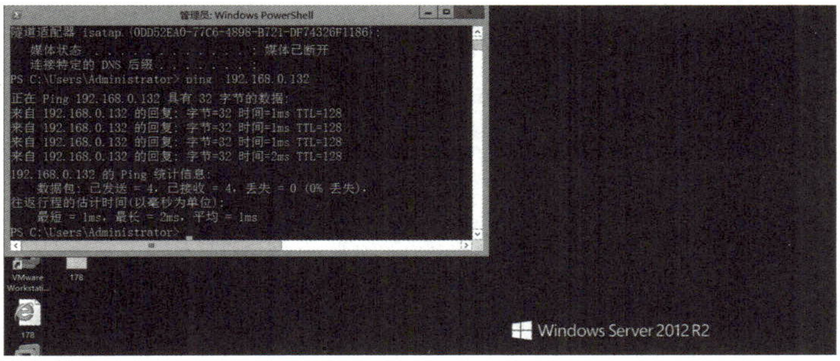

图 1-9-15

⑦在客户端的网络地址栏里输入 ftp:\\192.168.0.132 之后回车,在登录栏里输入 yyftp,密码为 11(图 1-9-16)。

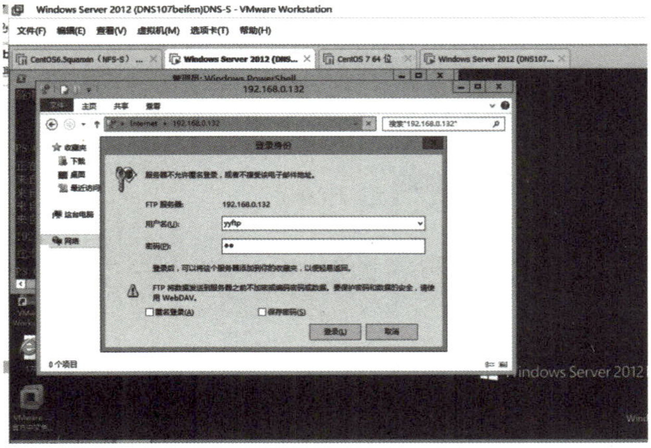

图 1-9-16

⑧在客户端的网络地址栏里输入 ftp:\\192.168.0.132，之后回车，在登录栏里输入 yyftp，密码为 11。登录成功。

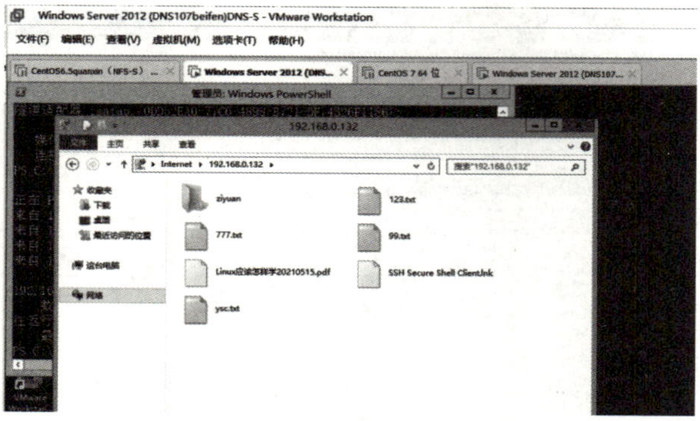

图 1-9-17

⑨登录成功后，进行文件的上传和下载操作。

⑩可以从客户端的 DOS 界面下登录。

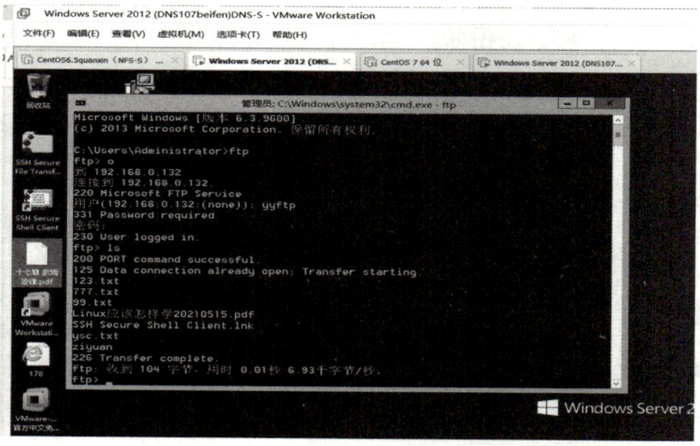

图 1-9-18

3.WIN2012S-FTP 服务器配置实践技巧

“指定用户”模式—登录不成功：

①“基本身份验证”被禁用，将其启用(图 1-9-19)。

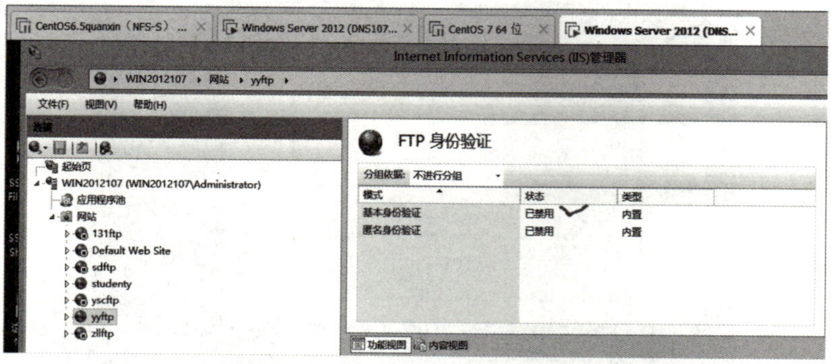

图 1-9-19

②客户端操作文件不能上传和下载,将 Internet 属性里“安全”中“文件下载”选项的“禁用”改为“启用”(图 1-9-20)。

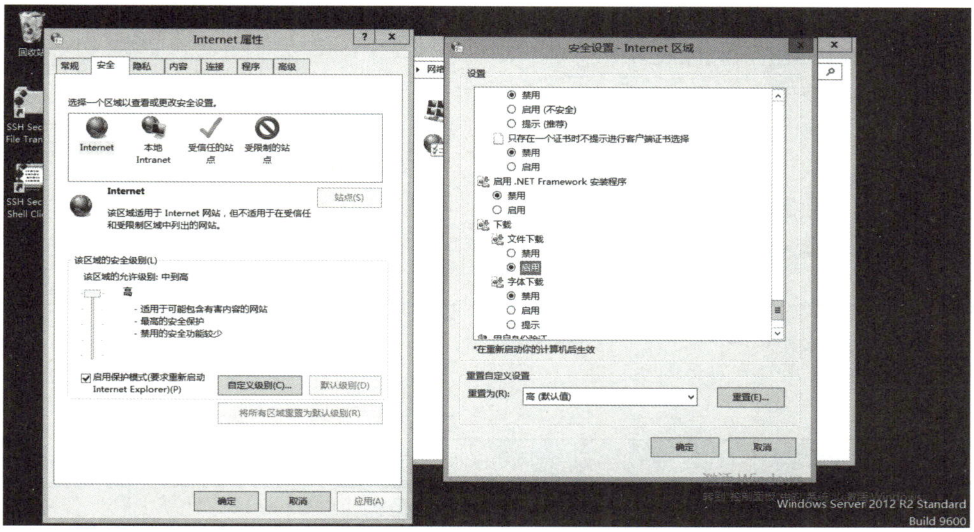

图 1-9-20

【任务实施】

任务名称	WINDOWS2012 SERVER 下 FTP 服务器原理及架设配置		
班　级		姓　名	
地　点		日　期	
小组成员			

一、任务准备

(1)在智慧职教平台上对课件、技术文档等资料进行提前学习,并做好笔记。 (2)在重庆市在线开放课程平台对《计算机网络技术》完成前期学习。 (3)利用互联网查阅 WINDOWS2012 SERVER 下 FTP 服务器配置的关键技术。

二、过程记录

任务名称	任务关键技术点记录	使用资源记录	本人角色
虚拟机下 WINDOWS2012 SERVER 下 FTP 服务器安装及网络配置			□协调员 □记录员 □观察员 □实践员

续表

任务名称	任务关键技术点记录	使用资源记录	本人角色
虚拟机下 WINDOWS2012 SERVER 下 FTP 服务器实践配置(指定用户)			□协调员 □记录员 □观察员 □实践员
虚拟机下 WINDOWS2012 SERVER 下 FTP 服务器实践配置(虚拟用户)			□协调员 □记录员 □观察员 □实践员

【评价与考核】

序号	任务名称	考核内容及评分标准	分数	扣分
1	安全/态度/团队合作能力	1. 任务实施时是否规范操作(10 分) 2. 态度是否积极(5 分) 3. 是否积极参与团队协作(5 分)	20	
2	专业技能	1. 任务实施时设计专业技术是否完全掌握(30 分) 2. 任务实施时设计专业技术呈现是否具有创新思维(20 分)	50	
3	工具及设备(软、硬件设备)的使用数据记录	1. 是否做到规范的数据记录(5 分) 2. 数据记录时是否清晰、工整(5 分)	10	
4	表单填写、报告的撰写能力及课堂语言表达组织能力	1. 是否能够完成表单填写及报告撰写(15 分) 2. 语言文字表述上是否用词规范(5 分)	20	
合计			100	

【实践报告单】

实践报告单					姓名:________
课程		班级		隶属小组	
实践项目					
实践任务					

续表

实践器材			
实践内容			
反思或建议			
实践结果	组内评：	组间评：	师评：

指导教师__________　　　　________年____月____日

【归纳提高】

本任务完成虚拟机下 WINDOWS2012 SERVER 下 FTP 服务器实践配置(指定用户),掌握关键技术点及相应技巧,完成学生寝室网组建的文件资源共享的任务需求,夯实计算机网络技术运维的技能。

【实践强化】

以小组为单位完成虚拟机下 WINDOWS2012 SERVER 下 FTP 服务器实践配置(指定用户(studentftp,密码为 11)和匿名方式)及网络配置实践。

要求:

1. 组建无线局域网(利用手机热点)下实施相应网络配置实践;
2. 录制实践视频及形成技术文档。

任务十　WINDOWS2012 SERVER 下 WEB 服务器原理及架设配置

【任务名称】

WINDOWS2012 SERVER 下 WEB 服务器原理及架设配置。

【任务目标】

素质目标：

(1)培养学生良好的自我表现、与人沟通的能力；

(2)培养学生的团队协作精神；

(3)培养学生民族精神、爱国精神；

(4)培养学生勇于创新、敬业乐业的工作作风；

(5)培养学生的质量意识、安全意识；

(6)培养学生诚实、守信、坚忍不拔的性格；

(7)培养学生自主、开放的学习能力；

(8)培养学生吃苦耐劳的精神及工匠精神；

(9)培养学生的家国情怀。

知识目标：

(1)掌握 WINDOWS2012 SERVER 下 WEB 服务器原理技术。

(2)掌握 WINDOWS2012 SERVER 下 WEB 服务器架设实践配置。

能力目标：

(1)培养学生对计算机网络基础知识、基本原理认识的能力。

(2)根据网络工程技术规范、网络综合布线标准，具备实现小型网络项目的设计实施能力及技术分析能力。

(3)培养学生对虚拟机下 WINDOWS2012 SERVER 上 WEB 服务器原理及架设配置的能力。

【任务描述】

学生寝室网组建需完成寝室局域网内发布个人主页，所以应掌握 WINDOWS2012

SERVER 下 WEB 服务器原理技术及架设实践配置。

【任务分析】

需　求	关键技术分析
实现学生寝室网组建	WINDOWS2012 SERVER 下 WEB 服务器原理技术
	WINDOWS2012 SERVER 下 WEB 服务器架设实践配置

【人文素养】

"中华有为"是华为之名的由来,华为代表着中国企业的责任心与进取力,"心系中华,有所作为",作为当代青年,我们也应将这八字深刻心中,为实现中华民族伟大复兴而竭力奋斗。

华为小故事

【知识技术储备】

一、知识储备

WINDOWS2012 SERVER 下 WEB 服务器技术原理

B/S:Browser/Server,浏览器 / 服务器。

服务器:Web 服务器与数据库服务器。

客户端:浏览器。

Web 程序开发完成后会被发布到 Web 服务器上。

Web 服务器与用户浏览器之间主要通过 HTTP 协议建立连接,然后浏览器向 Web 服务器请求其所关心的 Web 文件, Web 服务器能够响应该请求, Web 服务器在找到用于所请求的 Web 文件后,把该文件发送给用户浏览器,浏览器把该文件解析、渲染完毕后呈现给终端用户。

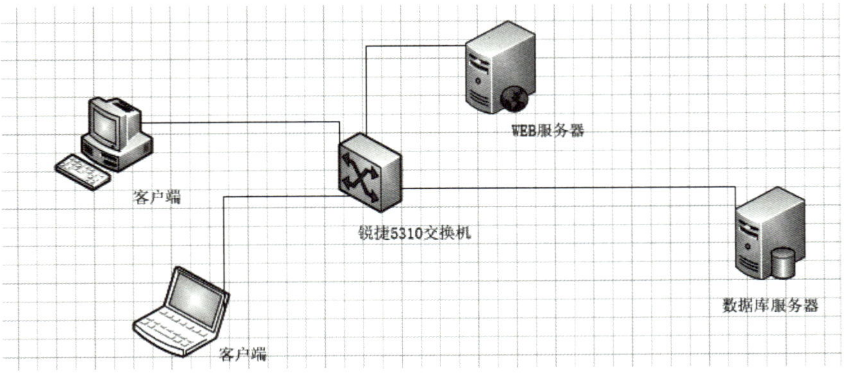

图 1-10-1

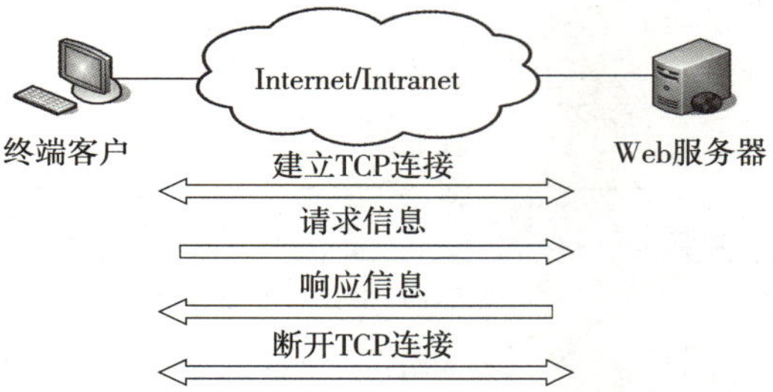

图 1-10-2

Web 文档采用的是 HTML 格式化代码。当浏览器阅读 HTML 文件时,如果需要有关图形文件或声音文件的参数,浏览器将请求发送给 Web 服务器, Web 服务器根据请求找到相应文件,并把文件交给浏览器,供浏览器显示。

在这种请求/响应模式中, Web 服务器接收每个请求,并由该站点的 Web 管理器进行分析。实际上, Web 服务器都有专门软件来执行请求文件,这些文件记录了用户的 IP 地址、访问日期和时间等信息。客户端(浏览器)和 Web 服务器通过网络协同工作,使得用户能够浏览 Web 程序。概括地说,客户端程序控制用户的交互作用,并显示用户所关心的信息。Web 服务器程序则负责信息的获取和发送。

目前, Web 服务器有几十种,常见的如适用 Windows 平台的 IIS,适用多平台的 Apache HTTP Server, 轻量级的 Nginx 等。

二、技术实践

1. WIN2012S-WEB 服务器配置实践(基于 80 端口)

①启动“服务器管理器”中的“IIS”,新建“添加网站”。

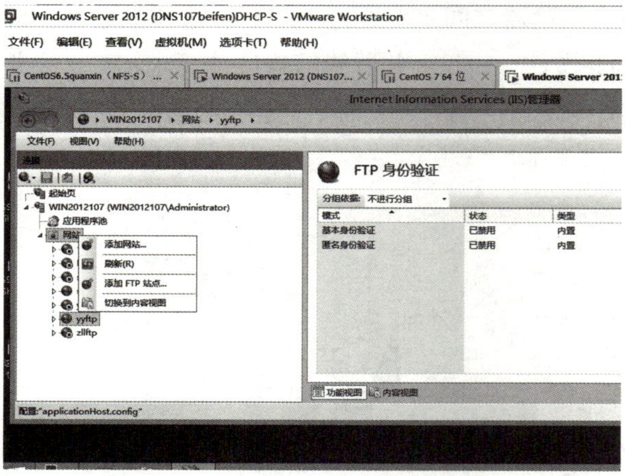

WIN2012 下 WEB 服务器的配置实践

图 1-10-3

②输入网站名称“studentweb”,物理路径为“C:\inetpub\wwwroot”, IP 地址为“192.168.0.132”,端口为“80”,单击“确定”。

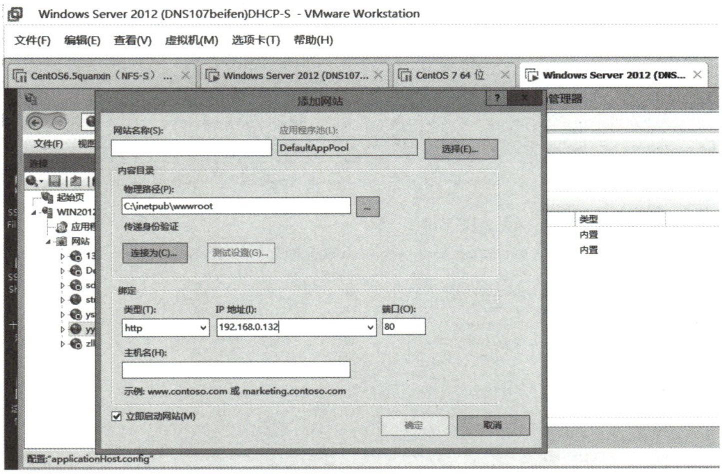

图 1-10-4

③输入网站名称“studentweb”，物理路径为“C:\inetpub\wwwroot”，IP 地址为“192.168.0.132”，端口为“80”，单击“确定”。

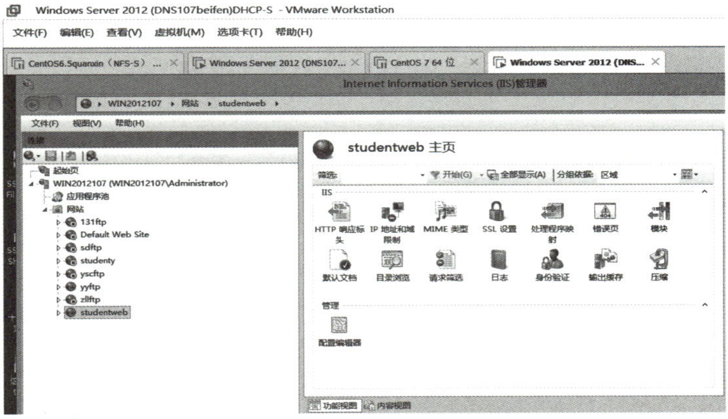

图 1-10-5

④在 C:\inetpub\wwwroot 路径下新建寝室主页(以记事本的方式，做个简单的寝室主页，此课程针对 WEB 服务器配置)。

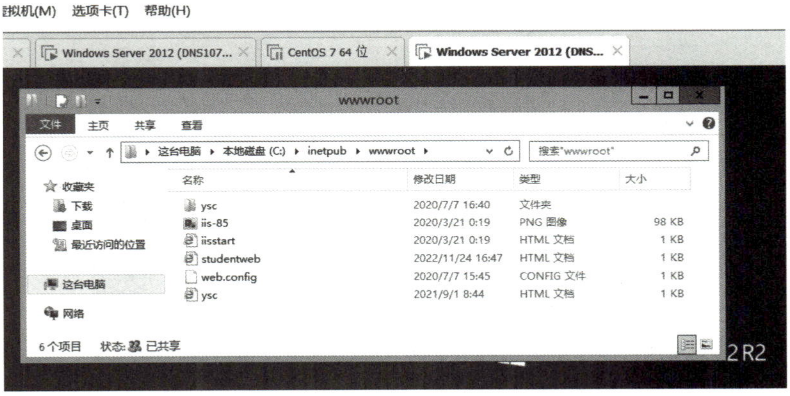

图 1-10-6

⑤在 IIS 中“studentweb”站点添加默认文档—studentweb.html。

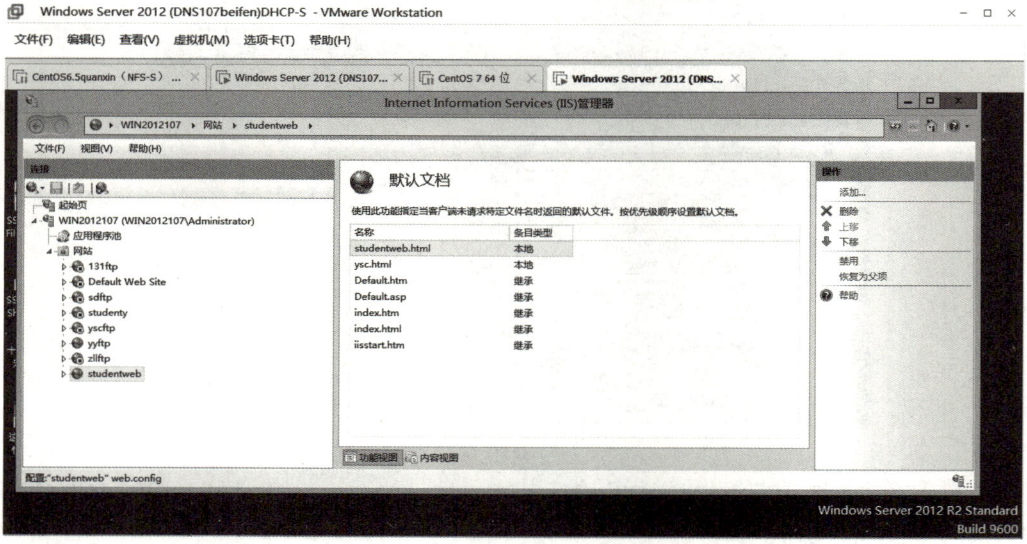

图 1-10-7

⑥测试。

WEB 服务器本机上测试：

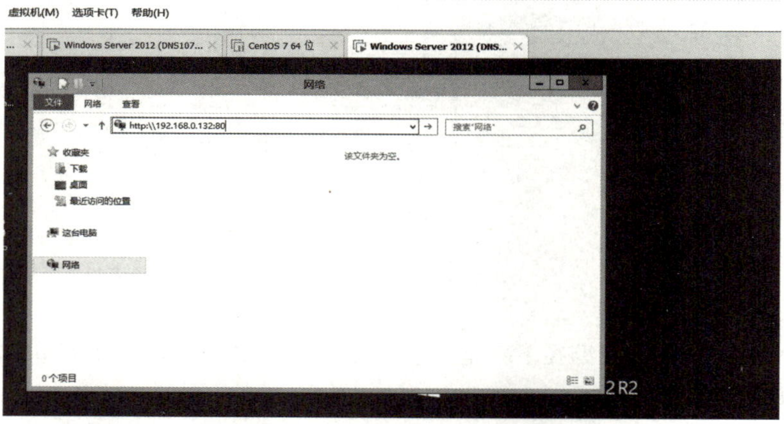

图 1-10-8

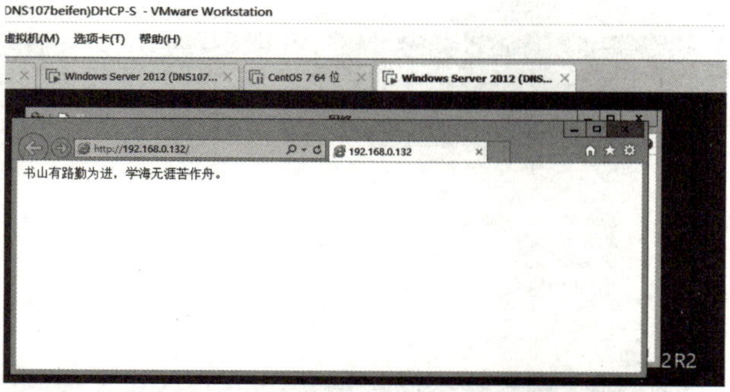

图 1-10-9

客户机上测试：

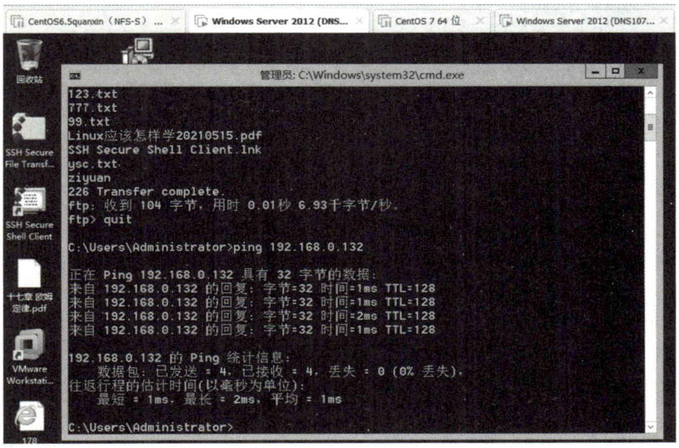

管理员: C:\Windows\system32\cmd.exe
123.txt
777.txt
99.txt
Linux应该怎样学20210515.pdf
SSH Secure Shell Client.lnk
ysc.txt
ziyuan
226 Transfer complete.
ftp: 收到 104 字节，用时 0.01秒 6.93千字节/秒。
ftp> quit
C:\Users\Administrator>ping 192.168.0.132
正在 Ping 192.168.0.132 具有 32 字节的数据:
来自 192.168.0.132 的回复: 字节=32 时间=1ms TTL=128
来自 192.168.0.132 的回复: 字节=32 时间=1ms TTL=128
来自 192.168.0.132 的回复: 字节=32 时间=2ms TTL=128
来自 192.168.0.132 的回复: 字节=32 时间=1ms TTL=128
192.168.0.132 的 Ping 统计信息:
数据包: 已发送 = 4，已接收 = 4，丢失 = 0 (0% 丢失)，
往返行程的估计时间(以毫秒为单位):
最短 = 1ms，最长 = 2ms，平均 = 1ms
C:\Users\Administrator>

图 1-10-10

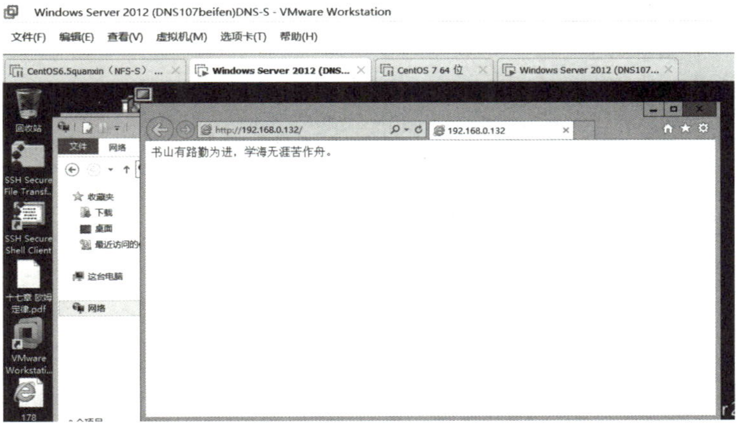

Windows Server 2012 (DNS107beifen)DNS-S - VMware Workstation
文件(F) 编辑(E) 查看(V) 虚拟机(M) 选项卡(T) 帮助(H)
http://192.168.0.132/
192.168.0.132
书山有路勤为进，学海无涯苦作舟。

图 1-10-11

2. WIN2012S-WEB 服务器配置(基于 8080、8090 端口)实践关键技术点

①在“C:\inetpub\wwwroot”上新建 8080、8090 文件夹，存放相应默认文档。

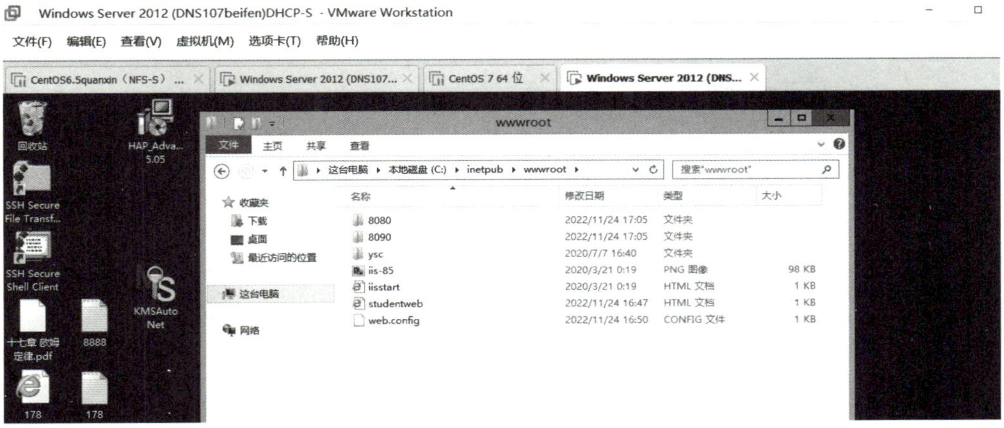

Windows Server 2012 (DNS107beifen)DHCP-S - VMware Workstation
文件(F) 编辑(E) 查看(V) 虚拟机(M) 选项卡(T) 帮助(H)
wwwroot
这台电脑 › 本地磁盘 (C:) › inetpub › wwwroot
名称 修改日期 类型 大小
8080 2022/11/24 17:05 文件夹
8090 2022/11/24 17:05 文件夹
ysc 2020/7/7 16:40 文件夹
iis-85 2020/3/21 0:19 PNG 图像 98 KB
iisstart 2020/3/21 0:19 HTML 文档 1 KB
studentweb 2022/11/24 16:47 HTML 文档 1 KB
web.config 2022/11/24 16:50 CONFIG 文件 1 KB

图 1-10-12

②在 IIS 中新建“studentweb-8080”“studentweb-8090”站点，端口设为 8090、8080，其他设置与 WEB 服务器 80 端口设置一致。

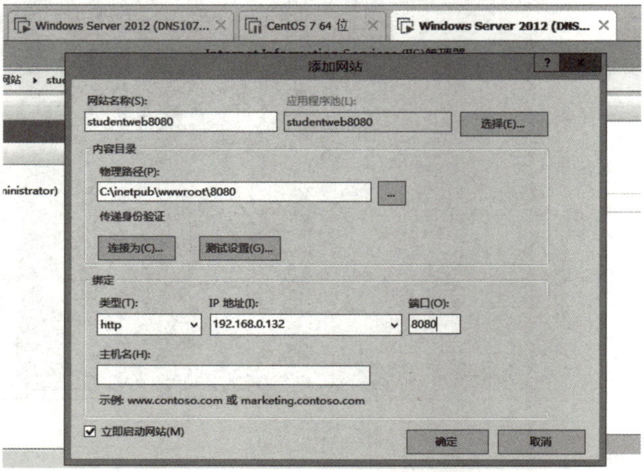

图 1-10-13

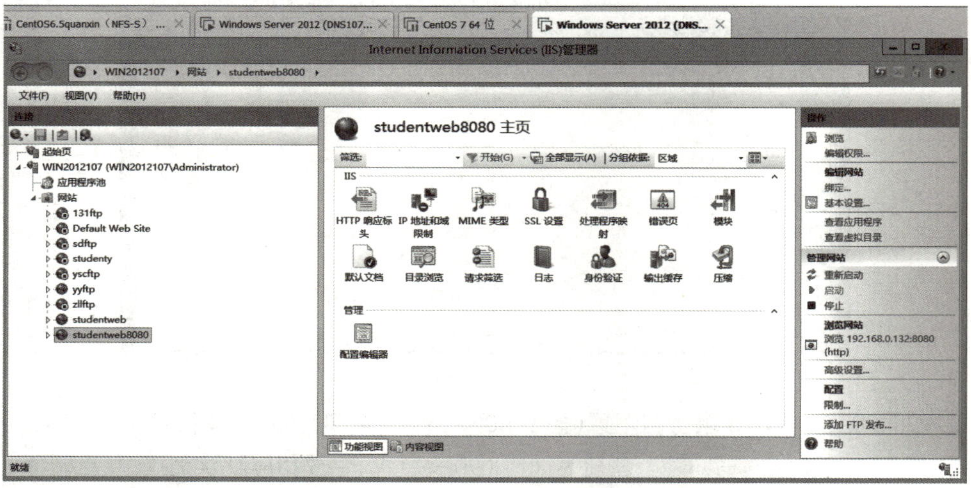

图 1-10-14

③验证。

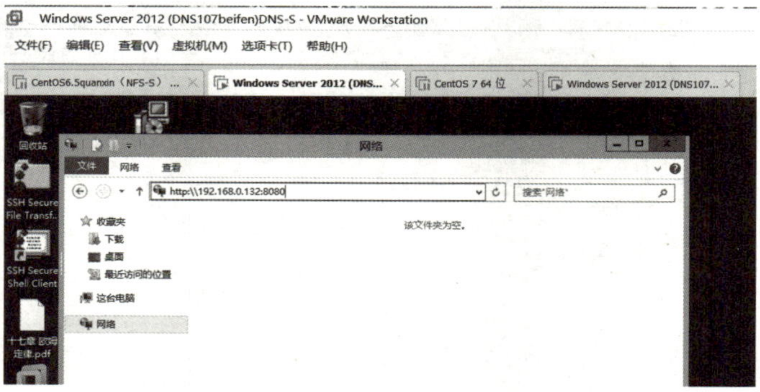

图 1-10-15

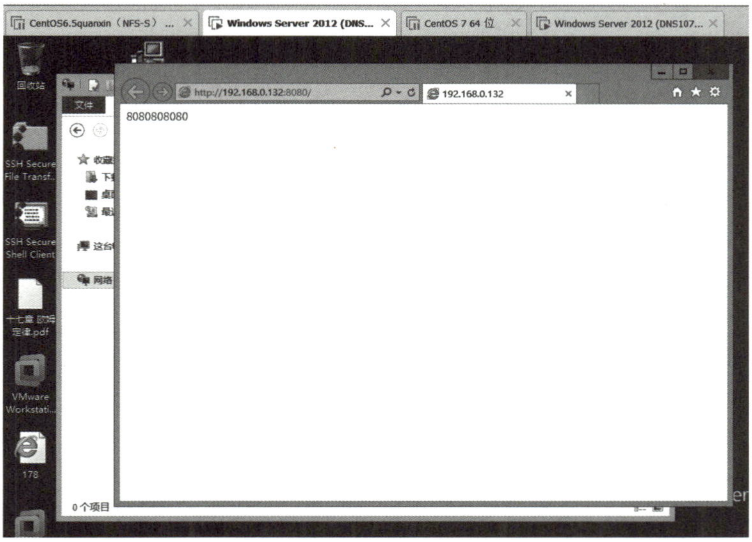

图 1-10-16

3.WIN2012S–WEB 服务器实践配置出现问题点

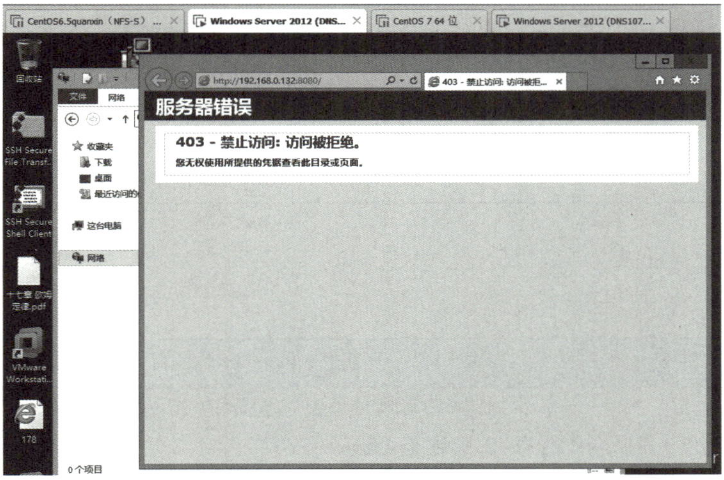

图 1-10-17

解决方法:重新添加“默认文档”并单击服务器选项“重新启动”。

【任务实施】

任务名称	WINDOWS2012 SERVER 下 WEB 服务器原理及架设配置		
班　级		姓　名	
地　点		日　期	
小组成员			

一、任务准备

(1)在智慧职教平台上对课件、技术文档等资料进行提前学习,并做好笔记。
(2)在重庆市在线开放课程平台对《计算机网络技术》完成前期学习。
(3)利用互联网查阅 WINDOWS2012 SERVER 下 WEB 服务器配置的关键技术。

二、过程记录

任务名称	任务关键技术点记录	使用资源记录	本人角色
虚拟机下 WINDOWS2012 SERVER 下 WEB 服务器网络配置			□协调员 □记录员 □观察员 □实践员
虚拟机下 WINDOWS2012 SERVER 下 WEB 服务器实践配置(基于 80 端口)			□协调员 □记录员 □观察员 □实践员
虚拟机下 WINDOWS2012 SERVER 下 WEB 服务器实践配置(基于 8080、8090 端口)			□协调员 □记录员 □观察员 □实践员

【评价与考核】

序　号	任务名称	考核内容及评分标准	分　数	扣　分
1	安全 / 态度 / 团队合作能力	1. 任务实施时是否规范操作(10 分) 2. 态度是否积极(5 分) 3. 是否积极参与团队协作(5 分)	20	
2	专业技能	1. 任务实施时设计专业技术是否完全掌握(30 分) 2. 任务实施时设计专业技术呈现是否具有创新思维(20 分)	50	
3	工具及设备(软、硬件设备)的使用数据记录	1. 是否做到规范的数据记录(5 分) 2. 数据记录时是否清晰、工整(5 分)	10	
4	表单填写、报告的撰写能力及课堂语言表达组织能力	1. 是否能够完成表单填写及报告撰写(15 分) 2. 语言文字表述上是否用词规范(5 分)	20	
合　计			100	

【实践报告单】

实践报告单				姓名:________	
课　程		班　级		隶属小组	
实践项目					
实践任务					
实践器材					
实践内容					
反思或建议					
实践结果	组内评:		组间评:		师评:

指导教师__________　　　　________年____月____日

【归纳提高】

本任务完成虚拟机下 WINDOWS2012 SERVER 下 WEB 服务器实践配置(基于 80 端口、8080、8090 端口),掌握关键技术点及相应技巧,完成学生寝室网组建的发布寝室主页的任务,夯实计算机网络技术运维的技能。

【实践强化】

以小组为单位完成虚拟机下 WINDOWS2012 SERVER 下 WEB 服务器实践配置及网络配置实践。

要求:

1. 基于同一个 IP 地址,发布多个寝室主页;
2. 组建无线局域网(利用手机热点)下实施相应配置实践;
3. 录制实践视频及形成技术文档。

任务十一　磁盘配额技术实践(NTFS分区)及常用传输介质研讨与实践

【任务名称】

磁盘配额技术实践(NTFS分区)及常用传输介质研讨与实践

【任务目标】

素质目标:

(1)培养学生良好的自我表现、与人沟通的能力;

(2)培养学生的团队协作精神;

(3)培养学生民族精神、爱国精神;

(4)培养学生勇于创新、敬业乐业的工作作风;

(5)培养学生的质量意识、安全意识;

(6)培养学生诚实、守信、坚忍不拔的性格;

(7)培养学生自主、开放的学习能力;

(8)培养学生吃苦耐劳的精神及工匠精神;

(9)培养学生的家国情怀。

知识目标:

(1)掌握磁盘配额技术原理与实践(NTFS分区)。

(2)掌握常用传输介质相关知识。

能力目标:

(1)培养学生对计算机网络基础知识、基本原理的认识能力;

(2)根据网络工程技术规范、网络综合布线标准,具备实现小型网络项目的设计实施能力及技术分析能力;

(3)培养学生对磁盘配额技术实践(NTFS分区)及常用传输介质研讨与实践的能力。

【任务描述】

学生寝室网组建需实现网络资源共享的安全性和稳定性提升,所以应掌握磁盘配额技术原理与实践（NTFS 分区）及常用传输介质相关知识。

【任务分析】

需　求	关键技术分析
实现学生寝室网组建	磁盘配额技术原理与实践（NTFS 分区）
	常用传输介质相关知识

【人文素养】

创新是引领发展的第一动力，同学们应拓宽创新思维，与社会接轨，将实践与理论结合，碰撞出更精彩的人生。

锐捷的创新

【知识技术储备】

一、知识储备

1. 磁盘配额技术原理

磁盘配额可以用来限制系统用户使用磁盘，可以使你更加方便地管理一个大型的系统。对不同用户在文件和磁盘容量上加以限制，这样就能有效地利用磁盘有限的容量，超过配额限制时，系统会提示磁盘空间已满。

（1）常见文件系统的比较（FAT32、NTFS）

常见文件系统的转换：文件系统的格式化和命令转换方式。

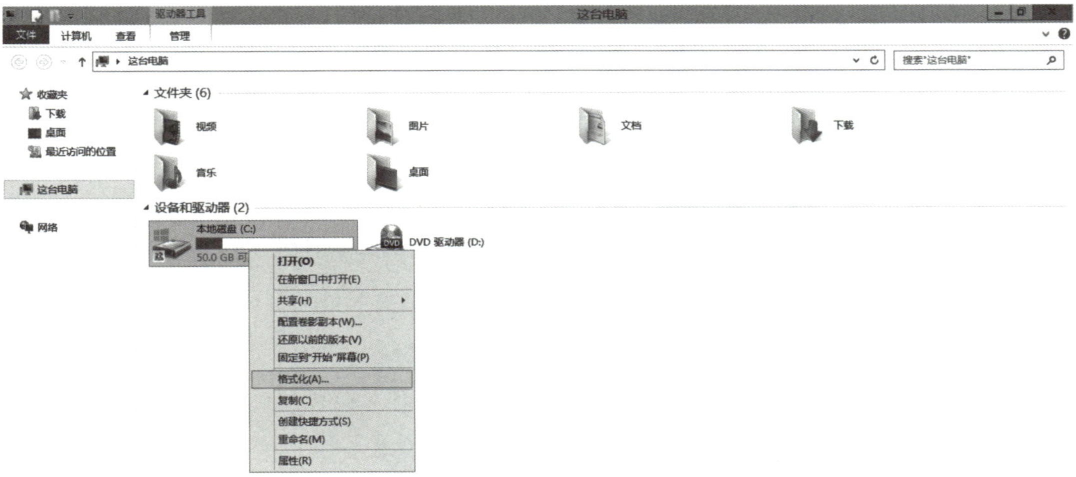

图 1-11-1

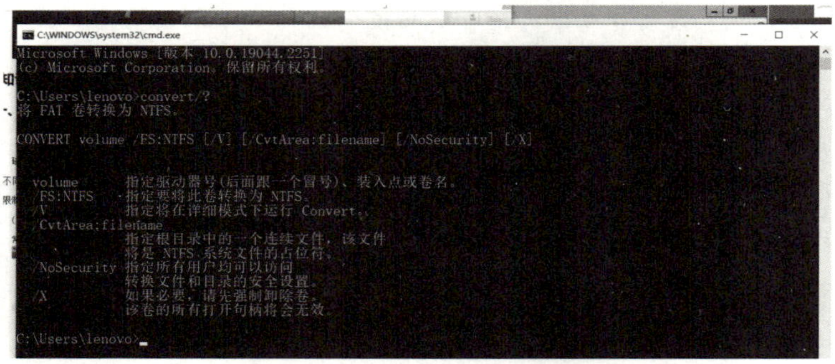
C:\WINDOWS\system32\cmd.exe
Microsoft Windows [版本 10.0.19044.2251]
(c) Microsoft Corporation。保留所有权利。
C:\Users\lenovo>convert/?
将 FAT 卷转换为 NTFS。
CONVERT volume /FS:NTFS [/V] [/CvtArea:filename] [/NoSecurity] [/X]
volume 指定驱动器号(后面跟一个冒号)、装入点或卷名。
/FS:NTFS 指定要将此卷转换为 NTFS。
/V 指定将在详细模式下运行 Convert。
/CvtArea:filename
指定根目录中的一个连续文件，该文件
将是 NTFS 系统文件的占位符。
/NoSecurity 指定所有用户均可以访问
转换文件和目录的安全设置。
/X 如果必要，请先强制卸除卷。
该卷的所有打开句柄将会无效。
C:\Users\lenovo>

图 1-11-2

注:NTFS 格式不能直接创建,只能通过其他格式来转化,可以在分区时建立,也可在其他格式中转换。

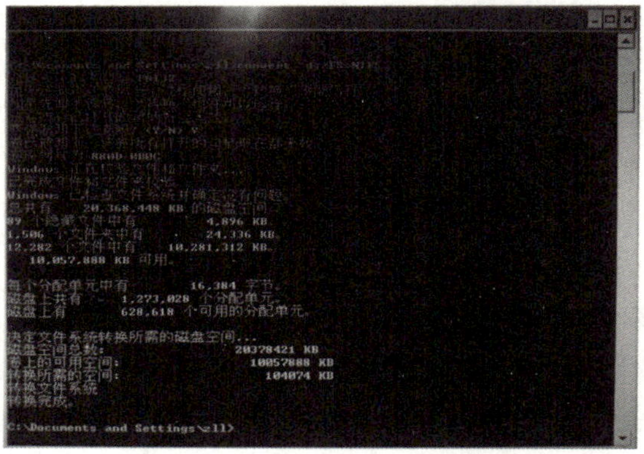
每个分配单元中有 16,384 字节。
磁盘上共有 1,273,028 个分配单元。
磁盘上有 628,618 个可用的分配单元。
决定文件系统转换所需的磁盘空间...
磁盘空间总数: 20378421 KB
卷上的可用空间: 10057888 KB
转换所需的空间: 104074 KB
转换文件系统
转换完成。

图 1-11-3

(2)“磁盘配额”技术特点

①文件的访问速度快;

②支持文件加密和压缩;

③可以对单个文件设置权限;

④支持磁盘配额,可用来监视和控制单个用户使用的磁盘空间量;

⑤可更好地支持大驱动器,且性能不降低。

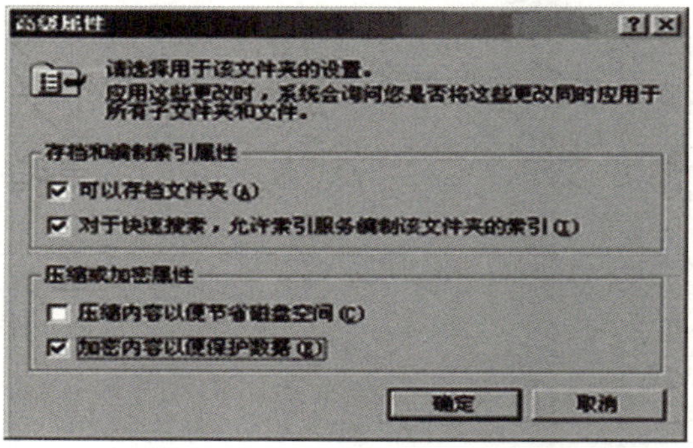
高级属性
请选择用于该文件夹的设置。
应用这些更改时，系统会询问您是否将这些更改同时应用于所有子文件夹和文件。
存档和编制索引属性
可以存档文件夹(A)
对于快速搜索，允许索引服务编制该文件夹的索引(I)
压缩或加密属性
压缩内容以便节省磁盘空间(C)
加密内容以便保护数据(E)
确定
取消

图 1-11-4

2. 常见传输介质研讨

（1）传输介质类别

①有线传输介质：同轴电缆；双绞线；光缆。

②无线传输介质：无线电波；微波；红外线；激光；蓝牙。

（2）传输介质的主要性能

其中包括传输距离、传输带宽、衰减、抗干扰能力。

（3）园区网有线传输介质

①同轴电缆。

10Base5：粗同轴电缆，采用插入式分接头；采用基带信号；最大支持段长为 500 m，最多段数为 100。其匹配电阻为 75 Ω。

10Base2：细同轴电缆，接头采用工业标准的 BNC 连接器组成 T 型插座。使用范围只有 200 m，每一段内仅能使用 30 台计算机，段数最高为 30。

1000Base-CX：用于屏蔽铜缆，传输距离为 25 m。它主要应用在高速存储设备之间的低成本高速互连，不过目前采用这一技术的产品比较少见。

10GBase-CX4：万兆铜缆传输标准，最大传输距离 15 m，锐捷网络是国内第一家支持该标准的网络厂商。

②双绞线。

10Base-T：双绞线电缆，一般都使用 RJ-45 连接器；最大有效传输距离是距集线器 100 m，即使是高质量的 5 类双绞线也只能达到 150 m。

100Base-TX：使用 5 类以上双绞线，最大传输距离为 100 m。

1000Base-T：定义在传统的五类双绞线上，传输距离为 100 m，应用于高速服务器和工作站的网络接入，也可作为建筑物内的千兆骨干连接。

③光缆。

单模：当光纤的几何尺寸可以与光波长相比拟时，即纤芯的几何尺寸与光信号波长相差不大时，一般为 5 ～ 10 μm。光纤只允许一种模式在其中传播，单模光纤具有极宽的带宽，特别适用于大容量、长距离的光纤通信。

多模：多模光纤纤芯的几何尺寸远大于光波波长，一般为 50 μm、62.5 μm；光信号是以多模方式进行传播的；多模光纤仅用于较小容量、短距离的光纤传输通信。

石英光纤即通常使用的光纤，石英光纤按其传输模式的不同分为单模光纤和多模光纤；在石英系光纤中纤芯是由高纯度二氧化硅 SiO_2（石英玻璃）和少量掺杂剂如五氧化二磷 P_2O_5 和二氧化锗 GeO_2 构成。

石英光纤的分类：

单模光纤：G.652A（B1.1 简称 B1）；G.652B（B1.1 简称 B1）；G.652C（B1.3）；G.652D（B1.3）；G.655A 光纤（B4）（长途干线使用）；G.655B 光纤（B4）（长途干线使用）多模光纤 50/125（A1a 简称 A1）；62.5/125（A1b）。

塑料光纤全部由塑料组成，通常为多模短距离应用。

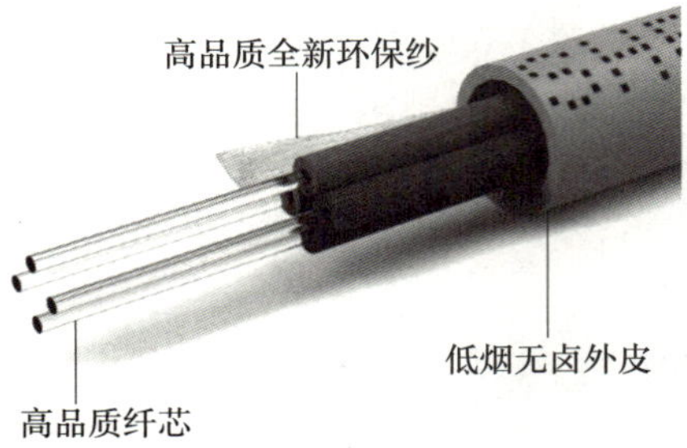

图 1-11-5

(4)光纤传输长波与短波的区别

长波:长波的光信号波长为 1 310 ～ 1 550 nm,纤芯具有衰减低、带宽宽等优点,适用于长距离、大容量的光纤传输。

短波:短波的光信号波长为 600 ～ 900 nm,适用于短距离、小容量的光纤传输。

万兆光纤传输标准,见表 1-11-1。

表 1-11-1

光纤协议	光纤标准	光纤尺寸	传输波长	传输距离
10GBase-LX4	多模	50/125 μm	1 310 nm	300 m
	单模	9/125 μm		10 km
10GBase-SR	多模	62.5/125 μm	850 nm	33 m
		50/125 μm		65 m,新型 2 000 MHz/km 多模光纤上最长距离 300 m
10GBase-LR	单模	9/125 μm	1 310 nm	10 km
10GBase-ER	单模	9/125 μm	1 550 nm	40 km
10GBase-LW	单模	9/125 μm	1 310 nm	10 km
10GBase-EW	单模	9/125 μm	1 550 nm	40 km

二、技术实践

1. 磁盘配额技术原理与实践

① FAT32 分区转换为 NTFS 分区。

CONVERT volume /FS:NTFS [/V][/CvtArea:filename][/NoSecurity][/X]

格式:convert 盘符:/fs:ntfs

例如:convert D: /FS:NTFS

XP 磁盘配额技术

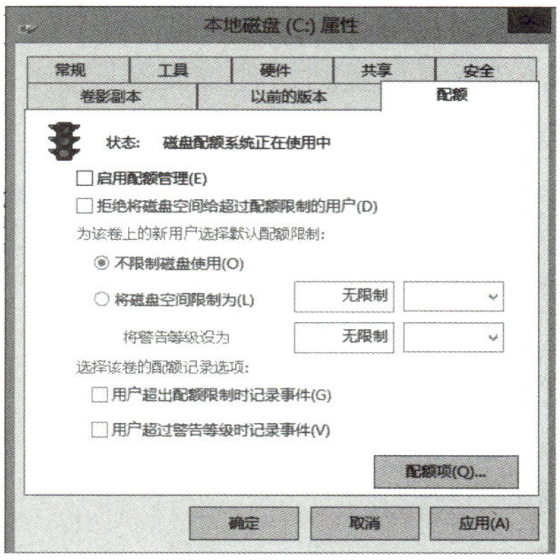

图 1-11-6

②新建磁盘配额用户。新建用户 yyftp, 密码为 11。

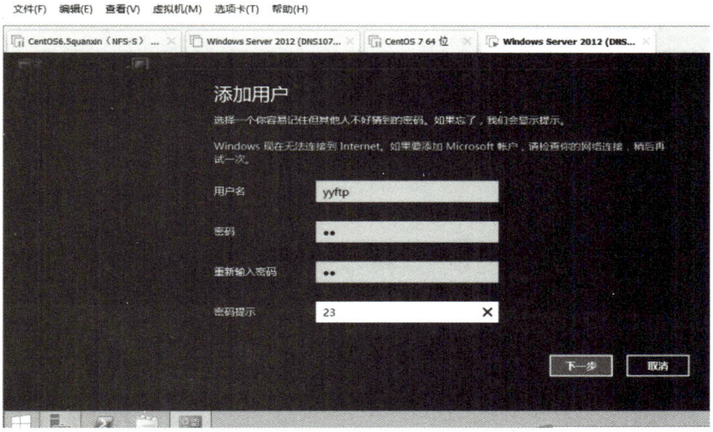

图 1-11-7

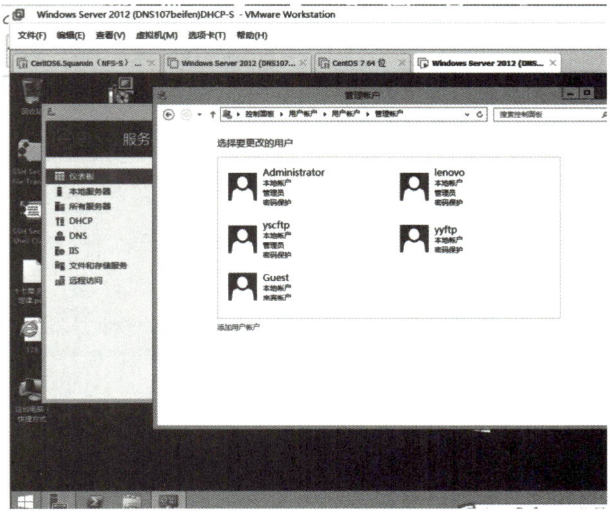

图 1-11-8

③启用配额管理。

勾选“启用配额管理”“拒绝将磁盘空间给超过配额限制的用户”“用户超出配额限制时记录事件”“用户超过警告等级时记录事件”。

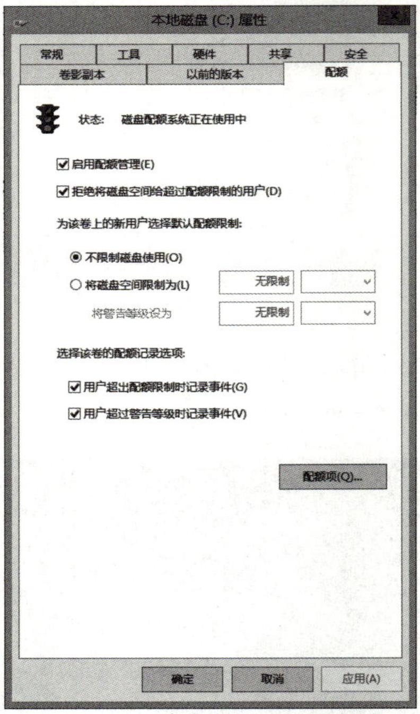

图 1-11-9

④点击配额项。

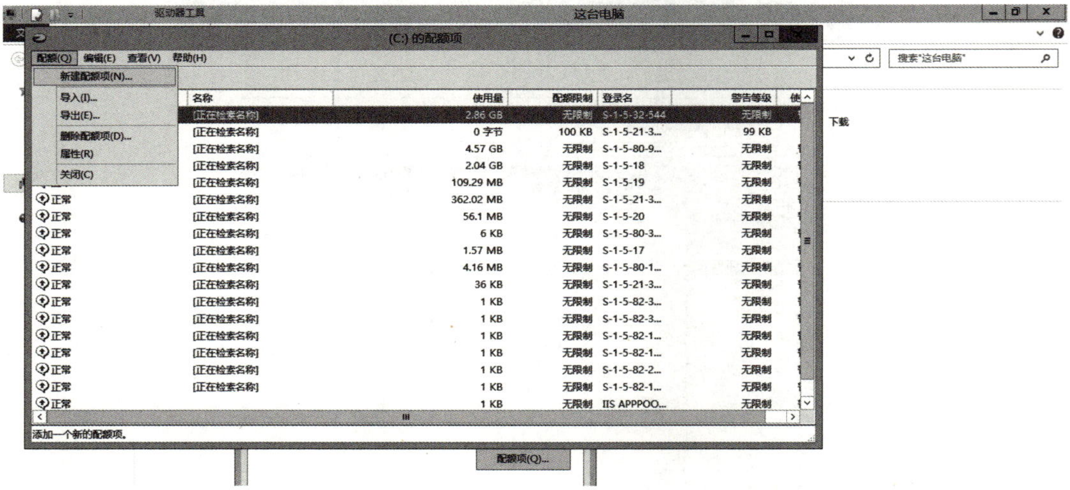

图 1-11-10

⑤选择用户“yyftp”。

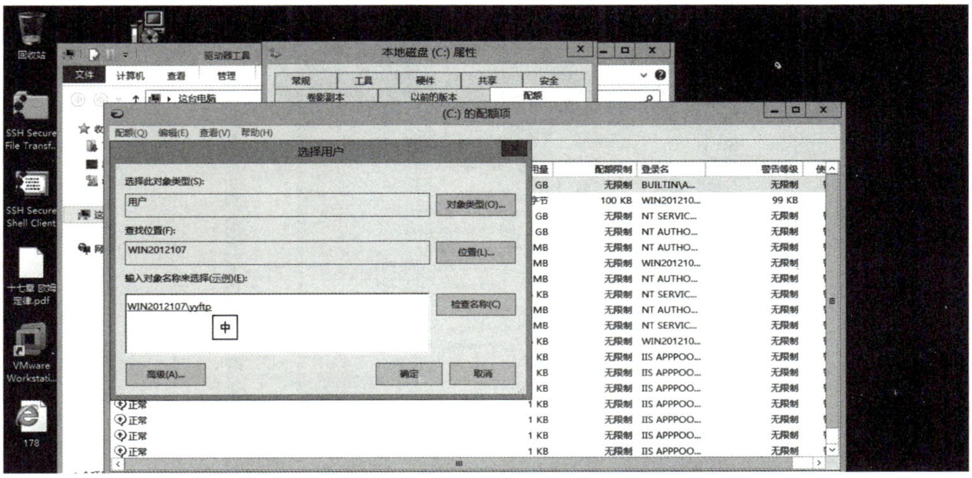

图 1-11-11

⑥设置配额项。

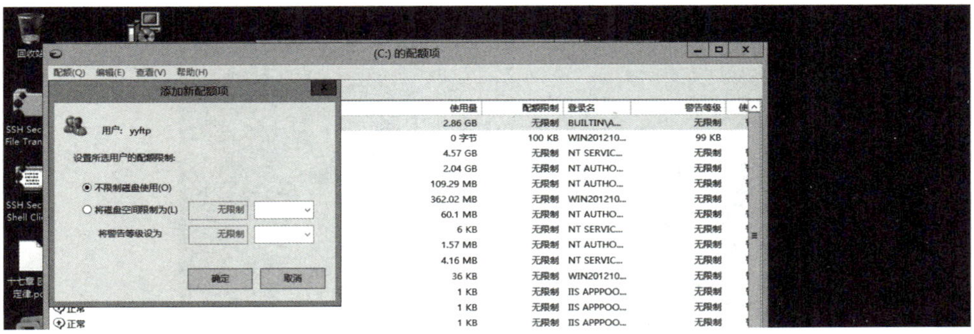

图 1-11-12

⑦将磁盘空间限制为 200 MB，将警告等级设为 199 MB。

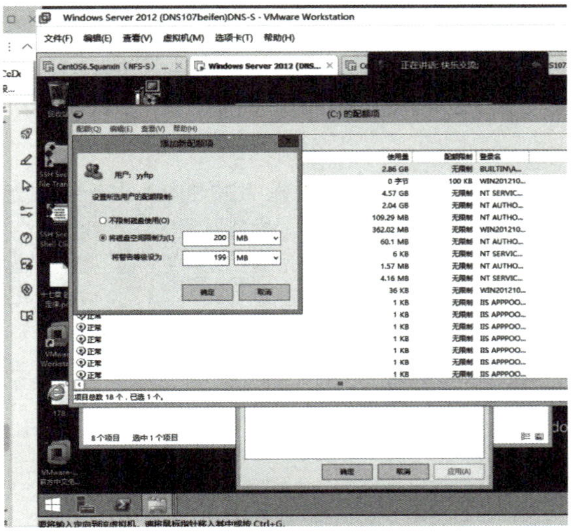

图 1-11-13

⑧单击“确定”,完成配额技术设置。

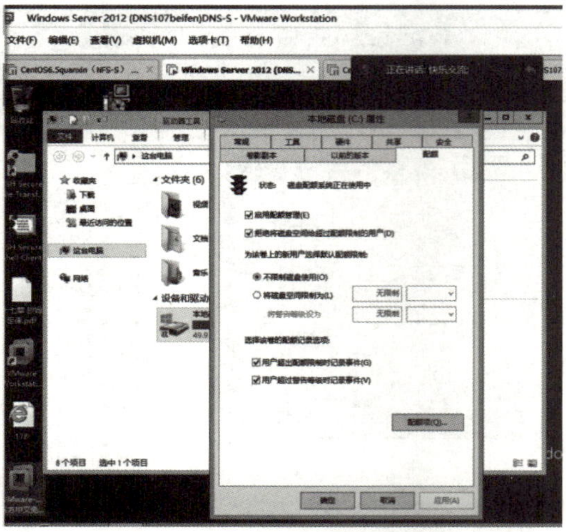

图 1-11-14

⑨使用用户“yyftp”登录系统配额验证。

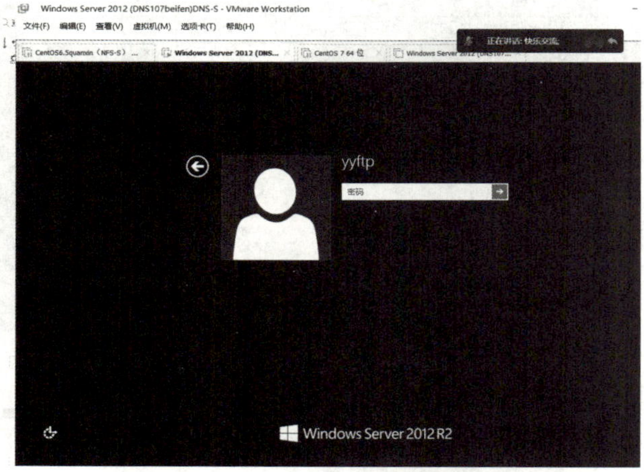

图 1-11-15

⑩登录成功后,检查系统磁盘空间限制是否为 200 M。同时使用文件拷贝方式,验证警告等级是否为 199 MB。

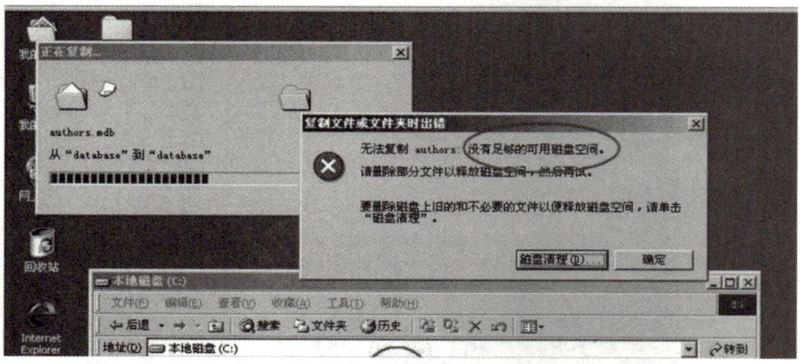

图 1-11-16

2. 子网掩码应用技术的实践

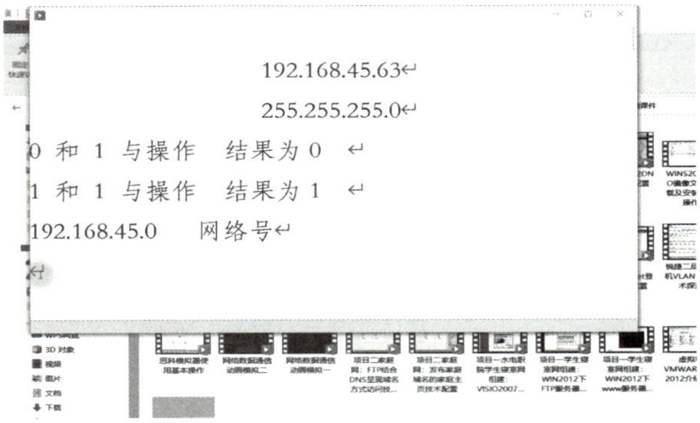

图 1-11-17

子网掩码技术实践

某知名公司申请到了某类网络地址 219.102.120.0。根据网络规划需求,要把技术中心、财务部、销售部以及行政办公楼的各个部门需划分成四个不同网段。据此回答下列问题:

①该公司申请到的网络地址属于哪一类?

②请为该公司设置子网掩码。

③计算出每一子网可以分配的 IP 地址数量。

【任务实施】

任务名称	磁盘配额技术实践(NTFS 分区)及常用传输介质研讨与实践		
班　级		姓　名	
地　点		日　期	
小组成员			

一、任务准备

(1)在智慧职教平台上对课件、技术文档等资料进行提前学习,并做好笔记。
(2)在重庆市在线开放课程平台对《计算机网络技术》完成前期学习。
(3)利用互联网查阅磁盘配额技术原理与实践的关键技术。

二、过程记录

任务名称	任务关键技术点记录	使用资源记录	本人角色
磁盘配额技术实践(NTFS 分区)			□协调员 □记录员 □观察员 □实践员

续表

任务名称	任务关键技术点记录	使用资源记录	本人角色
子网划分技术案例研讨实践			□协调员 □记录员 □观察员 □实践员
常用传输介质互联网相关参数查阅(涉及双绞线、同轴电缆、光纤)			□协调员 □记录员 □观察员 □实践员

【评价与考核】

序　号	任务名称	考核内容及评分标准	分　数	扣　分
1	安全 / 态度 / 团队合作能力	1. 任务实施时是否规范操作(10 分) 2. 态度是否积极(5 分) 3. 是否积极参与团队协作(5 分)	20	
2	专业技能	1. 任务实施时设计专业技术是否完全掌握(30 分) 2. 任务实施时设计专业技术呈现是否具有创新思维(20 分)	50	
3	工具及设备(软、硬件设备)的使用数据记录	1. 是否做到规范的数据记录(5 分) 2. 数据记录时是否清晰、工整(5 分)	10	
4	表单填写、报告的撰写能力及课堂语言表达组织能力	1. 是否能够完成表单填写及报告撰写(15 分) 2. 语言文字表述上是否用词规范(5 分)	20	
合　计			100	

【实践报告单】

实践报告单				姓名:________	
课　程		班　级		隶属小组	
实践项目					
实践任务					

续表

实践器材			
实践内容			
反思或建议			
实践结果	组内评：	组间评：	师评：

指导教师__________　　　　　　　　　　　　　　　　__________年____月____日

【归纳提高】

本任务完成磁盘配额技术原理与实践（NTFS 分区）、子网划分技术案例研讨实践、常用传输介质相关知识研讨，掌握关键技术点及相应技巧，完成学生寝室网组建的实现网络资源共享的安全性和稳定性提升任务，夯实计算机网络技术运维的技能。

【实践强化】

以小组为单位完成虚拟机下 WINDOWS2012 SERVER 下 FTP 服务器结合磁盘配额技术实践，要求如下：

①指定登录 FTP 服务器的用户为 ××FTP，密码：××FTP（禁用密码复杂度技术）。

②用户 ××FTP 使用 FTP 服务器的空间大小为 500 MB。

任务十二　网络规划设计书文档书写指导、无线路由器基本配置应用实践

【任务名称】

网络规划设计书文档书写、无线路由器基本配置应用实践

【任务目标】

素质目标:

(1)培养学生良好的自我表现、与人沟通的能力;

(2)培养学生的团队协作精神;

(3)培养学生民族精神、爱国精神;

(4)培养学生勇于创新、敬业乐业的工作作风;

(5)培养学生的质量意识、安全意识;

(6)培养学生诚实、守信、坚忍不拔的性格;

(7)培养学生自主、开放的学习能力;

(8)培养学生吃苦耐劳的精神及工匠精神;

(9)培养学生的家国情怀。

知识目标:

(1)掌握无线路由器基本配置应用实践。

(2)掌握网络规划设计书文档书写技巧。

能力目标:

(1)培养学生对计算机网络基础知识、基本原理的认识能力;

(2)根据网络工程技术规范、网络综合布线标准,具备实现小型网络项目的设计实施能力及技术分析能力;

(3)培养学生对网络规划设计书文档书写、无线路由器基本配置应用实践的能力。

【任务描述】

学生寝室网组建需实现无线网络寝室覆盖及形成网络规划设计书文档,所以应掌握无线

路由器基本配置应用实践及网络规划设计书文档书写相关知识。

【任务分析】

需　求	关键技术分析
实现学生寝室网组建	无线路由器基本配置应用实践
	网络规划设计书文档书写

【人文素养】

播放课程资源里的《中国人工智能之路》视频，了解人工智能前沿技术。

科技是第一生产力，人才是第一资源。在科技狂飙的时代，我们更应以前沿科技为导向，时刻学习更新自己，成为国家需要的人才。

人工智能之路（一）

【知识技术储备】

一、知识储备

1. 家用无线路由器的认知探讨

家用路由器就是家用电脑上网用的一种分配器。通过安装家用路由器，实现电脑、电视、手机等各种终端通过有线或无线接入网络，满足共享上网。

主要特点：使用方便，管理简单。

图 1-12-1

图 1-12-2

家用宽带路由器一般都包含以下接口：

① Power：电源；

② Reset：复位按钮；

③ WAN:广域网端口;

④ LAN 接口:局域网端口;

⑤天线:无线接口。

2. 家用无线路由器的技术探讨

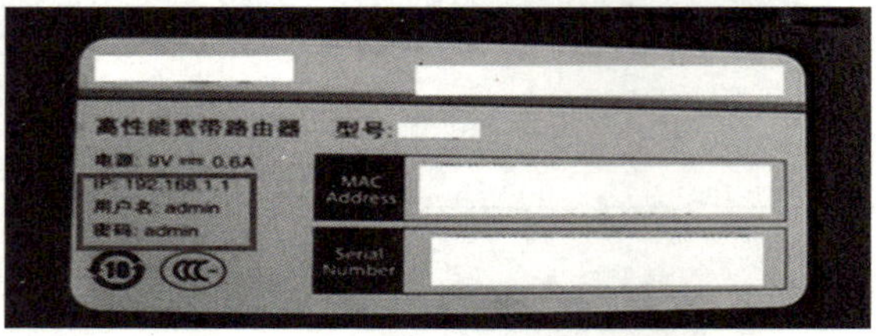

图 1-12-3

①家用无线路由器的相关参数。

表 1-12-1

序号	相关参数	备　注
1	传输速率:指设备的数据交换能力,单位 Mbps; 工程实践经验上可以认为:8 Mbps 的带宽每秒可以传输 1 MB 数据	
2	发射功率:国家规定无线局域网产品的发射功率不能大于 100 mW; 天线增益:常见的无线路由器天线增益为 3 dB、5 dB 或 7 dB	

②播放课程资源里家用无线路由器的选购视频。

如何选购无线路由器

③播放课程资源里的《无线路由器配置策略》视频。

④播放课程资源里的《无线路由器技术知识》视频。

无线路由器配置策略

无线路由器技术知识

二、技术实践

1. 家用无线路由器配置实践

(1)2.4 GHz 的家用无线普通路由器配置实践

①采用地址栏登录方式进入无线路由器配置界面(图 1-12-4)。

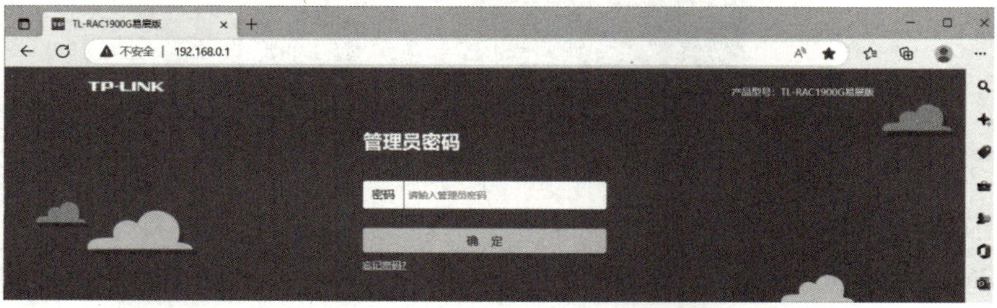

图 1-12-4

②在路由器使用时,应先修改路由器的默认口令(图 1-12-5)。

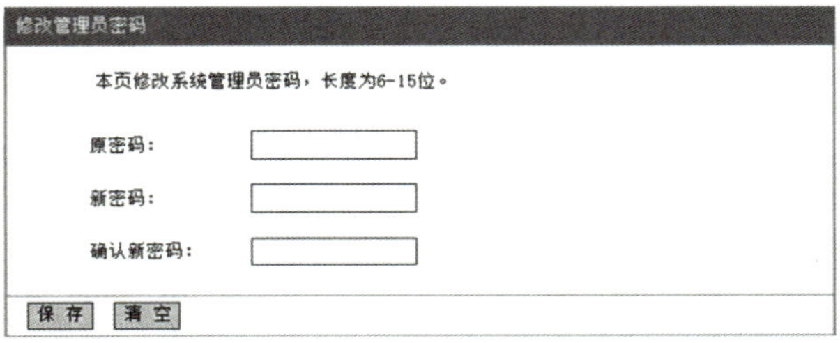

图 1-12-5

③ WAN 口设置界面(图 1-12-6)。

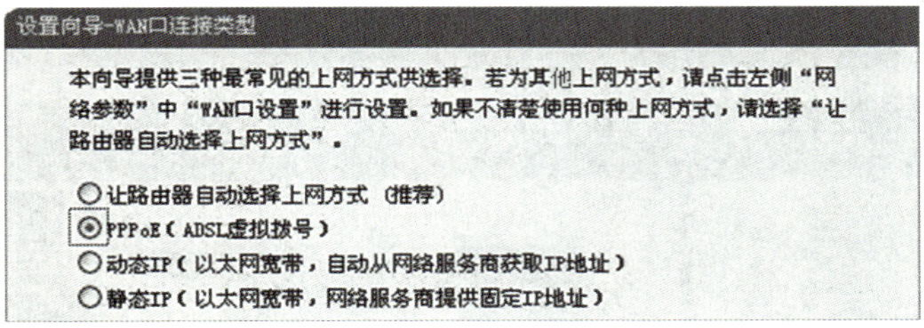

图 1-12-6

PPPoE 拨号——普通家庭用户最常用的接入方式:PPPoE 拨号上网,在有的路由器上叫作宽带拨号上网。这种宽带类型有一个显著的特点,就是宽带运营商会提供一个宽带账号、宽带密码给用户;在没用路由器时,电脑上需要用“宽带连接”(类似程序)来拨号,拨号成功后才能上网。

④路由器 WAN 接口 PPPoE 设置(图 1-12-7)。

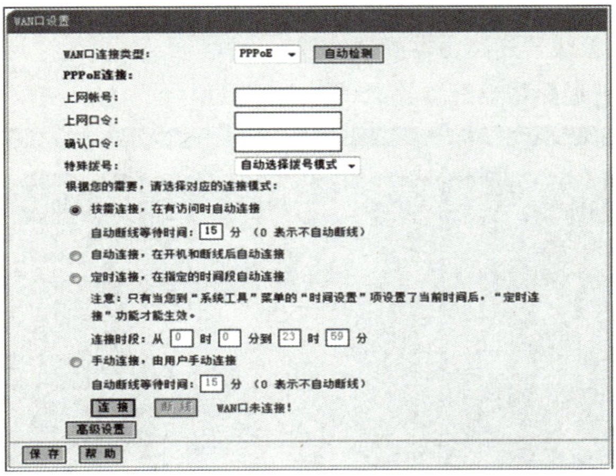

图 1-12-7

⑤静态 IP——企业、网吧常用方式。

接入线路是静态 IP 方式,那么在设置路由器时, WAN 口连接类型应该选择:静态 IP (固定 IP),填写受理时提供的 IP、子网掩码、网关、DNS 就可以上网了(图 1-12-8)。

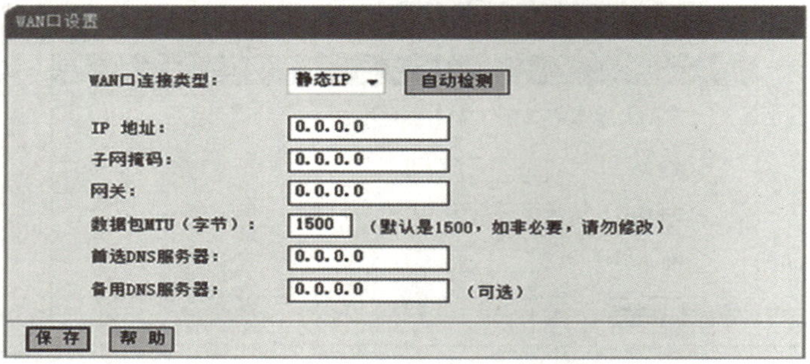

图 1-12-8

⑥播放课程资源里的《家用 2.4 GHz 无线路由器配置实践》视频(图 1-12-9)。

家用路由器 2.4G 配置技术操作录屏

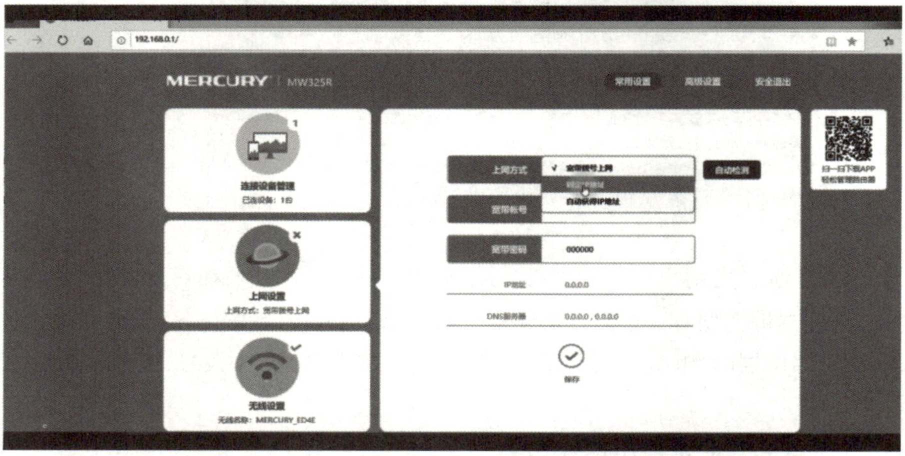

图 1-12-9

家用路由器 5G 配置操作视频录屏

(2)5 GHz 的双频无线普通路由器配置实践

①进入双频无线普通路由器配置界面(图 1-12-10)。

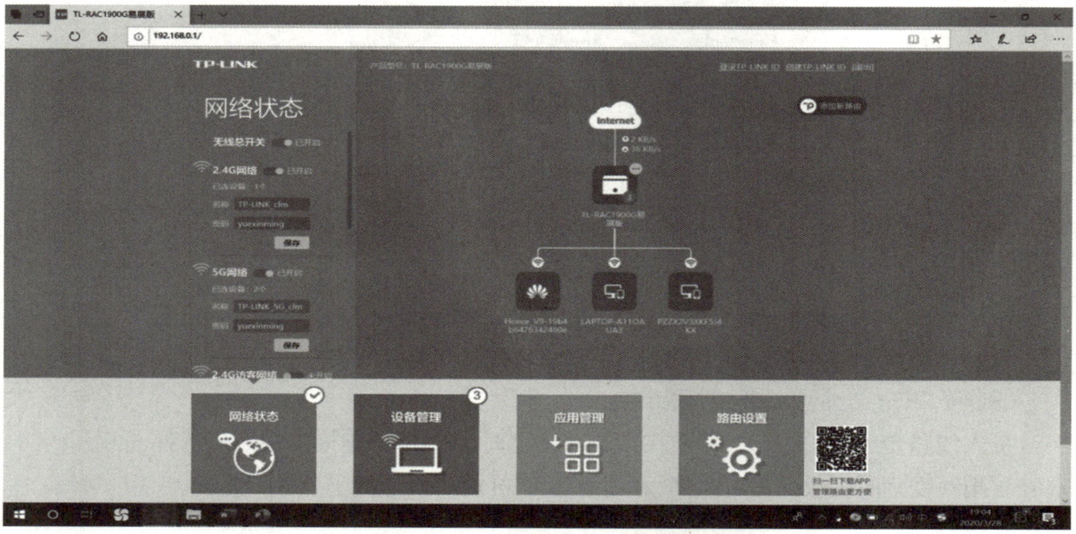

图 1-12-10

②进入“上网设置”界面,选择“自动获取 IP 地址”(图 1-12-11)。

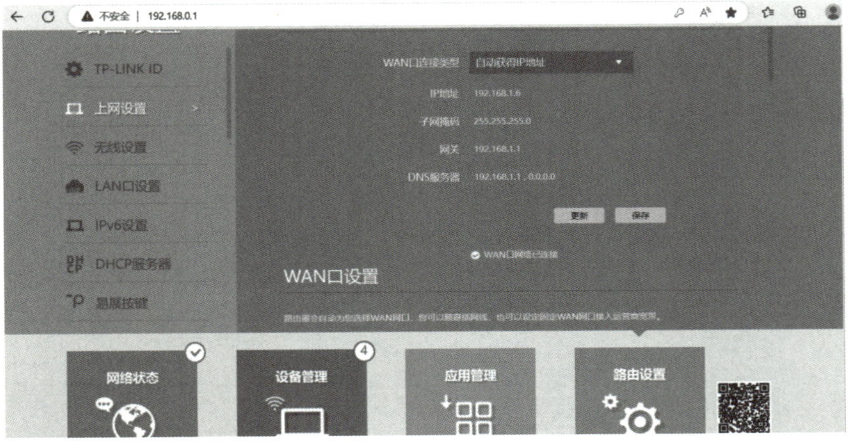

图 1-12-11

③无线设置,分别设置 2.4 GHz 和 5 GHz(图 1-12-12)。

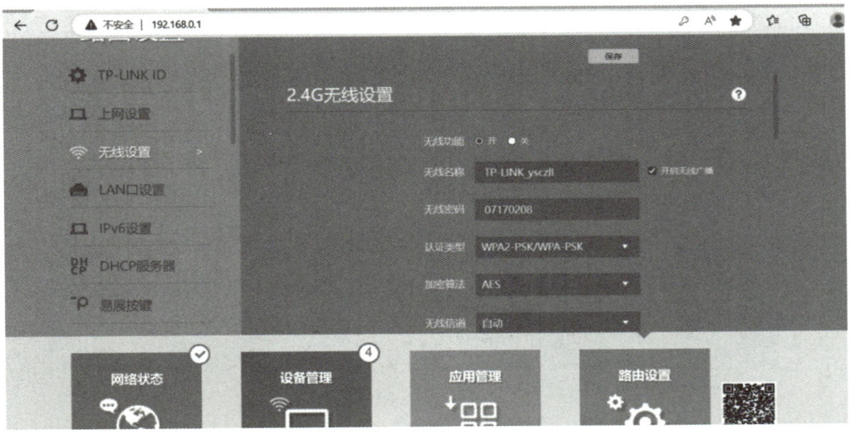

图 1-12-12

④ LAN 口设置。设置 IP 为 192.168.0.1(图 1-12-13)。

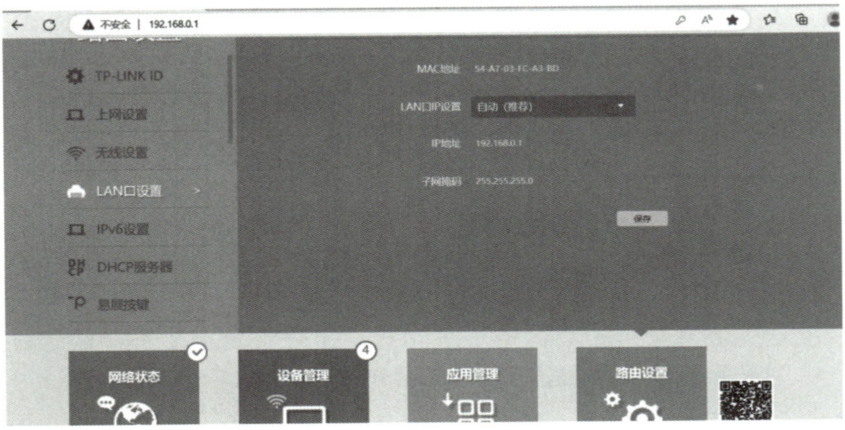

图 1-12-13

⑤ DHCP 服务器设置(图 1-12-14)。

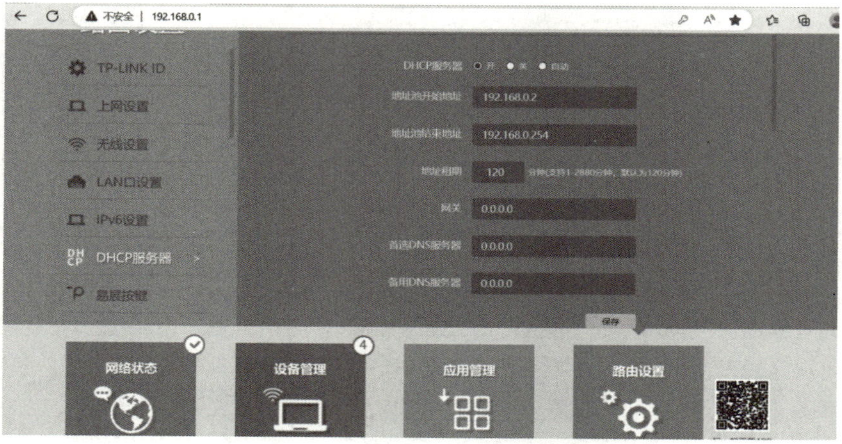

图 1-12-14

⑥设备管理设置。设置网内设备的限速,提高管理效率(图 1-12-15)。

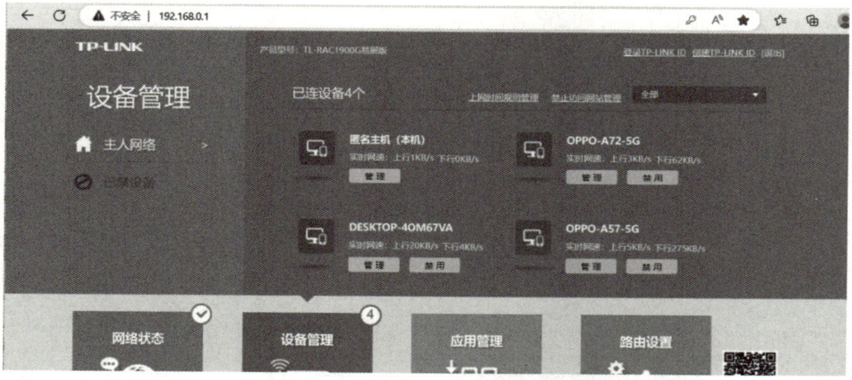

图 1-12-15

⑦重启恢复路由器出厂设置(图 1-12-16)。

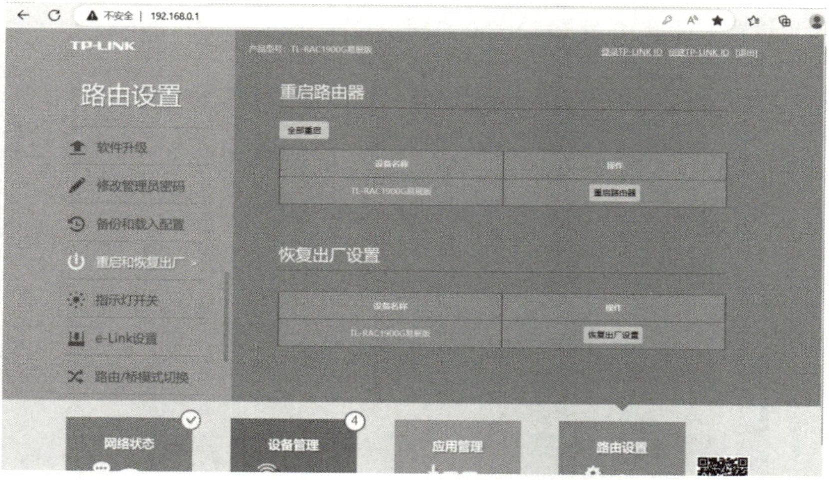

图 1-12-16

⑧播放课程资源里的《家用 5 GHz 双频无线路由器配置实践》视频(图 1-12-17)。

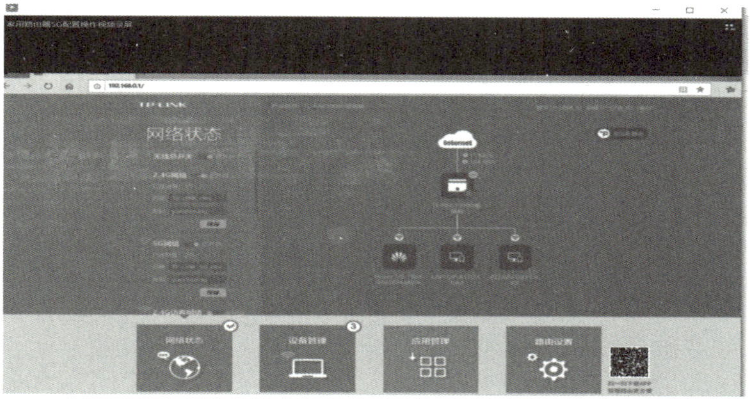

图 1-12-17

2. 网络规划设计书书写实践

(1)项目一:学生寝室网网络规划设计文档书写

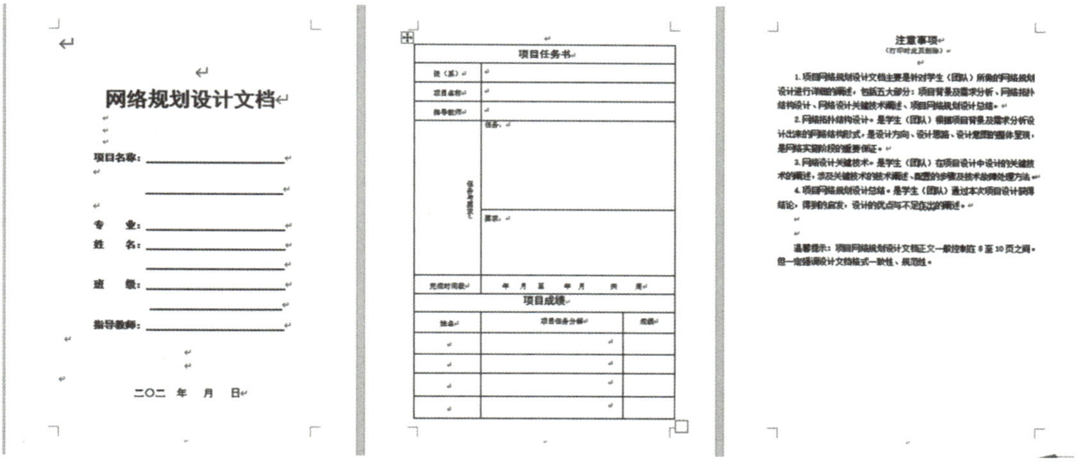

网络规划设计文档

项目名称：

专 业：

姓 名：

班 级：

指导教师：

二〇二 年 月 日

项目任务书

院(系)		
项目名称		
指导教师		
任务与要求	任务：	
	要求：	
完成时间段	年 月 至 年 月 共 周	

项目成绩

姓名	项目任务分解	成绩

注意事项

(打印时此页删除)

1. 项目网络规划设计文档主要是针对学生(团队)所做的网络规划设计进行详细的阐述，包括五大部分：项目背景及需求分析、网络拓扑结构设计、网络设计关键技术阐述、项目网络规划设计总结。

2. 网络拓扑结构设计。是学生(团队)根据项目背景及需求分析设计出来的网络结构形式，是设计方向、设计思路、设计意图的整体呈现，是网络实施阶段的重要保证。

3. 网络设计关键技术。是学生(团队)在项目设计中设计的关键技术的阐述，涉及关键技术的技术阐述、配置的步骤及技术故障处理方法。

4. 项目网络规划设计总结。是学生(团队)通过本次项目设计获得结论，得到的启发，设计的优点与不足作出的阐述。

温馨提示：项目网络规划设计文档正文一般控制在 8 至 10 页之间，但一定强调设计文档格式一致性、规范性。

图 1-12-18

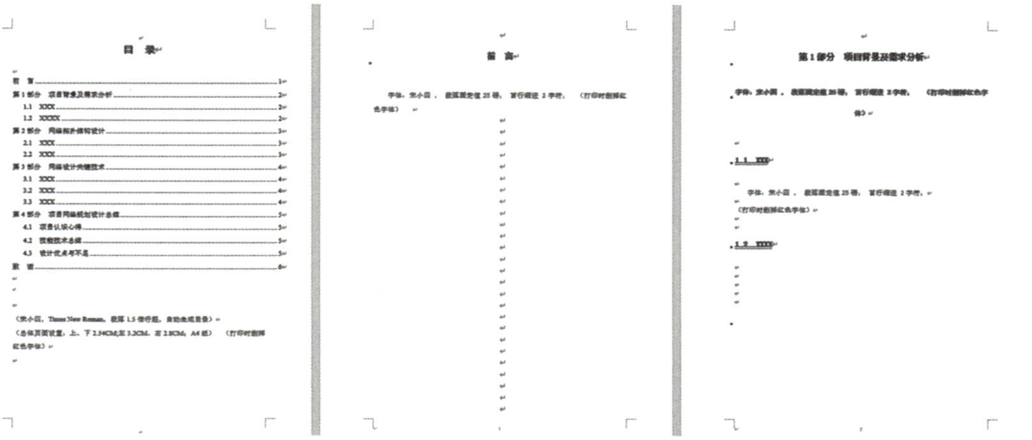

目 录

(宋小四，Times New Roman，段落 1.5 倍行距，自动生成目录)

(总体页面设置，上、下 2.54CM;左 3.2CM，右 2.8CM，A4 纸) (打印时删除红色字体)

前 言

字体：宋小四，段落固定值 25 磅，首行缩进 2 字符。(打印时删除红色字体)

第 1 部分 项目背景及需求分析

字体：宋小四，段落固定值 25 磅，首行缩进 2 字符。(打印时删除红色字体)

1.1 XXX

字体：宋小四，段落固定值 25 磅，首行缩进 2 字符。(打印时删除红色字体)

1.2 XXXX

图 1-12-19

(2)项目一:学生寝室网网络规划书范例

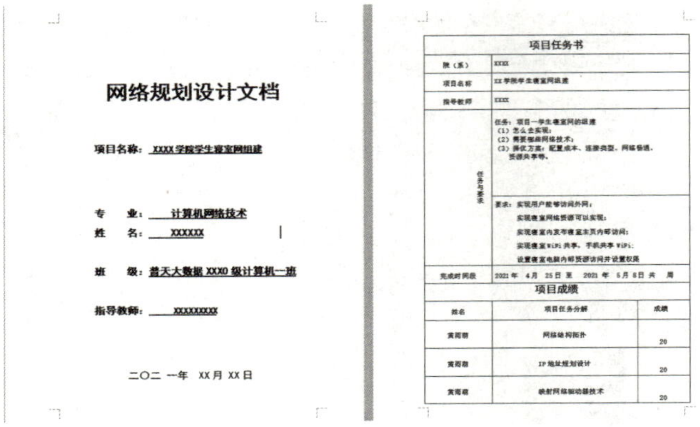

网络规划设计文档

项目名称: XXXX学院学生寝室网组建

专　业: 计算机网络技术

姓　名: XXXXXX

班　级: 普天大数据XXX0级计算机一班

指导教师: XXXXXXXXX

二〇二一年 XX月 XX日

项目任务书	
院(系)	XXXX
项目名称	XX学院学生寝室网组建
指导教师	XXXX
任务与要求	任务:项目一学生寝室网的组建 (1)怎么去实现; (2)需要哪些网络技术; (3)提供方案:配置成本、连接类型、网络性能、资源共享等。
	要求:实现用户能够访问外网; 实现寝室网络资源可以实现; 实现寝室内发布寝室主页内部访问; 实现寝室WiFi共享、手机共享WiFi; 设置寝室电脑内部资源访问并设置权限
完成时间段	2021年 4月 25日 至 2021年 5月 8日 共 周

项目成绩		
姓名	项目任务分解	成绩
[illegible]	网络结构拓扑	20
[illegible]	IP地址规划设计	20
[illegible]	映射网络驱动器技术	20

图 1-12-20

【任务实施】

任务名称	网络规划设计书文档书写、无线路由器基本配置应用实践		
班　级		姓　名	
地　点		日　期	
小组成员			

一、任务准备

(1)在智慧职教平台上对课件、技术文档等资料进行提前学习,并做好笔记。

(2)在重庆市在线开放课程平台对《计算机网络技术》完成前期学习。

(3)利用互联网查阅无线路由器基本配置应用实践的关键技术。

二、过程记录

任务名称	任务关键技术点记录	使用资源记录	本人角色
2.4 GHz的家用无线普通路由器配置实践			□协调员 □记录员 □观察员 □实践员
5 GHz双频的家用无线普通路由器配置实践			□协调员 □记录员 □观察员 □实践员

续表

任务名称	任务关键技术点记录	使用资源记录	本人角色
学生寝室网网络规划书文档书写			□协调员 □记录员 □观察员 □实践员

【评价与考核】

序　号	任务名称	考核内容及评分标准	分　数	扣　分
1	安全 / 态度 / 团队合作能力	1. 任务实施时是否规范操作（10 分） 2. 态度是否积极（5 分） 3. 是否积极参与团队协作（5 分）	20	
2	专业技能	1. 任务实施时设计专业技术是否完全掌握（30 分） 2. 任务实施时设计专业技术呈现是否具有创新思维（20 分）	50	
3	工具及设备（软、硬件设备）的使用数据记录	1. 是否做到规范的数据记录（5 分） 2. 数据记录时是否清晰、工整（5 分）	10	
4	表单填写、报告的撰写能力及课堂语言表达组织能力	1. 是否能够完成表单填写及报告撰写（15 分） 2. 语言文字表述上是否用词规范（5 分）	20	
合　计			100	

【实践报告单】

实践报告单　　姓名：________					
课　程		班　级		隶属小组	
实践项目					
实践任务					
实践器材					

续表

实践内容			
反思或建议			
实践结果	组内评：	组间评：	师评：

指导教师__________　　　　　　　　　　　　　　　　________年____月____日

【归纳提高】

本任务完成网络规划设计书文档书写、无线路由器基本配置应用实践相关技术知识研讨，掌握关键技术点及相应技巧，完成学生寝室网组建的实现无线网络寝室覆盖及形成网络规划设计书文档的任务，夯实计算机网络技术运维的实践技能。

【实践强化】

1. 以小组为单位完成实训室里无线网络 Wi-Fi 覆盖技术实践，要求形成技术调试的配置文档。

2. 以小组为单位研讨学生寝室网网络规划设计文档书写。

项目二

家属楼家庭网组建

任务一　需求分析及锐捷网络设备认知

【任务名称】

需求分析及锐捷网络设备认知。

【任务目标】

素质目标：

(1)培养学生良好的自我表现、与人沟通的能力；

(2)培养学生的团队协作精神；

(3)培养学生民族精神、爱国精神；

(4)培养学生勇于创新、敬业乐业的工作作风；

(5)培养学生的质量意识、安全意识；

(6)培养学生诚实、守信、坚忍不拔的性格；

(7)培养学生自主、开放的学习能力；

(8)培养学生吃苦耐劳的精神及工匠精神；

(9)培养学生的家国情怀。

知识目标：

(1)掌握家属楼家庭网组建需求分析。

(2)掌握锐捷网络设备认知的相关技术。

能力目标：

(1)培养学生在项目网络运维技术设计时提出解决方案的能力；

(2)根据网络工程技术规范、网络综合布线标准，具备实现中型网络项目的设计实施能力及技术分析能力；

(3)培养学生对需求分析及锐捷网络设备认知的能力。

【任务描述】

家属楼家庭网组建需完成需求分析及网络设备选型对比，所以应掌握家属楼家庭网组建需求分析及锐捷网络设备认知的相关技术。

【任务分析】

需　求	关键技术分析
实现家庭网组建	家庭网组建需求分析
	锐捷网络设备认知的相关技术

【人文素养】

播放课程资源里的《人工智能之路二》视频，让学生了解人工智能发展。

海德格尔说过：技术是时代的座驾，然而能够驾驭技术从而影响时代进程的永远是具有全体能动性的人。人工智能亦是如此，因此，我们应当成为“主动”的人，让技术驱动创新发展，为全面建设社会主义现代化国家助力。

同学们我们要理性看待人工智能技术，去熟悉它，去掌握它，让它更好地为我们服务，让它成为全面建设社会主义现代化国家促进力。

人工智能之路（二）

【知识技术储备】

一、知识储备

1. 锐捷可网管交换机及锐捷 RG-N18000 交换机认知

锐捷网络 Newton 18000-X（简称 RG-N18000-X）系列交换机是锐捷网络面向云架构网络推出的新一代高性能核心交换机，该产品在 100T 的交换平台上，首次采用“零背板”技术提供高效、稳定交换服务。

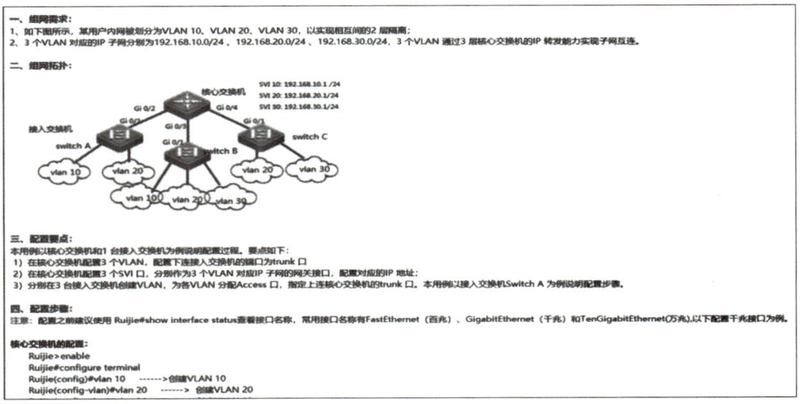

一、组网需求：
1、如下图所示，某用户内网被划分为VLAN 10、VLAN 20、VLAN 30，以实现相互间的2 层隔离；
2、3 个VLAN 对应的IP 子网分别为192.168.10.0/24、192.168.20.0/24、192.168.30.0/24，3 个VLAN 通过3 层核心交换机的IP 转发能力实现子网互连。

二、组网拓扑：

三、配置要点：
本用例以核心交换机和1 台接入交换机为例说明配置过程。要点如下：
1）在核心交换机配置3 个VLAN，配置下连接入交换机的端口为trunk 口
2）在核心交换机配置3 个SVI 口，分别作为3 个VLAN 对应IP 子网的网关接口，配置对应的IP 地址；
3）分别在3 台接入交换机创建VLAN，为各VLAN 分配Access 口，指定上连核心交换机的trunk 口。本用例以接入交换机Switch A 为例说明配置步骤。

四、配置步骤：
注意：配置之前建议使用 Ruijie#show interface status查看接口名称，常用接口名称有FastEthernet（百兆）、GigabitEthernet（千兆）和TenGigabitEthernet(万兆),以下配置千兆接口为例。

核心交换机的配置：

```
Ruijie>enable
Ruijie#configure terminal
Ruijie(config)#vlan 10     ------>创建VLAN 10
Ruijie(config-vlan)#vlan 20     ------>  创建VLAN 20
```

图 2-1-1

锐捷 RG-N18000 交换机认知

2. 网络互连设备路由器的认知

路由器(Router)是在网络层实现互连的网络设备。

路由器通过 IP 分组中的 IP 地址标识查找路由表中的表项,确定如何转发 IP 分组。

图 2-1-2

路由器由输入端口、交换结构、选路处理器(路由选择模块)、输出端口组成。

路由器的交换结构有三种交换方式:经内存交换;经一根总线交换;经一个互联网络交换。

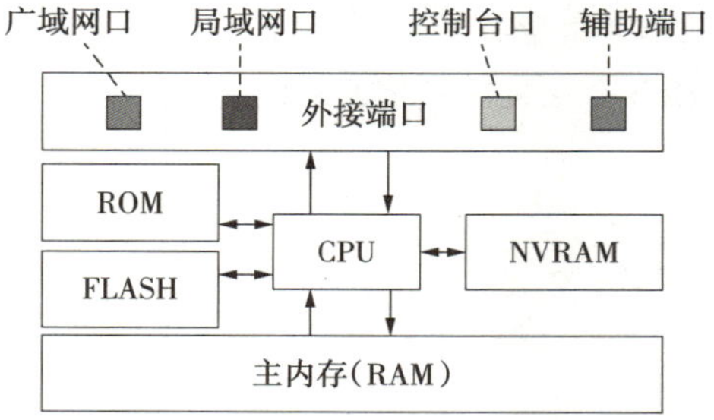

图 2-1-3

路由器可以根据网络层的协议类型、网络号、主机的网络地址、子网掩码、高层协议的类型等来监控、拦截和过滤信息。

路由器通过 IP 地址和子网掩码的组合区分各个子网;

路由器还有流量控制能力,可以采用优化的路由算法均衡网络负载;

路由器也需要操作系统才能进行网络系统配置;

路由器的主要技术指标;

锐捷网络 RG-RSR20-X-28	
路由器类型	企业级路由器
广域网接口	4GE(2GE电+2GE光/电Combo)
其它端口	24GE电 USB接口: 1 SD卡插槽: 1 配置口/AUX : 1
扩展模块	4个HSIC槽
包转发率	3Mpps
Qos支持	支持802.1p 支持SP、WRR、DRR、SP+WRR、SP+DRR等队列调度机制 支持RED/WRED 支持基于出端口/入端口的限速 支持HQoS

图 2-1-4

路由器类型指标；

路由器的性能指标；

锐捷网络 RG-RSR20-X-28 拥有 4 GE（2 GE 电 +2 GE 光/电 Combo）固化 WAN 口，24 GE 固化交换电口，4 个 HSIC/SIC 槽位，还配有 1 个 USB 接口和 1 个 SD 卡插槽。其路由处理能力强大，支持 IPv4/IPv6 静态路由，以及 OSPF、RIP、ISIS、BGP 等各种 IPV4 和 IPV6 动态路由协议，满足各种组网要求。

3. 防火墙技术认知

防火墙是一个由计算机硬件和软件组成的系统，部署于网络边界，是内部网络和外部网络之间的连接桥梁，同时对进出网络边界的数据进行保护，防止恶意入侵、恶意代码的传播等，保障内部网络数据的安全。防火墙技术是建立在网络技术和信息安全技术基础上的应用性安全技术，几乎所有的企业内部网络与外部网络（如因特网）相连接的边界都会放置防火墙。防火墙能够起到安全过滤和安全隔离外网攻击、入侵等有害的网络安全信息和行为。

①过滤防火墙。顾名思义，它就是在计算机网络中起一个过滤的作用。这种防火墙会根据已经预设好的过滤规则，对在网络中流动的数据包进行过滤行为。如果符合过滤规则的数据包会被放行，而数据包不满足过滤规则，就会被删除。数据包的过滤规则是基于数据包报审的特征的。防火墙通过检查数据包的源头 IP 地址、目的 IP 地址、数据包遵守的协议、端口号等特征来完成。第一代防火墙就属于过滤防火墙。

②应用网关防火墙。已经介绍了的过滤防火墙在 OSI 七层协议中主要工作在数据链路层和 IP 层。与之不同的是，应用网关防火墙主要工作在最上层：应用层。不仅如此，相比于基于过滤的防火墙来说，应用网关防火墙最大的特点是有一套自己的逻辑分析。基于这个逻辑分析，应用网关服务器在应用层上进行危险数据的过滤，分析内部网络应用层的使用协议，并且对计算机网络内部的所有数据包进行分析，如果数据包没有应用逻辑，则不会被放行通过防火墙。

③服务防火墙。上述的两种防火墙都是应用在计算机网络中来阻挡恶意信息进入用户的电脑的。服务防火墙则有其他的应用场景，服务防火墙主要用于服务器的保护中。在现在的应用软件中，往往需要通过和服务器连接来获得完整的软件体验，服务防火墙也就应运而生。服务防火墙用来防止外部网络的恶意信息进入服务器的网络环境中。

④监控防火墙。如果说之前介绍的防火墙都是被动防守的话，那么监控防火墙则是不仅仅防守，还会主动出击。一方面，监控防火墙可以像传统的防火墙一样，过滤网络中的有害数据；另一方面，监控防火墙可以主动对数据进行分析和测试，判断网络中是否存在外部攻击。这种防火墙对内可以过滤，对外可以监控。从技术上来说，监控防火墙是传统防火墙的重大升级。

二、技术实践

1. 家属楼家庭网需求分析

（1）家庭网络需求

①实现安全稳定地访问外网；

②实现可靠的网络资源共享；

③实现家庭内部网络数据的安全及可恢复性；

④实现千兆的网络带宽，家庭内实现500兆的带宽并相互网络独立；

⑤实现发布家庭域名方式的家庭主页。

（2）家庭网络技术分析

家庭网络需求及技术分析如图2-1-5所示。

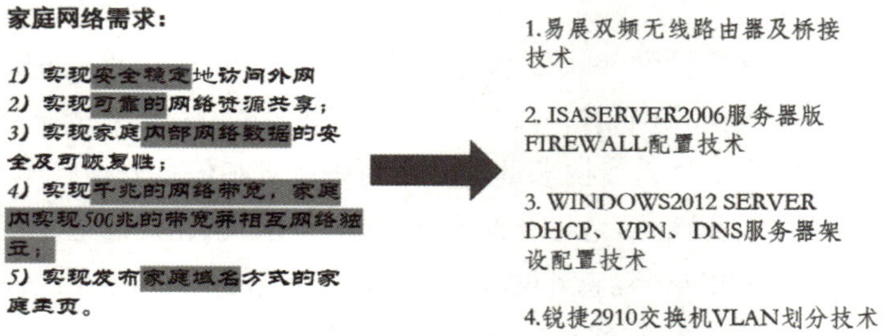

图 2-1-5

2.visio 2013 绘制网络拓扑结构图及技术分析实践

要求：

①绘制完整，标识清楚；

②完成网络拓扑结构图技术分析（涉及网络接入、网络设备选择、服务器设计等）。

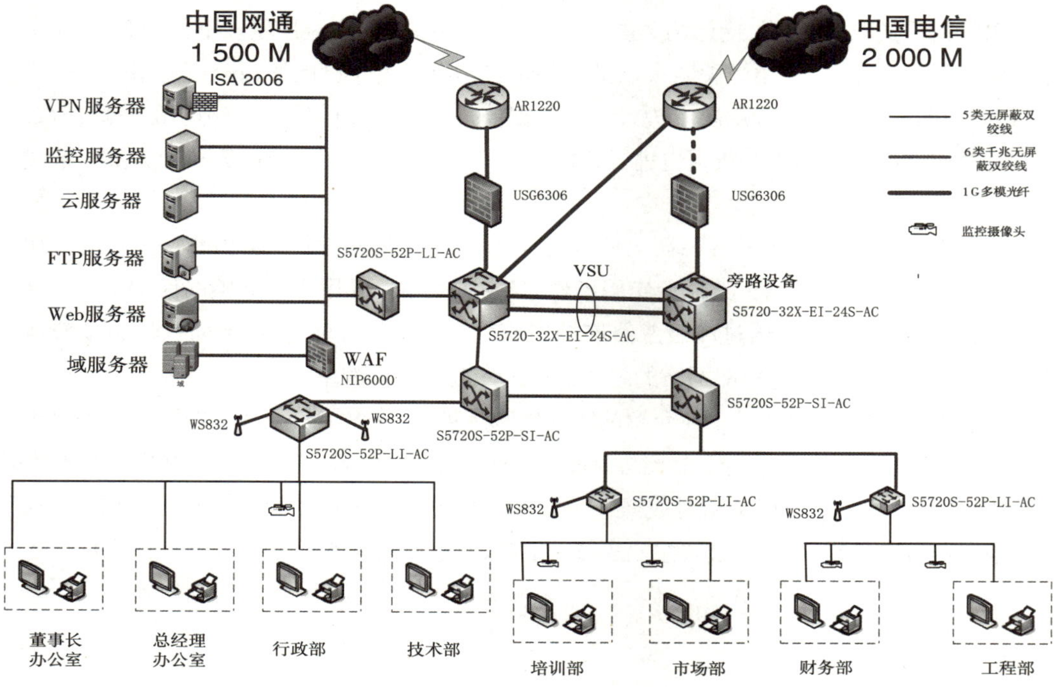

图 2-1-6

【任务实施】

任务名称	需求分析及锐捷网络设备认知		
班　级		姓　名	
地　点		日　期	
小组成员			

一、任务准备

(1)在智慧职教平台上对课件、技术文档等资料进行提前学习,并做好笔记。
(2)在重庆市在线开放课程平台对《计算机网络技术》完成前期学习。
(3)利用互联网查阅锐捷网络互连设备路由器等相关参数及应用领域。

二、过程记录

任务名称	任务关键技术点记录	使用资源记录	本人角色
家属楼家庭网需求分析			□协调员 □记录员 □观察员 □实践员
visio2013 绘制网络拓扑结构图及技术分析实践			□协调员 □记录员 □观察员 □实践员

【评价与考核】

序　号	任务名称	考核内容及评分标准	分　数	扣　分
1	安全 / 态度 / 团队合作能力	1. 任务实施时是否规范操作(10 分) 2. 态度是否积极(5 分) 3. 是否积极参与团队协作(5 分)	20	
2	专业技能	1. 任务实施时设计专业技术是否完全掌握(30 分) 2. 任务实施时设计专业技术呈现是否具有创新思维(20 分)	50	
3	工具及设备(软、硬件设备)的使用数据记录	1. 是否做到规范的数据记录(5 分) 2. 数据记录时是否清晰、工整(5 分)	10	

续表

序　号	任务名称	考核内容及评分标准	分　数	扣　分
4	表单填写、报告的撰写能力及课堂语言表达组织能力	1. 是否能够完成表单填写及报告撰写(15 分) 2. 语言文字表述上是否用词规范(5 分)	20	
合　计			100	

【实践报告单】

实践报告单					姓名:________
课　程		班　级		隶属小组	
实践项目					
实践任务					
实践器材					
实践内容					
反思或建议					
实践结果	组内评:	组间评:		师评:	

指导教师__________　　　　　　　　________年____月____日

【归纳提高】

本任务完成需求分析及网络设备选型对比、网络拓扑结构图的绘制及技术分析应用实践相关技术知识研讨,掌握关键技术点及相应技巧,夯实计算机网络技术运维的实践技能。

【实践强化】

以小组为单位完成所在二级学院综合办的网络使用情况及存在的技术问题的调研,要求形成调研的文档及解决思路。

任务二　IP 地址规划设计子网划分研讨及 TCP/IP 网络体系结构

【任务名称】

家庭网组建 IP 地址规划设计子网划分研讨及 TCP/IP 网络体系结构。

【任务目标】

素质目标：

(1)培养学生良好的自我表现、与人沟通的能力；

(2)培养学生的团队协作精神；

(3)培养学生民族精神、爱国精神；

(4)培养学生勇于创新、敬业乐业的工作作风；

(5)培养学生的质量意识、安全意识；

(6)培养学生诚实、守信、坚忍不拔的性格；

(7)培养学生自主、开放的学习能力；

(8)培养学生吃苦耐劳的精神及工匠精神；

(9)培养学生的家国情怀。

知识目标：

(1)掌握 IP 地址规划设计子网划分。

(2)掌握 TCP/IP 网络体系结构相关技术。

能力目标：

(1)培养学生在项目网络运维技术设计时提出解决方案的能力；

(2)根据网络工程技术规范、网络综合布线标准，具备实现中型网络项目的设计实施能力及技术分析能力；

(3)培养学生对家庭网组建 IP 地址规划设计子网划分技术及 TCP/IP 网络体系结构的技术实践能力。

【任务描述】

家属楼家庭网组建需完成 IP 地址规划设计子网划分，所以应掌握家属楼家庭网组建 IP 地址规划设计子网划分及 TCP/IP 网络体系结构相关技术。

【任务分析】

需　求	关键技术分析
实现家属楼家庭网组建	IP 地址规划设计子网划分技术
	TCP/IP 网络体系结构的相关技术

【人文素养】

播放课程资源里的《人工智能之路三》视频，让学生了解人工智能发展。

技术进步无法阻挡，我们唯有提升自己对技术的理解与驾驭能力，才能为社会发展，国家进步充分贡献力量。

人工智能之路（三）

【知识技术储备】

一、知识储备

1. TCP/IP 网络体系结构认知

Internet 在全世界的飞速发展，使得 TCP/IP 协议得到了广泛的应用，虽然 TCP/IP 不是 ISO 标准，但广泛的使用也使TCP/IP 成为一种“实际上的标准”，并形成了 TCP/IP 参考模型。不过，ISO 的 OSI 参考模型的制定，也参考了 TCP/IP 协议集及其分层体系结构的思想。而 TCP/IP 在不断发展的过程中也吸收了 OSI 标准中的概念及特征。

① TCP/IP 协议体系特点。

开放的协议标准，可以免费使用，并且独立于特定的计算机硬件与操作系统；独立于特定的网络硬件，可以运行在局域网、广域网，更适用于互联网中；统一的网络地址分配方案，使得整个 TCP/IP 设备在网中都具有唯一的地址；标准化的高层协议，可以提供多种可靠的用户服务。

② TCP/IP 层次结构。

TCP/IP 分为四个层次，分别是网络接口层、网际层、传输层和应用层。

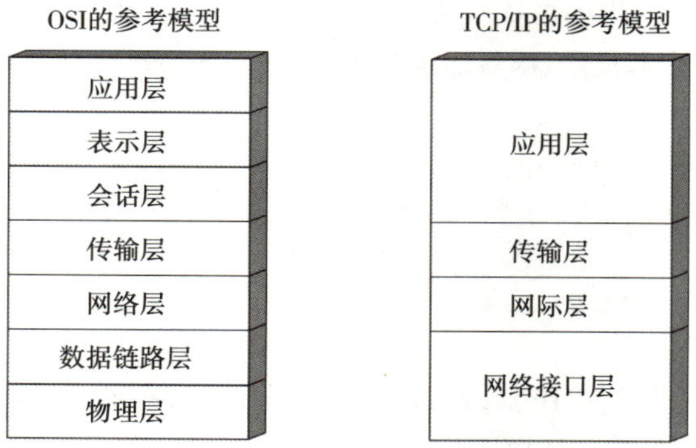

图 2-2-1

（1）网络接口层

网络接口层，也被称为网络访问层，包括了能使用 TCP/IP 与物理网络进行通信的协议，它对应 OSI 的物理层和数据链路层。TCP/IP 标准并没有定义具体的网络接口协议。

（2）网际层

网际层是在 TCP/IP 标准中正式定义的第一层。网际层所执行的主要功能是处理来自传输层的分组，将分组形成数据包（IP 数据包），并为该数据包进行路径选择，最终将数据包从源主机发送到目的主机。在网际层中，最常用的协议是网际协议 IP，其他一些协议用来协助 IP 的操作。

（3）传输层

TCP/IP 的传输层也被称为主机至主机层，与 OSI 的传输层类似，主要负责主机到主机之间的端对端通信。该层使用了两种协议来支持两种数据的传送方法，即 TCP 协议和 UDP 协议。

（4）应用层

在 TCP/IP 模型中，应用程序接口是最高层，它与 OSI 模型中的高三层的任务相同，用于提供网络服务，比如文件传输、远程登录、域名服务和简单网络管理等。

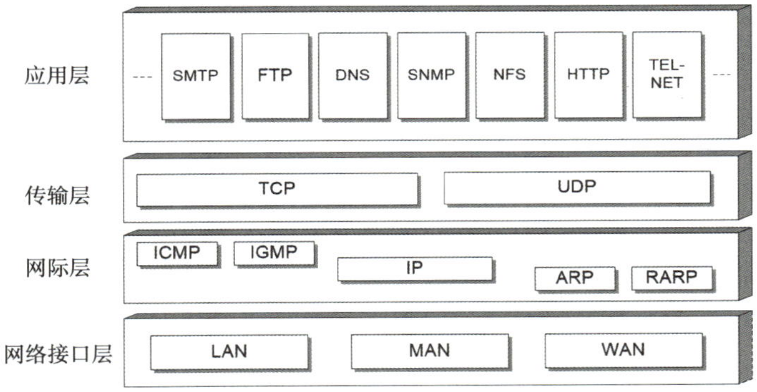

图 2-2-2

2. 网际协议 IP（Internet Protocol）

IP 协议的任务是对数据包进行相应的寻址和路由，并从一个网络转发到另一个网络。IP 协议在每个发送的数据包前加入一个控制信息，其中包含了源主机的 IP 地址、目的主机的 IP 地址和其他一些信息。

IP 协议的另一项工作是分割和重编在传输层被分割的数据包。由于数据包要从一个网络到另一个网络，当两个网络所支持传输数据包的大小不相同时，IP 协议就要在发送端将数据包分割，然后在分割的每一段前再加入控制信息进行传输。当接收端接收到数据包后，IP 协议将所有的片段重新组合形成原始的数据。

IP 是一个无连接的协议。无连接是指主机之间不建立用于可靠通信的端到端的连接，源主机只是简单地将 IP 数据包发送出去，而数据包可能会丢失、重复、延迟时间大或者 IP 包的次序会混乱。因此，要实现数据包的可靠传输，就必须依靠高层的协议或应用程序，如传输层的 TCP 协议。

3. 地址解析协议 ARP(Address Resolution Protocol)和反向地址解析协议 RARP

计算机网络中各主机之间要进行通信时，必须要知道彼此的物理地址(OSI 模型中数据链路层的地址)。因此，在 TCP/IP 的网际层有 ARP 协议和 RARP 协议，它们的作用是将源主机和目的主机的 IP 地址与它们的物理地址相匹配。

4. 传输控制协议 TCP(Transmission Control Protocol)

TCP 协议是传输层一种面向连接的通信协议，提供可靠的数据传送。对于大量数据的传输，通常都要求有可靠的传送。

TCP 协议将源主机应用层的数据分成多个分段，然后将每个分段传送到网际层，网际层将数据封装为 IP 数据包，并发送到目的主机。目的主机的网际层将 IP 数据包中的分段传送给传输层，再由传输层对这些分段进行重组，还原成原始数据，传送给应用层。

TCP 协议还要完成流量控制和差错检验的任务，以保证可靠的数据传输。

5. 用户数据报协议 UDP(User Datagram Protocol)

UDP 协议是一种面向无连接的协议，因此，它不能提供可靠的数据传输，而且 UDP 不进行差错检验，必须由应用层的应用程序实现可靠性机制和差错控制，以保证端到端数据传输的正确性。

虽然 UDP 与 TCP 相比，显得非常不可靠，但在一些特定的环境下还是非常有优势的。

例如，要发送的信息较短，不值得在主机之间建立一次连接。另外，面向连接的通信通常只能在两个主机之间进行，若要实现多个主机之间的一对多或多对多的数据传输，即广播或多播，就需要使用 UDP 协议。

6. 远程终端协议 TELNET

本地主机作为仿真终端，登录到远程主机上运行应用程序。

7. 文件传输协议 FTP

该协议实现主机之间的文件传送。

8. 简单邮件传输协议 SMTP

该协议实现主机之间电子邮件的传送。

9. 域名服务 DNS

该协议用于实现主机名与 IP 地址之间的映射。

10. 动态主机配置协议 DHCP

该协议实现对主机的地址分配和配置工作。

二、技术实践

1. 家属楼家庭网子网划分技术

子网掩码又称为地址掩码，它用于划分 IP 地址中的网络号与主机号，网络号所占的位用“1”标识，主机号所占的位用“0”标识，因为 A、B、C 类 IP 地址网络号和主机号的位置是确定的，所以子网掩码的取值也是确定的，A、B、C 类 IP 地址的子网掩码分别如下：

A 类：255.0.0.0，等同于 11111111.00000000.00000000.00000000

B 类：255.255.0.0，等同于 11111111.11111111.00000000.00000000

C 类：255.255.255.0，等同于 11111111.11111111.11111111.00000000

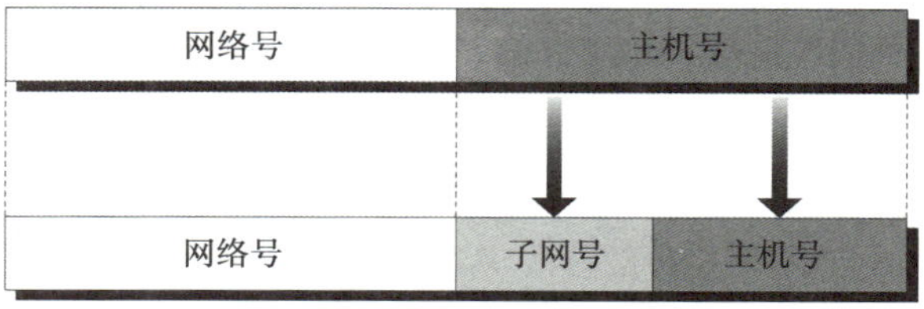

图 2-2-3

表 2-2-1

地址类型	十进制点分表示	子网掩码的二进制位			
A 类	255.0.0.0	11111111	00000000	00000000	00000000
B 类	255.255.0.0	11111111	11111111	00000000	00000000
C 类	255.255.255.0	11111111	11111111	11111111	00000000

在划分子网之前，需要确定所需要的子网数和每个子网的最大主机数，有了这些信息后，就可以定义每个子网的子网掩码、网络地址（网络号 + 子网号）的范围和主机号的范围。

（1）子网划分的技术步骤

①确定需要多少子网号来唯一标识网络上的每一个子网。

②确定需要多少主机号来标识每个子网上的每台主机。

③定义一个符合网络要求的子网掩码。

④确定标识每一个子网的网络地址。

⑤确定每一个子网上所使用的主机地址的范围。

（2）子网划分应用案例

将 C 类网络 192.168.157.0 划分为 4 个子网。

子网掩码为“11111111.11111111.11111111.11000000”，即“255.255.255.192”。此时得到的四个子网的 IP 地址取值范围分别如下：

网络号：192.168.157.0；IP 范围：192.168.157.1 ～ 192.168.157.62。

网络号：192.168.157.64；IP 范围：192.168.157.65 ～ 192.168.157.126。

网络号：192.168.157.128；IP 范围：192.168.157.129 ～ 192.168.157.190。

网络号：192.168.157.192；IP 范围：192.168.157.193 ～ 192.168.157.254。

划分子网的数量：2^n-2；

每个子网允许的最大 IP 数量：2^m-2。

（3）将 B 类网络 172.16.0.0 划分为 4 个子网

划分方法如图 2-2-4 所示。

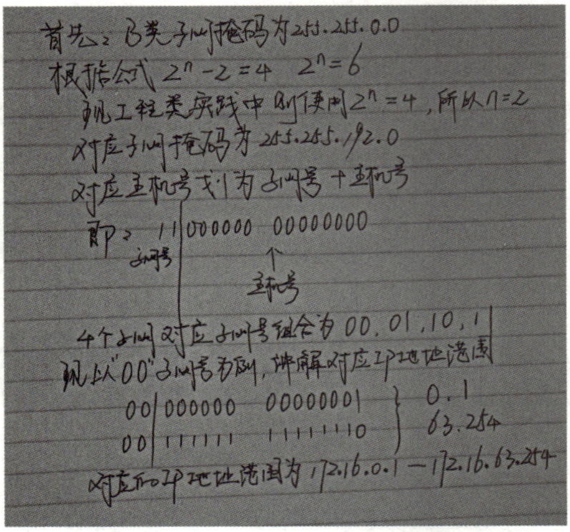

图 2-2-4

(4)将 A 类网络 10.0.0.0 划分为 6 个子网

方法如图 2-2-5 所示。

2. visio 2016 绘制网络拓扑结构图及技术分析实践

要求：

①绘制完整，标识清楚；

②完成网络拓扑结构图技术分析(重点放在网络接入方式、网络互连设备选择、防火墙选型等)并判定此网络拓扑结构图是否能实际应用。

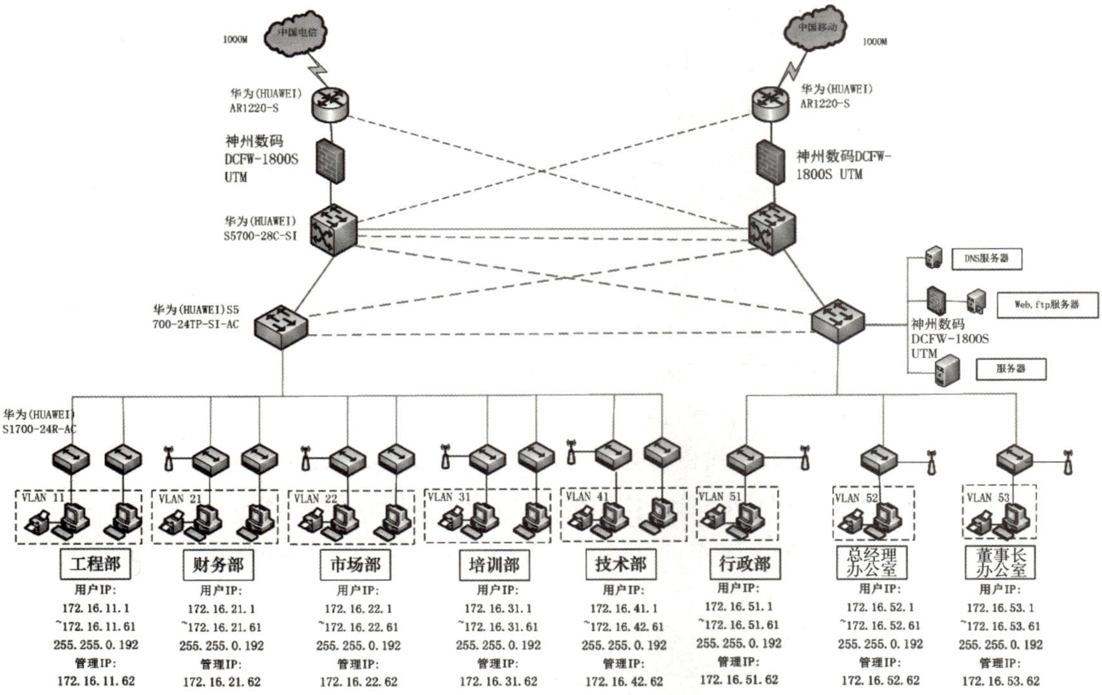

图 2-2-5

【任务实施】

任务名称	需求分析及锐捷网络设备认知		
班　级		姓　名	
地　点		日　期	
小组成员			

一、任务准备

(1)在智慧职教平台上对课件、技术文档等资料进行提前学习,并做好笔记。
(2)在重庆市在线开放课程平台对《计算机网络技术》完成前期学习。
(3)利用互联网查阅子网划分技术。

二、过程记录

任务名称	任务关键技术点记录	使用资源记录	本人角色
家属楼家庭网子网划分技术(B类网 172.16.0.0 划分为 4 个子网)			□协调员 □记录员 □观察员 □实践员
家属楼家庭网子网划分技术(C类网 192.168.0.0 划分为 8 个子网)			□协调员 □记录员 □观察员 □实践员
visio 2013 绘制网络拓扑结构图及技术分析实践			□协调员 □记录员 □观察员 □实践员

【评价与考核】

序　号	任务名称	考核内容及评分标准	分　数	扣　分
1	安全/态度/团队合作能力	1. 任务实施时是否规范操作(10 分) 2. 态度是否积极(5 分) 3. 是否积极参与团队协作(5 分)	20	
2	专业技能	1. 任务实施时设计专业技术是否完全掌握(30 分) 2. 任务实施时设计专业技术呈现是否具有创新思维(20 分)	50	

续表

序　号	任务名称	考核内容及评分标准	分　数	扣　分
3	工具及设备（软、硬件设备）的使用数据记录	1. 是否做到规范的数据记录（5分） 2. 数据记录时是否清晰、工整（5分）	10	
4	表单填写、报告的撰写能力及课堂语言表达组织能力	1. 是否能够完成表单填写及报告撰写（15分） 2. 语言文字表述上是否用词规范（5分）	20	
合　计			100	

【实践报告单】

实践报告单　　　　　　姓名：________					
课　程		班　级		隶属小组	
实践项目					
实践任务					
实践器材					
实践内容					
反思或建议					
实践结果	组内评：		组间评：		师评：

指导教师__________　　　　　　　　　　________年____月____日

【归纳提高】

本任务完成家属楼家庭网组建IP地址规划设计子网划分、TCP/IP网络体系结构、网络拓扑结构图的绘制及技术分析应用实践相关技术知识研讨，掌握关键技术点及相应技巧，夯实计算机网络技术运维的实践技能。

【实践强化】

以小组为单位完成如下网络工程项目的子网划分：

某跨国公司申请到了某类网络地址 213.116.170.0。根据网络规划需求,要把行政办、市场部、财务部以及后勤部划分成四个不同网段。据此实践下列技术问题:

(1)该公司申请到的网络地址属于哪一类?

(2)请为该公司设置子网掩码。

(3)写出每一子网可以分配的 IP 地址范围及允许最大的 IP 数量。

任务三　共享网络打印机配置技术研讨实践

【任务名称】

共享网络打印机配置技术研讨实践

【任务目标】

素质目标：

(1)培养学生良好的自我表现、与人沟通的能力；

(2)培养学生的团队协作精神；

(3)培养学生民族精神、爱国精神；

(4)培养学生勇于创新、敬业乐业的工作作风；

(5)培养学生的质量意识、安全意识；

(6)培养学生诚实、守信、坚忍不拔的性格；

(7)培养学生自主、开放的学习能力；

(8)培养学生吃苦耐劳的精神及工匠精神；

(9)培养学生的家国情怀。

知识目标：

(1)掌握打印机结构参数、选购等方面的相关认知。

(2)掌握共享网络打印机配置技术实践相关技术。

能力目标：

(1)培养学生对项目网络运维技术设计时能提出解决方案的能力；

(2)根据网络工程技术规范，网络综合布线标准，具备实现中型网络项目的设计实施能力及技术分析能力；

(3)培养学生对共享网络打印机配置技术研讨实践的能力。

【任务描述】

家属楼家庭网组建，应掌握打印机结构参数、选购等方面，以及共享网络打印机配置技术实践相关技术。

【任务分析】

需　求	关键技术分析
实现家属楼家庭网组建	打印机结构参数、选购等方面的相关认知
	共享网络打印机配置技术实践相关技术

【人文素养】

5G、智能多技术结合,助推移动互联网迈进“新十年”

5G保持高速发展,截止到2022年12月,5G网络活跃用户占比达到12.7%,同比增长了5.2个百分点;iOS和安卓终端占比趋于稳定,分别为21.7%、78.3%;华为、苹果、OPPO、ViVo、小米、荣耀等品牌占比分别为24.3%、21.7%、20%、14.5%、10.2%、3.8%。

——来自《2022年中国移动互联网年度报告》

【知识技术储备】

一、知识储备

打印机认知(厂商、类型、用途、价格)

①播放课程资源里的《爱普生墨仓式打印机功能介绍》视频。

图 2-3-1

图 2-3-2

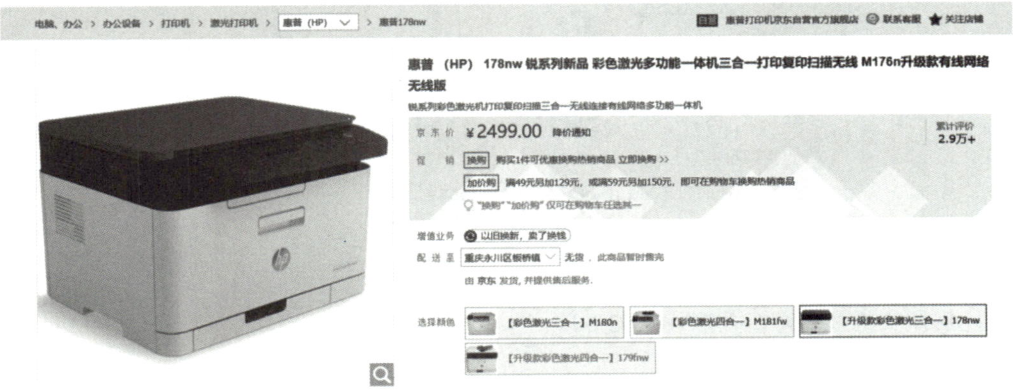

图 2-3-3

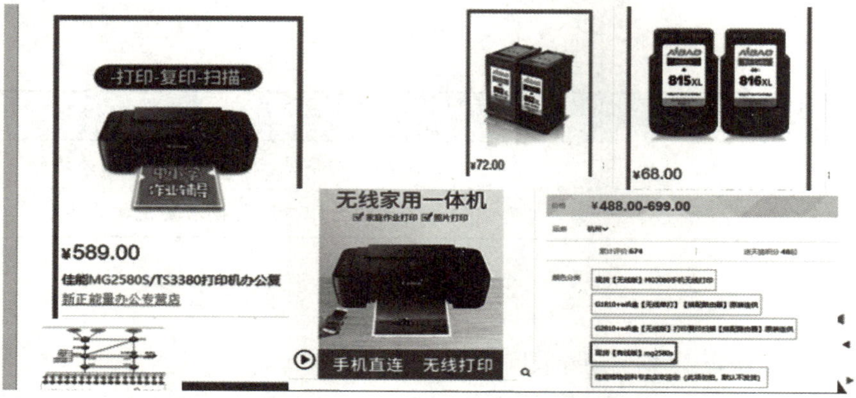

图 2-3-4

②播放课程资源里的《佳能 MG2580S》打印机认知视频。

③播放来自互联网资源的《联想三好》打印机认知视频。

《佳能 MG2580S》打印机认知视频

《联想三好》打印机认知视频

二、技术实践

共享网络打印机配置实践

（1）共享网络打印机网络拓扑结构图分析

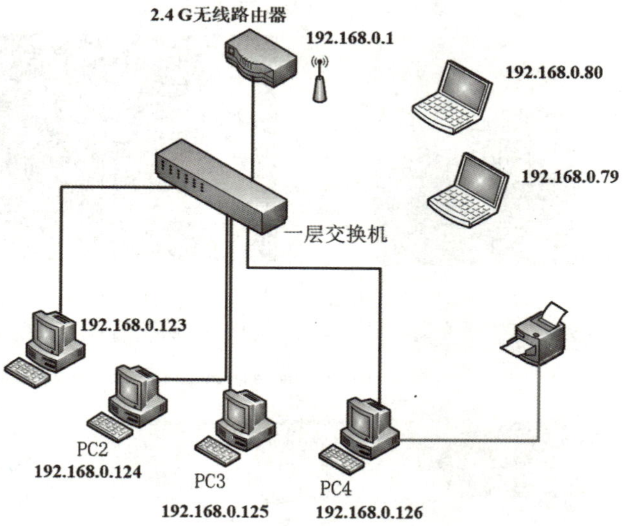

图 2-3-5

（2）共享网络打印机配置实践

①启用文件及打印机共享（图 2-3-6）。

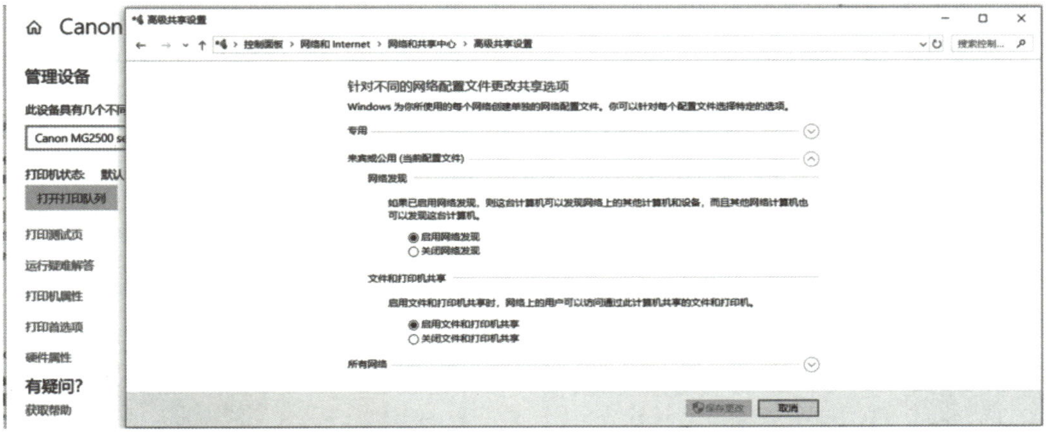

图 2-3-6

②在虚拟机中的“WIN2012（DNS-S）”系统中添加“本地打印机”（图 2-3-7 至图 2-3-8）。

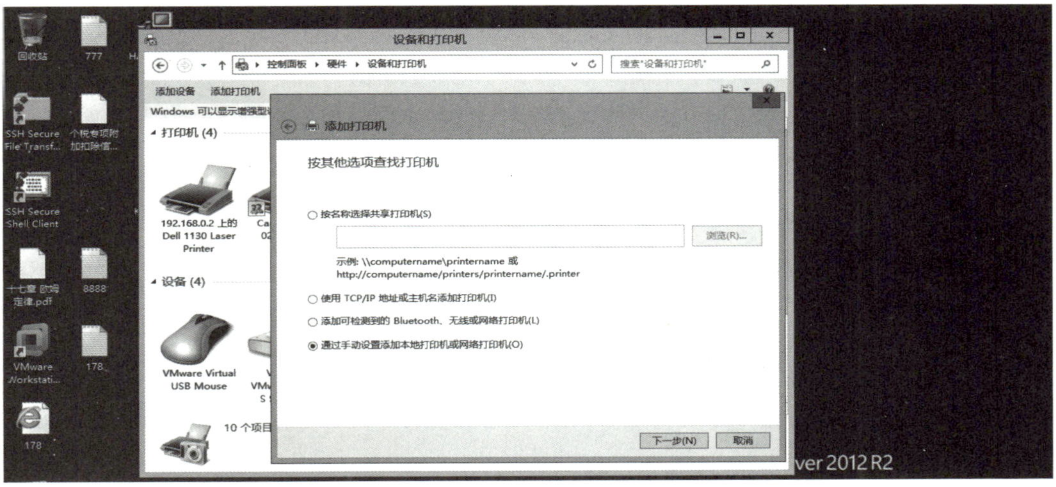

图 2-3-7

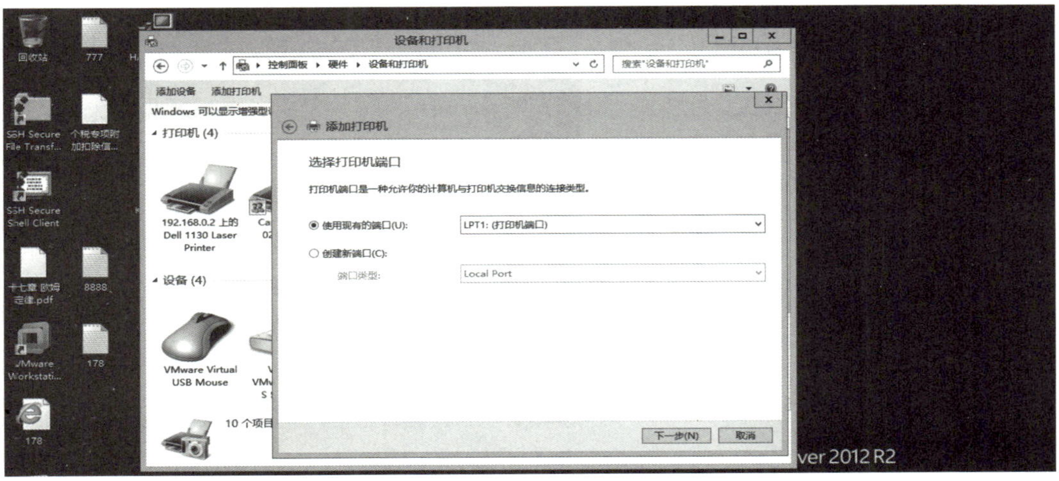

图 2-3-8

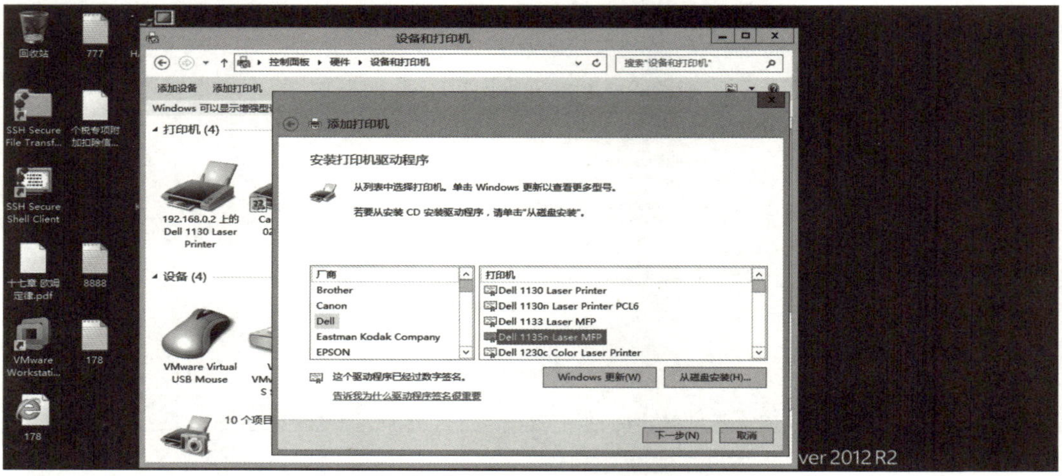

图 2-3-9

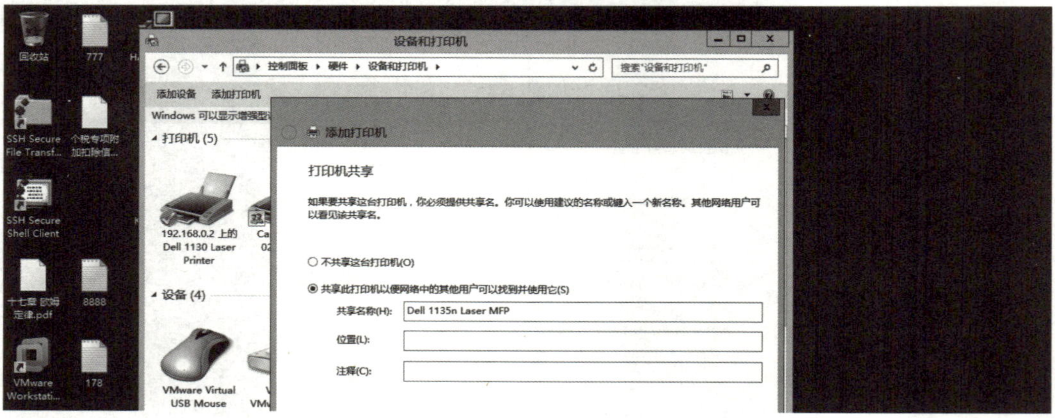

图 2-3-10

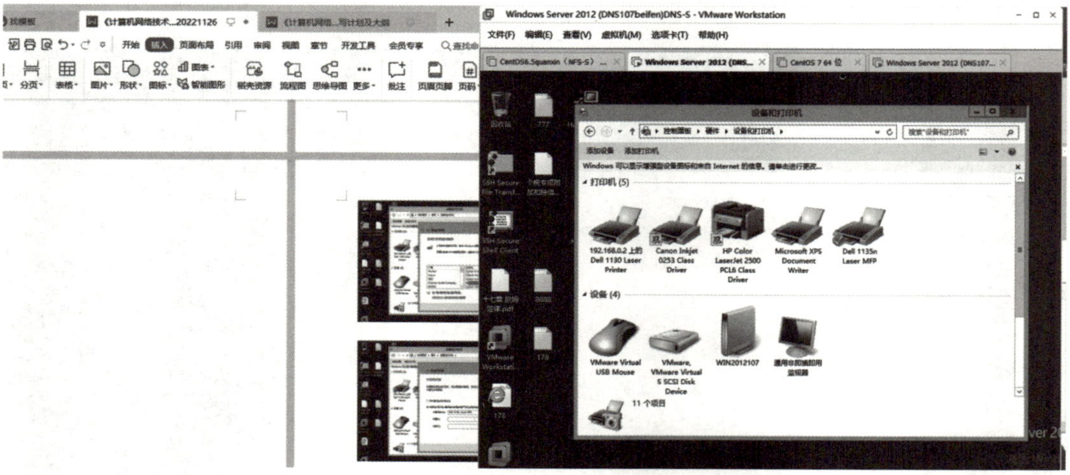

图 2-3-11

③查看“共享”和“安全”选项卡进行设置，添加 everyone（图 2-3-12）。

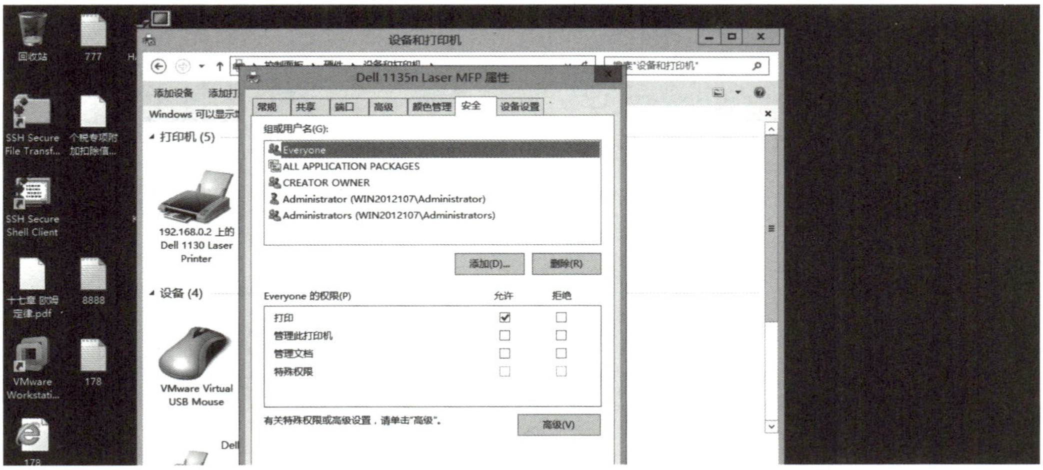

图 2-3-12

④在虚拟机 WIN2012-DHCPS 系统中添加网络打印机（图 2-3-13 至图 2-3-16）

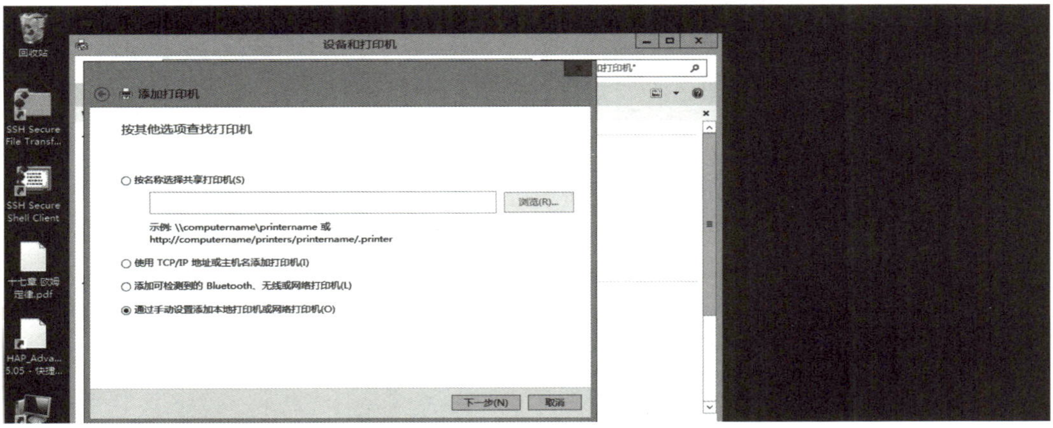

图 2-3-13

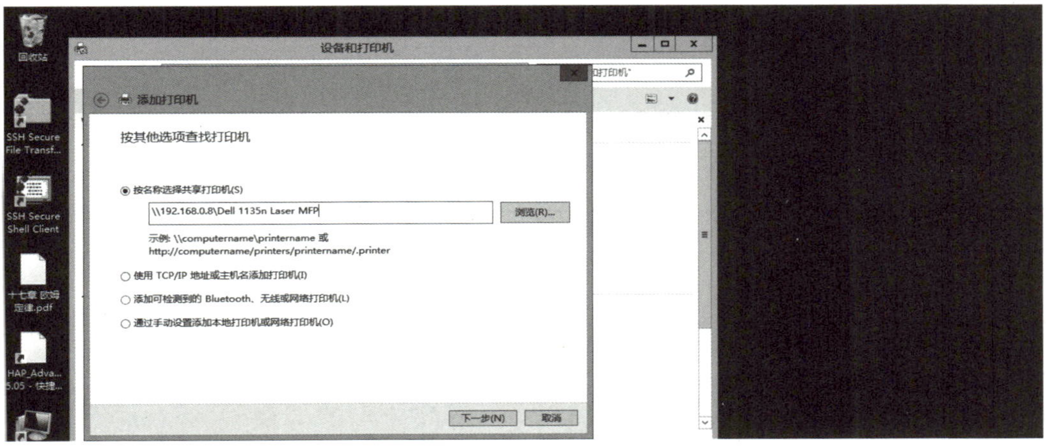

图 2-3-14

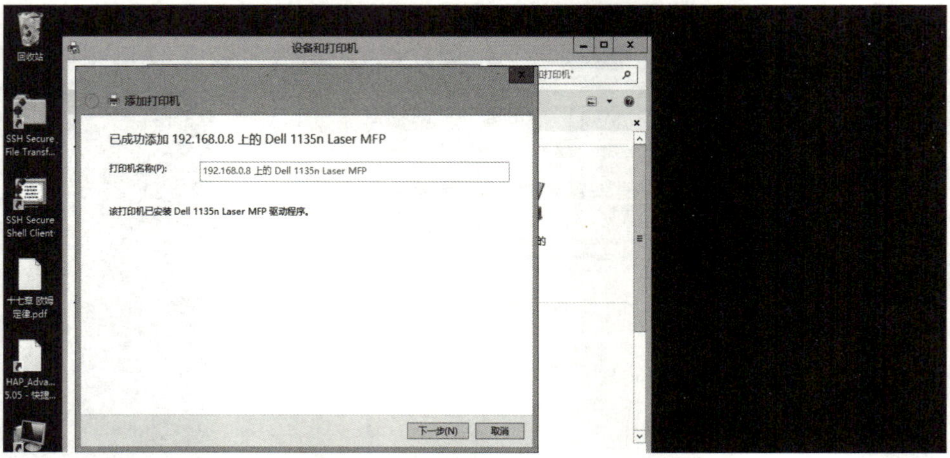

图 2-3-15

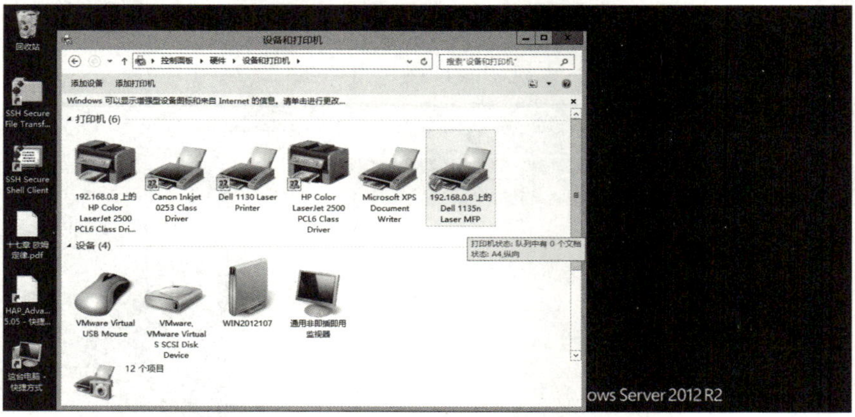

图 2-3-16

【任务实施】

任务名称	共享网络打印机配置技术研讨实践		
班　级		姓　名	
地　点		日　期	
小组成员			

一、任务准备

(1)在智慧职教平台上对课件、技术文档等资料进行提前学习,并做好笔记。 (2)在重庆市在线开放课程平台对《计算机网络技术》完成前期学习。 (3)利用互联网查阅共享网络打印机配置技术。

二、过程记录

任务名称	任务关键技术点记录	使用资源记录	本人角色
共享网络打印机网络拓扑结构图分析			□协调员 □记录员 □观察员 □实践员
共享网络打印机配置实践			□协调员 □记录员 □观察员 □实践员

【评价与考核】

序　号	任务名称	考核内容及评分标准	分　数	扣　分
1	安全 / 态度 / 团队合作能力	1. 任务实施时是否规范操作(10 分) 2. 态度是否积极(5 分) 3. 是否积极参与团队协作(5 分)	20	
2	专业技能	1. 任务实施时设计专业技术是否完全掌握(30 分) 2. 任务实施时设计专业技术呈现是否具有创新思维(20 分)	50	
3	工具及设备(软、硬件设备)的使用数据记录	1. 是否做到规范的数据记录(5 分) 2. 数据记录时是否清晰、工整(5 分)	10	
4	表单填写、报告的撰写能力及课堂语言表达组织能力	1. 是否能够完成表单填写及报告撰写(15 分) 2. 语言文字表述上是否用词规范(5 分)	20	
合　计			100	

【实践报告单】

实践报告单					姓名:________
课　程		班　级		隶属小组	
实践项目					
实践任务					

续表

实践器材	
实践内容	
反思或建议	
实践结果	组内评：　　　　组间评：　　　　师评：

指导教师＿＿＿＿＿　　　　＿＿＿＿年＿＿月＿＿日

【归纳提高】

本任务完成打印机结构参数、选购、共享网络打印机配置技术实践相关技术的知识研讨，掌握关键技术点及相应技巧，夯实计算机网络技术运维的实践技能。

【实践强化】

以小组为单位完成如下任务：

1. 观看课程资源里的《共享网络打印机实践配置》视频，并进行技术研讨。

2. 完成共享网络打印机实践配置

①在虚拟机中克隆 WIN2012S，作为共享打印机端；

②在虚拟机中 WIN2012S，添加本地打印机；

③克隆 WIN2012S 添加共享网络打印机实践配置；

④形成配置的技术文档；

⑤小组内进行技术研讨是否可以突破无线共享打印机技术实践。

共享网络打印机设置实践

实现 WIN10 和虚拟机 WINS2012 共享网络打印机实践

任务四 思科模拟器下交换机基本配置及 TELNET 远程登录交换机实践配置

【任务名称】

锐捷 2910 交换机基本配置及 TELNET 远程登录交换机实践配置

【任务目标】

素质目标:

(1)培养学生良好的自我表现、与人沟通的能力;

(2)培养学生的团队协作精神;

(3)培养学生民族精神、爱国精神;

(4)培养学生勇于创新、敬业乐业的工作作风;

(5)培养学生的质量意识、安全意识;

(6)培养学生诚实、守信、坚忍不拔的性格;

(7)培养学生自主、开放的学习能力;

(8)培养学生吃苦耐劳的精神及工匠精神;

(9)培养学生的家国情怀。

知识目标:

(1)掌握锐捷 2910 交换机基本配置。

(2)掌握 TELNET 远程登录交换机实践配置相关技术。

能力目标:

(1)培养学生对项目网络运维技术设计时能提出解决方案的能力;

(2)根据网络工程技术规范、网络综合布线标准,具备实现中型网络项目的设计实施能力及技术分析能力;

(3)培养学生对锐捷 2910 交换机基本配置及 TELNET 远程登录交换机技术实践配置的能力。

【任务描述】

家属楼家庭网组建需完成锐捷 2910 交换机基本配置、TELNET 远程登录交换机技术实践,应掌握家属楼家庭网组建 TELNET 远程登录交换机技术实践相关技术。

【任务分析】

需　求	关键技术分析
实现家属楼家庭网组建	锐捷 2910 交换机基本配置相关认知
	TELNET 远程登录交换机技术实践

【人文素养】

播放课程资源里的《美丽中国》视频，让学生感受绿水青山，体会幸福生活。

美好的生活来之不易，我们应倍加珍惜，在实现中华民族伟大复兴的时代洪流中踔厉奋发、勇毅前进。

美丽中国

【知识技术储备】

一、知识储备

1. 锐捷 2910 交换机基本配置

工作模式		提示符	自动方式
用户模式		Switch>	开机自动进入
特权模式		Switch#	Switch>enable
全局模式		Switch(config)#	Switch#configure terminal
子模式	VLAN模式	Switch(config-vlan)#	Switch(config)#vlan 100
	接口模式	Switch(config-if)#	Switch(config)#interface fa0/1
	线程模式	Switch(config-line)#	Switch(config)#line console 0

图 2-4-1

锐捷 2950 telnet 登录基本配置

提示符	离开或访问下一模式	关于该模式
Ruijie>	输入exit命令离开该模式。 要进入特权模式，输入enable命令。	使用该模式来进行基本测试、显示系统信息
Ruijie#	要返回到用户模式，输入disable命令。 要进入全局配置模式，输入configure命令。	使用该模式来验证设置命令的结果。该模式是具有口令保护的。
Ruijie(config)#	要返回到特权模式，输入exit命令或end命令，或者键入Ctrl+C组合键。 要进入接口配置模式，输入interface 命令。在interface命令中必须指明要进入哪一个接口配置子模式。 要进入VLAN配置模式，输入vlan vlan_id命令。	使用该模式的命令来配置影响整个网络设备的全局参数。
Ruijie(config-if)#	要返回到特权模式，输入end命令，或键入Ctrl+C组合键。要返回到全局配置模式，输入exit命令。在interface命令中必须指明要进入哪一个接口配置子模式。	使用该模式配置网络设备的各种接口。
Ruijie(config-vlan)#	要返回到特权模式，输入end命令，或键入Ctrl+C组合键。 要返回到全局配置模式，输入exit命令。	使用该模式配置VLAN参数。

图 2-4-2

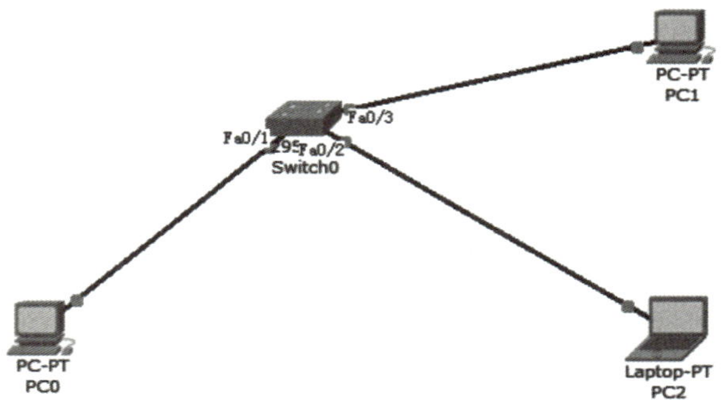

图 2-4-3

2. Cisco 模拟器软件基本使用

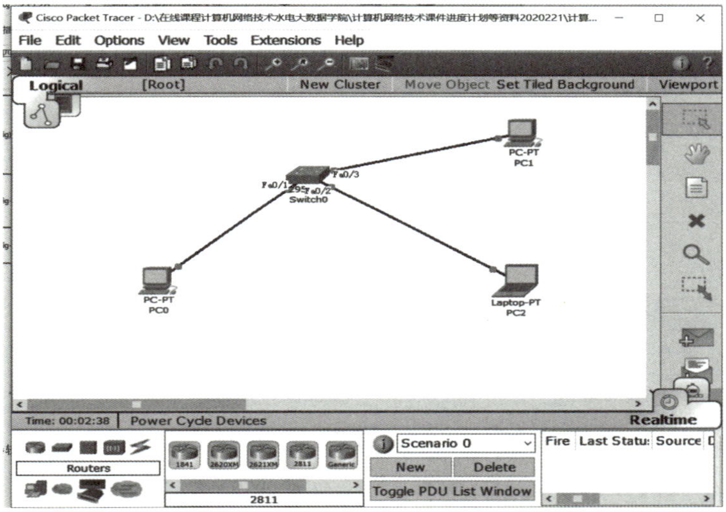

图 2-4-4

播放课程资源里的《思科模拟器使用基本操作》视频。

思科模拟器使用基本操作

3.Cisco 模拟器下交换机命名及保存配置

ruijie＞en

ruijie＞en

ruijie#config t

Enter configuration commands, one per line. End with CNTL/Z.

ruijie（config）#hostname rj001

rj001（config）#ex

rj001#

%SYS-5-CONFIG_I: Configured from console by console

rj001#wr　　　　　　　　　// 保存配置

Building configuration...

[OK]

rj001#sh running

rj001#sh running-config　　　// 查看配置

二、技术实践

1. Cisco 模拟器下 TELNET 远程登录交换机配置实践

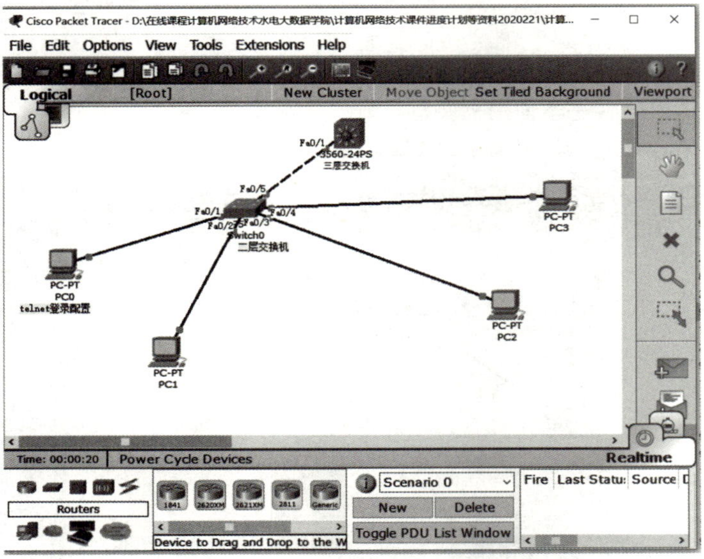

图 2-4-5

(1)配置二层交换机 S2950-24(VLAN 1 网络设置、VTY 配置)

进入二层交换机 S2950-24:

Switch > rn

Switch > en

Password:

Switch#confit　t

Switch#config t

Enter configuration commands, one per line.　End with CNTL/Z.

Switch (config)#

Switch (config)#hostname　S2950-24

S2950-24(config)#

S2950-24(config)#line　vty　0 1

S2950-24(config-line)#login

% Login disabled on line 66, until 'password' is set

% Login disabled on line 67, until 'password' is set

S2950-24(config-line)#pass
S2950-24(config-line)#password ruijie
S2950-24(config-line)#enable pass
S2950-24(config-line)#enable pass
S2950-24(config-line)#enable password ruijie
S2950-24(config)#int vlan 1
S2950-24(config-if)#ip address 192.168.1.1 255.255.255.0
S2950-24(config-if)#no shutdown

(2)设置客户机的网络参数

设置客户机网络参数,如图 2-4-6 所示。

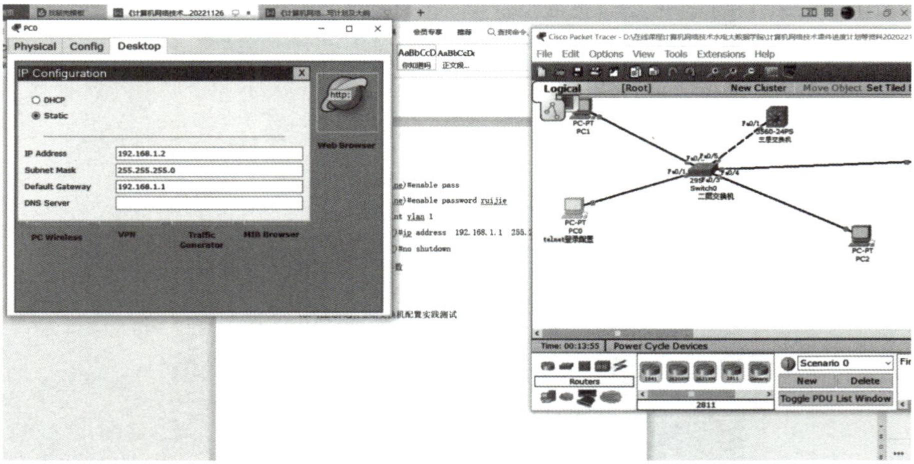

图 2-4-6

(3)TELNET 远程登录交换机配置实践测试

①进入 PC0 的 DOS 界面(图 2-4-7)。

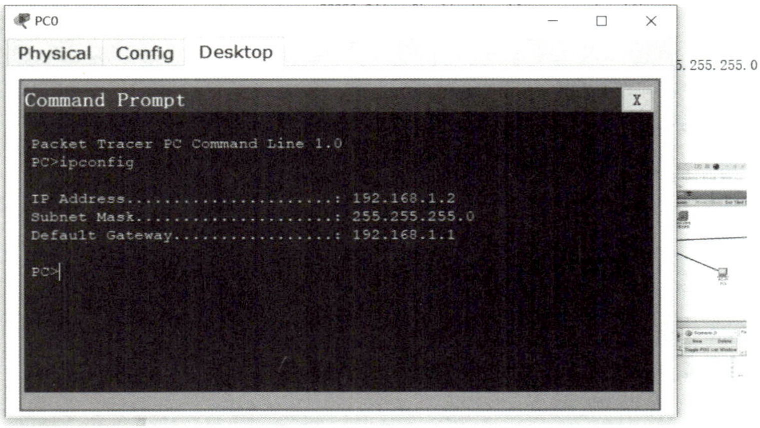

图 2-4-7

②测试交换机 VLAN 1 是否畅通(图 2-4-8)。

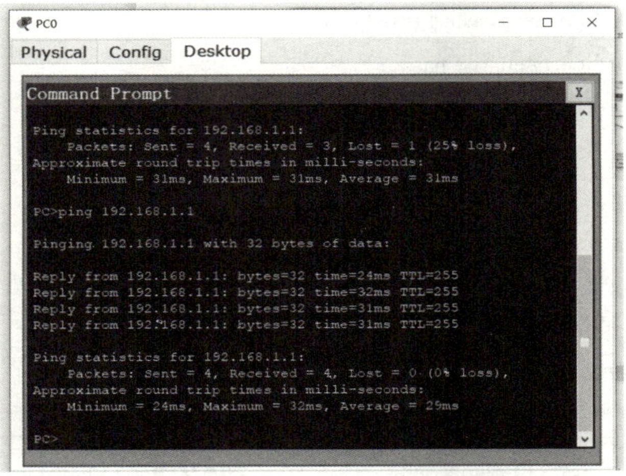
PC0
Physical
Config
Desktop
Command Prompt
Ping statistics for 192.168.1.1:
Packets: Sent = 4, Received = 3, Lost = 1 (25% loss),
Approximate round trip times in milli-seconds:
Minimum = 31ms, Maximum = 31ms, Average = 31ms
PC>ping 192.168.1.1
Pinging 192.168.1.1 with 32 bytes of data:
Reply from 192.168.1.1: bytes=32 time=24ms TTL=255
Reply from 192.168.1.1: bytes=32 time=32ms TTL=255
Reply from 192.168.1.1: bytes=32 time=31ms TTL=255
Reply from 192.168.1.1: bytes=32 time=31ms TTL=255
Ping statistics for 192.168.1.1:
Packets: Sent = 4, Received = 4, Lost = 0 (0% loss),
Approximate round trip times in milli-seconds:
Minimum = 24ms, Maximum = 32ms, Average = 29ms
PC>

图 2-4-8

③ TELNET 远程登录交换机 S2950-24(图 2-4-9)。

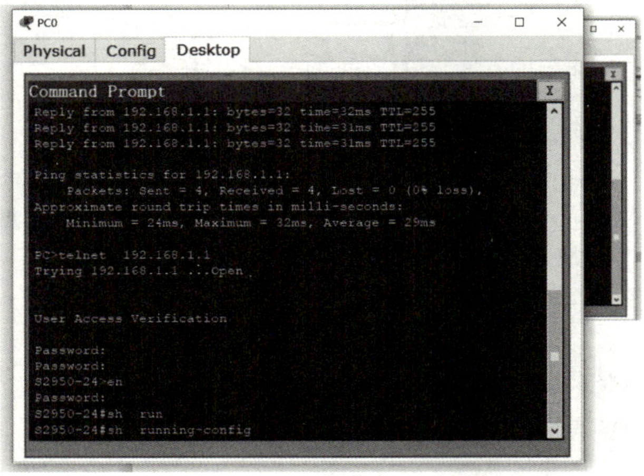
PC0
Physical
Config
Desktop
Command Prompt
Reply from 192.168.1.1: bytes=32 time=32ms TTL=255
Reply from 192.168.1.1: bytes=32 time=31ms TTL=255
Reply from 192.168.1.1: bytes=32 time=31ms TTL=255
Ping statistics for 192.168.1.1:
Packets: Sent = 4, Received = 4, Lost = 0 (0% loss),
Approximate round trip times in milli-seconds:
Minimum = 24ms, Maximum = 32ms, Average = 29ms
PC>telnet 192.168.1.1
Trying 192.168.1.1 ...Open
User Access Verification
Password:
Password:
S2950-24>en
Password:
S2950-24#sh run
S2950-24#sh running-config

图 2-4-9

S2950-24#sh running-config

Building configuration ...

Current configuration: 1303 bytes

!

version 12.1

no service timestamps log datetime msec

no service timestamps debug datetime msec

no service password-encryption

!

hostname S2950-24

!

enable password ruijie

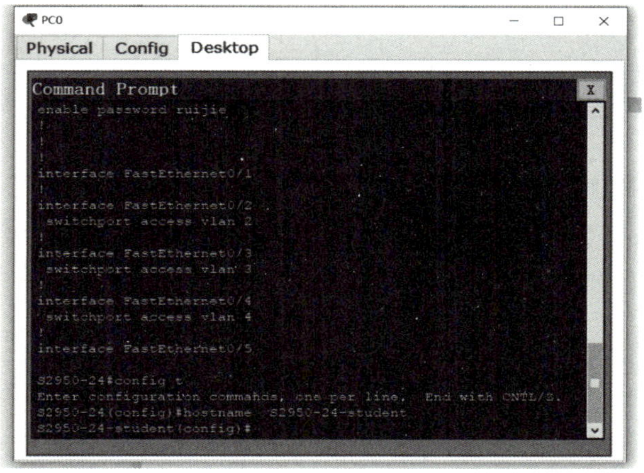

图 2-4-10

④进入 S2950-24 交换机配置界面查看 TELNET 远程登录修改信息(图 2-4-11)。

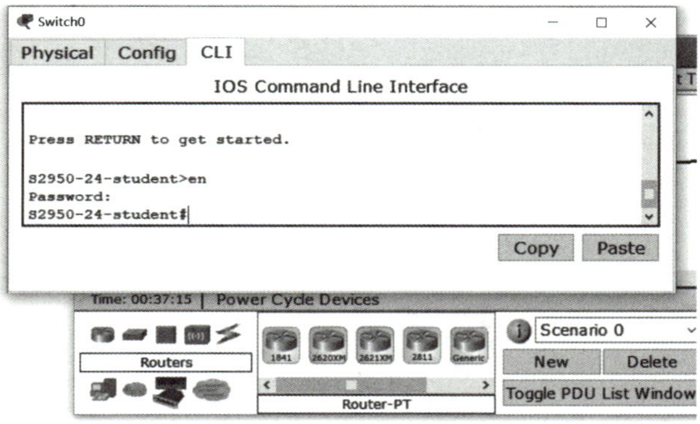

图 2-4-11

【任务实施】

任务名称	锐捷 2910 交换机基本配置及 TELNET 远程登录交换机实践配置		
班　级		姓　名	
地　点		日　期	
小组成员			

一、任务准备

(1)在智慧职教平台上对课件、技术文档等资料进行提前学习,并做好笔记。
(2)在重庆市在线开放课程平台对《计算机网络技术》完成前期学习。
(3)利用互联网查阅锐捷 2910 交换机基本配置参数及思科模拟器软件使用方法。

二、过程记录

任务名称	任务关键技术点记录	使用资源记录	本人角色
TELNET 远程登录交换机实践配置			□协调员 □记录员 □观察员 □实践员
TELNET 远程登录交换机实践配置验证			□协调员 □记录员 □观察员 □实践员

【评价与考核】

序　号	任务名称	考核内容及评分标准	分　数	扣　分
1	安全 / 态度 / 团队合作能力	1. 任务实施时是否规范操作（10 分） 2. 态度是否积极（5 分） 3. 是否积极参与团队协作（5 分）	20	
2	专业技能	1. 任务实施时设计专业技术是否完全掌握（30 分） 2. 任务实施时设计专业技术呈现是否具有创新思维（20 分）	50	
3	工具及设备（软、硬件设备）的使用数据记录	1. 是否做到规范的数据记录（5 分） 2. 数据记录时是否清晰、工整（5 分）	10	
4	表单填写、报告的撰写能力及课堂语言表达组织能力	1. 是否能够完成表单填写及报告撰写（15 分） 2. 语言文字表述上是否用词规范（5 分）	20	
合　计			100	

【实践报告单】

实践报告单					姓名：________
课　程		班　级		隶属小组	
实践项目					
实践任务					

续表

实践器材	
实践内容	
反思或建议	
实践结果	组内评：　　组间评：　　师评：

指导教师________　　　　________年____月____日

【归纳提高】

本任务完成锐捷 2910 交换机基本配置及 TELNET 远程登录交换机实践配置相关技术知识研讨,掌握关键技术点及相应技巧,夯实计算机网络技术运维的实践技能。

【实践强化】

以小组为单位完成如下任务：

在思科模拟器中完成到三层交换机的 TELNET 远程登录实践配置及交换机命名、查看配置信息相关命令实践。

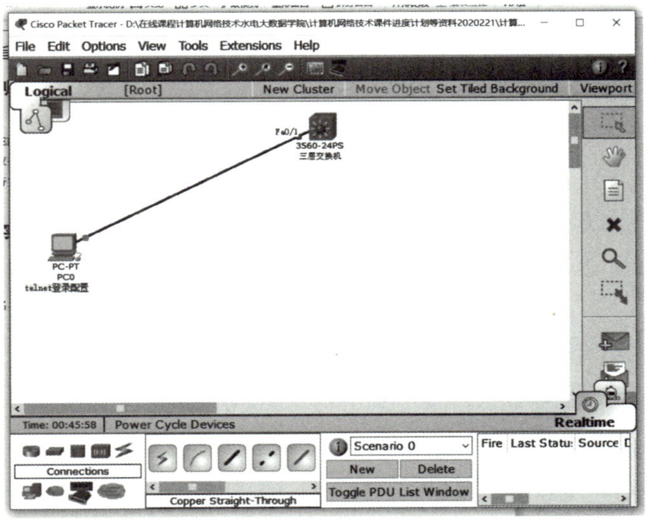

图 2-4-12

任务五　思科模拟器下锐捷交换机 VLAN 划分及 ip routing 路由实践

【任务名称】

思科模拟器下锐捷交换机 VLAN 划分及 ip routing 路由实践

【任务目标】

素质目标：

(1)培养学生良好的自我表现、与人沟通的能力；

(2)培养学生的团队协作精神；

(3)培养学生民族精神、爱国精神；

(4)培养学生勇于创新、敬业乐业的工作作风；

(5)培养学生的质量意识、安全意识；

(6)培养学生诚实、守信、坚忍不拔的性格；

(7)培养学生自主、开放的学习能力；

(8)培养学生吃苦耐劳的精神及工匠精神；

(9)培养学生的家国情怀。

知识目标：

(1)掌握思科模拟器下锐捷交换机 VLAN 划分技术及相关知识。

(2)掌握思科模拟器下 ip routing 路由实践配置相关技术。

能力目标：

(1)培养学生在项目网络运维技术设计时提出解决方案的能力；

(2)根据网络工程技术规范、网络综合布线标准，具备实现中型网络项目的设计实施能力及技术分析能力；

(3)培养学生对思科模拟器下锐捷交换机 VLAN 划分及 ip routing 路由技术实践的能力。

【任务描述】

家属楼家庭网组建需完成 VLAN 划分、ip routing 路由配置技术实践，为了顺利进行家庭网组建网络组建实施，应掌握思科模拟器下锐捷交换机 VLAN 划分技术及 ip routing 路由实践配置。

【任务分析】

需　求	关键技术分析
实现家属楼家庭网组建	锐捷交换机 VLAN 划分技术
	ip routing 路由实践配置

【人文素养】

自行观看《哪吒之魔童降世》电影，学会不向命运低头，做生活的强者。

"我命由我不由天"这一出圈台词代表着绝不向命运屈膝，做自己生命中的强者的决心。相信自己，你也可以创造更耀眼的未来。

【知识技术储备】

一、知识储备

1. VLAN 技术相关知识

VLAN（Virtual Local Area Network）即虚拟局域网，是将一个物理的 LAN 在逻辑上划分成多个广播域的通信技术。VLAN 内的主机间可以直接通信，而 VLAN 间不能直接通信，从而将广播报文限制在一个 VLAN 内。在交换机上创建小的逻辑 LAN，每个 VLAN 是一个广播域。

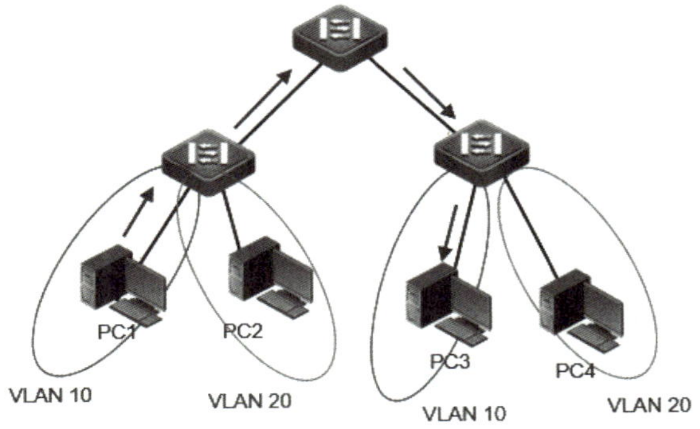

图 2-5-1

①通过使用 VLAN，能够把原来一个物理的局域网划分成很多个逻辑意义上的子网，而不必考虑每台设备所处的具体物理位置，每一个 VLAN 都可以对应于一个逻辑单位，如部门、车间和项目组等。

②相同 VLAN 内的主机仍然以传统交换方式通信,感觉不到 VLAN 的存在,但不同 VLAN 中的主机不可以直接通信,必须通过路由器转发数据包。

③这样,通过划分 VLAN,可以把数据交换限制在各个虚拟网的范围内,从而减少整个网络范围内广播包的传输,提高网络的传输效率。

各虚拟网之间必须通过路由器转发,起到了隔离端口的作用,增强了网络的安全性。由于 VLAN 可以充分利用网络资源,因而显著降低了设备成本。

2. 锐捷交换机 VLAN 技术认知

(1)交换机的两种端口类型

Access:一般用于连接用户终端,承载标准的以太网帧,只能关联一个 VLAN。

Trunk:一般用于交换机互联,承载 802.1Q 帧,缺省关联交换机上配置的所有 VLAN。

(2)创建 VLAN

Switchrj (config)#vlan vlan-id

(3)命名 VLAN

Switchrj (config-vlan)#name vlan-name

锐捷交换机 VLAN 创建、IP 设置、端口加入等关键技术

(4)配置 Access 口

进入端口配置模式:

Swtichrj (config)#interface interface

将端口模式设置为接入端口:

Switchrj (config-if)#switchport mode access

将端口添加到特定 VLAN:

Switchrj (config-if)#switchport access vlan vlan-id

锐捷交换机三层路由综合应用(直通三层交换机)

(5)一组端口加入 VLAN

进入到一组需要添加到 VLAN 的端口中:

Swtichrj (config)#interface range interface-range

将端口模式设置为接入端口:

Switchrj (config-range-if)#switchport mode access

将一组端口划分到指定 VLAN:

Switchrj (config-range-if)#swtichport access vlan vlan-id

(6)配置 Trunk

进入需要配置的端口:

swtich (config)#interface interface

将端口的模式设置为 Trunk:

Switch (config-if)#switchport mode trunk

定义 Trunk 的 VLAN 列表(可选,慎用):

Switch (config-if)#switchport trunk allowed vlan { all | [add | remove | except] } vlan-list

（7）查看、删除 VLAN

Switch#config t

Enter configuration commands, one per line. End with CNTL/Z.

Switch（config）#vlan 2

Switch（config-vlan）#ex

Switch（config）#vlan 3

Switch（config-vlan）#ex

Switch（config）#

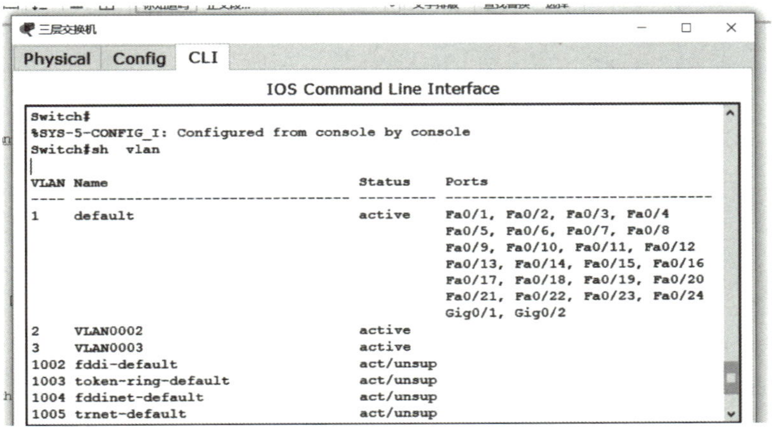

图 2-5-2

Switch#config t

Enter configuration commands, one per line. End with CNTL/Z.

Switch（config）#no vlan 2

Switch（config）#no vlan 3

Switch（config）#

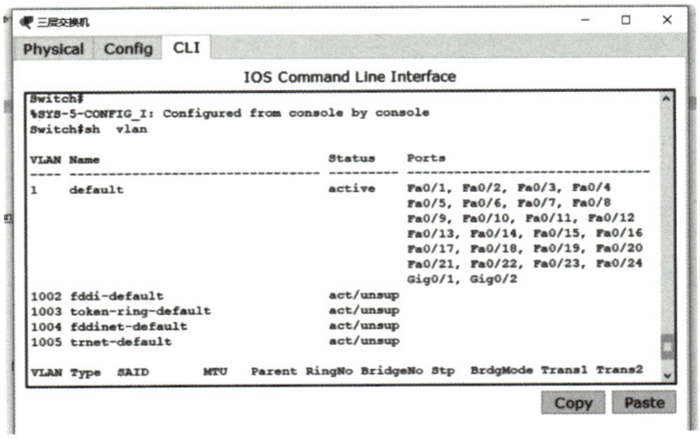

图 2-5-3

二、技术实践

Cisco 模拟器下 5310 三层交换机 ip routing 配置实践

(1)在三层交换机里创建 VLAN 2、VLAN 3 并命名为 RG5310

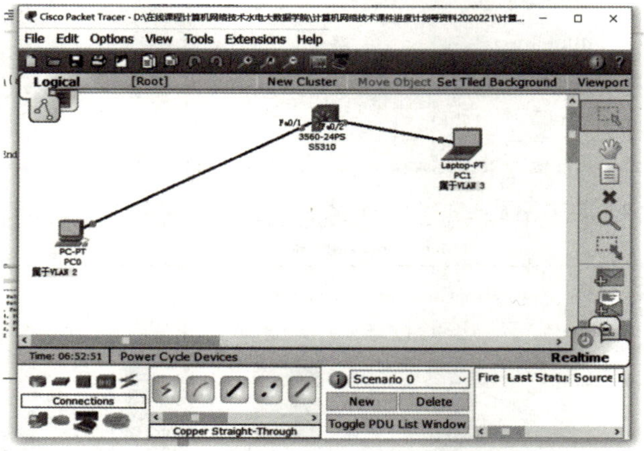

图 2-5-4

Switch#config t

Enter configuration commands, one per line. End with CNTL/Z.

Switch(config)#vlan 2

Switch(config-vlan)#ex

Switch(config)#vlan 3

Switch(config-vlan)#ex

Switch(config)#hostname RG5310

RG5310(config)

(2)配置 PC0、PC1 的网络参数(IP 为 192.168.0.2,192.168.1.2)

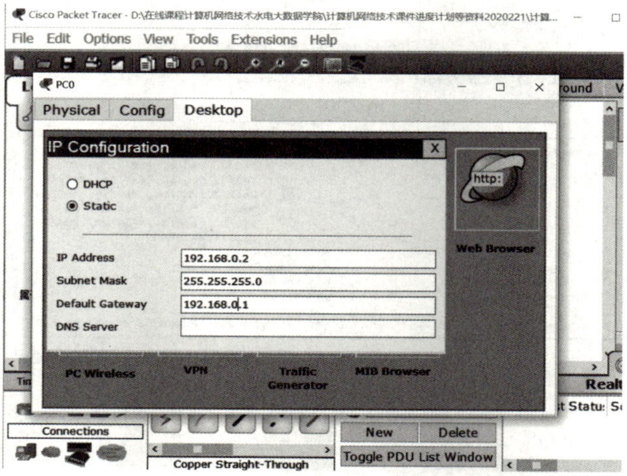

图 2-5-5

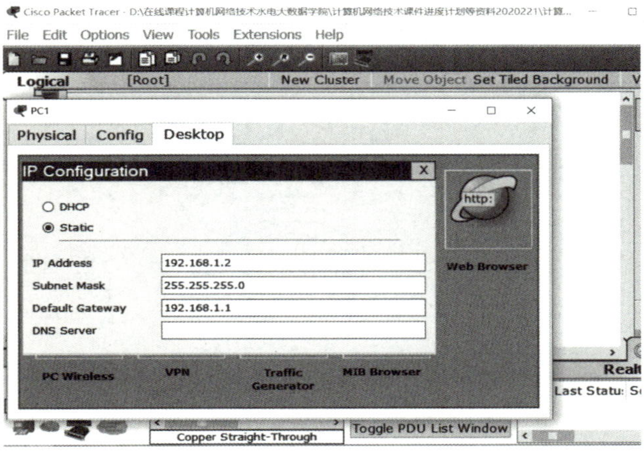

图 2-5-6

将默认网关设置为 192.168.0.1,192.168.1.1。

(3)配置三层交换机 RG5310 的 VLAN 2、VLAN 3 的 IP

```
RG5310(config)#interface  vlan 2
RG5310(config-if)#
%LINK-5-CHANGED: Interface Vlan2, changed state to up
RG5310(config-if)#ip address 192.168.0.1  255.255.255.0
RG5310(config-if)#no shutdown
RG5310(config-if)#
RG5310(config-if)#interface  vlan 3
RG5310(config-if)#
%LINK-5-CHANGED: Interface Vlan3, changed state to up
RG5310(config-if)#ip address 192.168.1.1  255.255.255.0
RG5310(config-if)#no shutdown
RG5310(config-if)#
```

(4)PC0、PC1 加入三层交换机 RG5310 的 VLAN 2、VLAN 3

```
RG5310(config)#interface  Fa0/1
RG5310(config-if)#sw
RG5310(config-if)#switchport  access  vlan 2
RG5310(config)#interface  Fa0/2
RG5310(config-if)#switchport  access  vlan 3
RG5310(config-if)#switchport  access  vlan 3
RG5310(config-if)#no shutdown
RG5310(config-if)#
RG5310#wr
Building configuration ...
[OK]
```

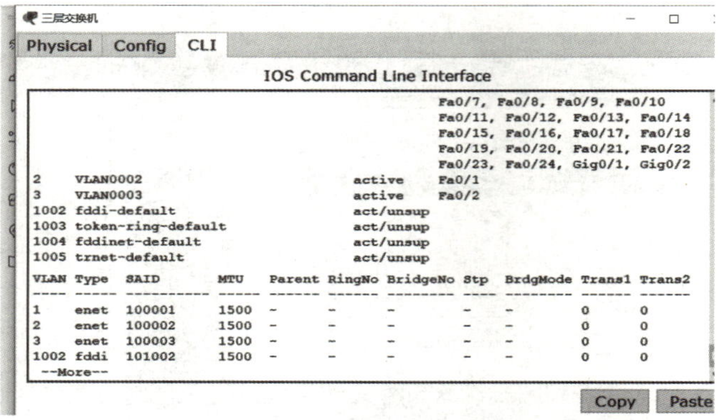

图 2-5-7

(5)配置三层交换机 RG5310 的 IP ROUTING

RG5310#config t

Enter configuration commands, one per line. End with CNTL/Z.

RG5310(config)#ip routing

RG5310(config)#

RG5310#ping 192.168.1.2

Type escape sequence to abort.

Sending 5, 100-byte ICMP Echos to 192.168.1.2, timeout is 2 seconds:

.!!!!

Success rate is 80 percent(4/5), round-trip min/avg/max = 31/31/32 ms

RG5310#ping 192.168.0.2

Type escape sequence to abort.

Sending 5, 100-byte ICMP Echos to 192.168.0.2, timeout is 2 seconds:

.!!!!

Success rate is 80 percent(4/5), round-trip min/avg/max = 30/30/31 ms

(6)测试 PC0、PC1 网络是否畅通

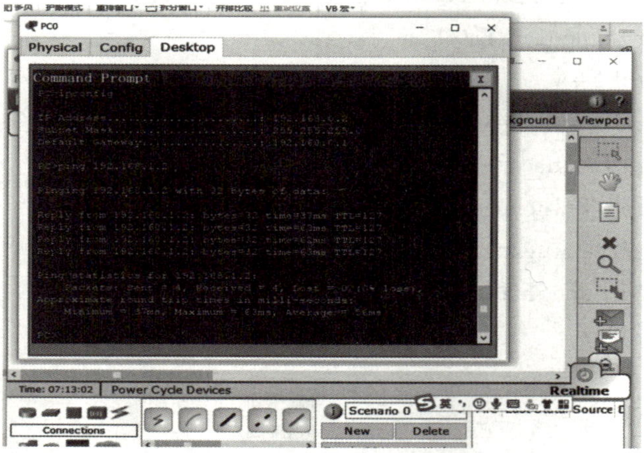

图 2-5-8

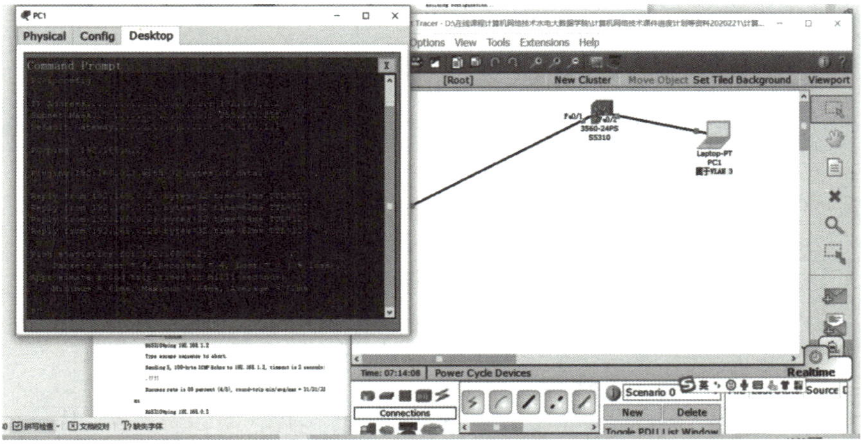

图 2-5-9

【任务实施】

任务名称	思科模拟器下锐捷交换机 VLAN 划分及 ip routing 路由实践		
班　级		姓　名	
地　点		日　期	
小组成员			

一、任务准备

（1）在智慧职教平台上对课件、技术文档等资料进行提前学习，并做好笔记。
（2）在重庆市在线开放课程平台对《计算机网络技术》完成前期学习。
（3）利用互联网查阅交换机 VLAN 划分及 ip routing 路由相关知识。

二、过程记录

任务名称	任务关键技术点记录	使用资源记录	本人角色
Cisco 模拟器下 5310 三层交换机 ip routing 配置实践			□协调员 □记录员 □观察员 □实践员
Cisco 模拟器下 5310 三层交换机 ip routing 配置实践测试			□协调员 □记录员 □观察员 □实践员

【评价与考核】

序号	任务名称	考核内容及评分标准	分数	扣分
1	安全 / 态度 / 团队合作能力	1. 任务实施时是否规范操作(10 分) 2. 态度是否积极(5 分) 3. 是否积极参与团队协作(5 分)	20	
2	专业技能	1. 任务实施时设计专业技术是否完全掌握(30 分) 2. 任务实施时设计专业技术呈现是否具有创新思维(20 分)	50	
3	工具及设备(软、硬件设备)的使用数据记录	1. 是否做到规范的数据记录(15 分) 2. 数据记录时是否清晰、工整(5 分)	10	
4	表单填写、报告的撰写能力及课堂语言表达组织能力	1. 是否能够完成表单填写及报告撰写(15 分) 2. 语言文字表述上是否用词规范(5 分)	20	
合计			100	

【实践报告单】

实践报告单					姓名:________
课程		班级		隶属小组	
实践项目					
实践任务					
实践器材					
实践内容					
反思或建议					
实践结果	组内评:		组间评:		师评:

指导教师__________　　　　　　　　________年____月____日

【归纳提高】

本任务完成锐捷交换机 VLAN 划分技术、Cisco 模拟器下 5310 三层交换机 ip routing 配置实践等相关技术知识研讨，掌握关键技术点及相应技巧，夯实计算机网络技术运维的实践技能。

【实践强化】

以小组为单位完成如下任务：

在思科模拟器中利用三层交换机的 ip routinig 技术完成 VLAN 之间的通信；突破 TRUNK 技术实践。

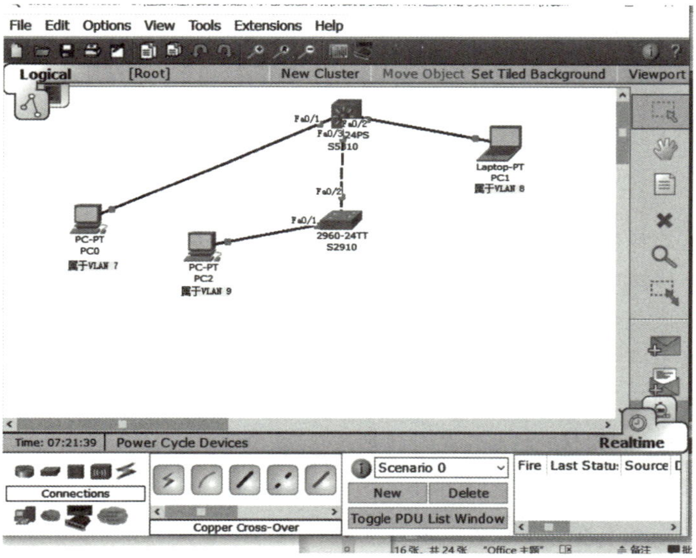

图 2-5-10

任务六　虚拟机下 WINDOWS2012 SERVER DHCP 服务器架设原理及配置

【任务名称】

虚拟机下 WINDOWS2012 SERVER DHCP 服务器架设原理及配置

【任务目标】

素质目标:

(1)培养学生良好的自我表现、与人沟通的能力;

(2)培养学生的团队协作精神;

(3)培养学生民族精神、爱国精神;

(4)培养学生勇于创新、敬业乐业的工作作风;

(5)培养学生的质量意识、安全意识;

(6)培养学生诚实、守信、坚忍不拔的性格;

(7)培养学生自主、开放的学习能力;

(8)培养学生吃苦耐劳的精神及工匠精神;

(9)培养学生的家国情怀。

知识目标:

(1)掌握虚拟机下 WINDOWS2012 SERVER DHCP 服务器架设原理及相关知识。

(2)掌握虚拟机下 WINDOWS2012 SERVER DHCP 服务器架设实践配置相关技术。

能力目标:

(1)培养学生在项目网络运维技术设计时提出解决方案的能力;

(2)根据网络工程技术规范、网络综合布线标准,具备实现中型网络项目的设计实施能力及技术分析解决问题能力;

(3)培养学生对虚拟机下 WINDOWS2012 SERVER DHCP 服务器架设原理及配置技术实践的能力。

【任务描述】

家属楼家庭网组建需完成 WINDOWS2012 SERVER DHCP 服务器架设技术实践,应掌握

WINDOWS2012 SERVER DHCP 服务器运行原理及实践配置。

【任务分析】

需　求	关键技术分析
实现家属楼家庭网组建	WINDOWS2012 SERVER DHCP 服务器运行原理
	WINDOWS2012 SERVER DHCP 服务器实践配置

【人文素养】

播放课程资源里的《疫情防护小知识》视频，让学生做好疫情防护，健康学习。

疫情防护人人有责，我们都是自己的健康第一责任人。

疫情防控小知识

【知识技术储备】

一、知识储备

1. DHCP 服务器运行原理探讨

DHCP 是 Dynamic Host Configuration Protocol（动态主机配置协议）的缩写，它可以简化网络中 IP 地址的分配工作。一般来说，网络中设置 IP 地址的方法有两种。第一，手动设置 IP。这种方法需要给网络中每个客户端分配 IP 地址，如果客户端数量比较多，工作量就会很大，费时费力，并且容易出现 IP 地址冲突等的问题，进而影响客户端对网络的使用。第二，自动设置 IP 地址。自动设置 IP 地址是利用网络中的 DHCP 服务器来对客户端动态分配 IP 地址，可以减轻网络管理员的工作负担，还可以避免出现 IP 地址冲突等问题。

使用 DHCP 自动分配 IP 地址，当客户端连入网络时，会发出 IP 地址请求。DHCP 服务器会从 IP 地址池中临时分配一个 IP 地址给客户端，当客户端不使用时，DHCP 服务器可以收回这个 IP，并把它分配给其他需要地址的客户端。这样可以有效地节约 IP 地址资源。

2. DHCP 服务器优点（表 2-6-1）

表 2-6-1

IP 地址自动分配	IP 地址手动设置
网络参数由 DHCP 动态分配	网络参数由管理员设置
自动分配可以避免设置错误	手动设置容易导致设置错误
可以避免 IP 地址冲突	容易导致 IP 地址冲突
提高 IP 地址资源利用率	每个客户端固定设置一个 IP
方便网络资源管理	网络管理工作量较大
客户端网络参数自动更新符合网络变化	网络开销增大

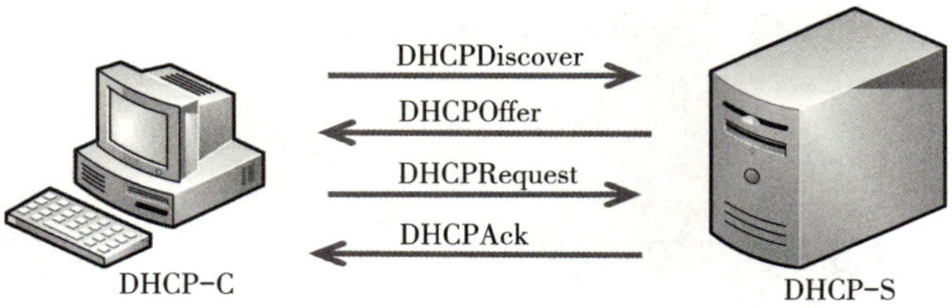

图 2-6-1

二、技术实践

1. WINDOWS2012 SERVER DHCP 服务器安装实践

①进入添加角色和功能向导选项卡(图 2-6-2、图 2-6-3)。

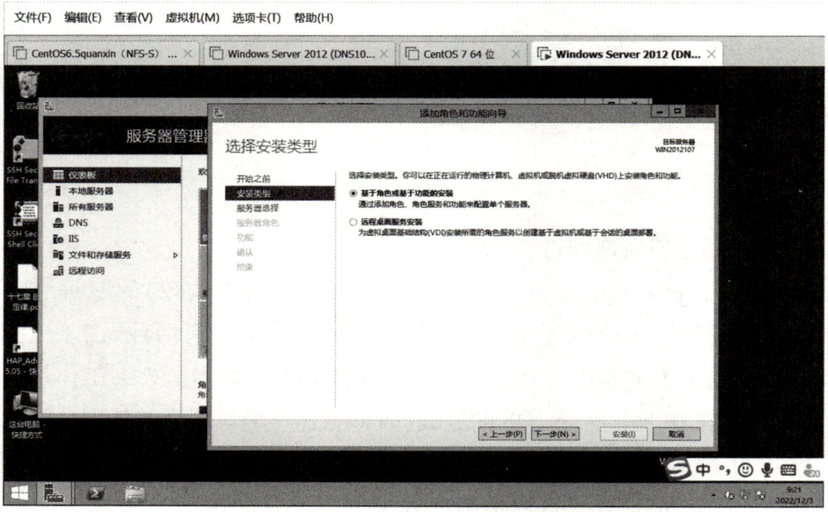

图 2-6-2

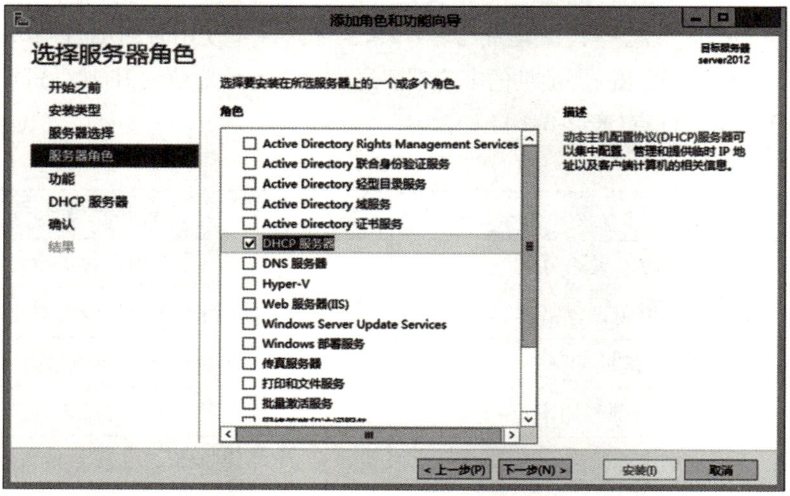

图 2-6-3

②在“确认安装所选内容”对话框中，进行“安装”（图 2-6-4 至图 2-6-6）。

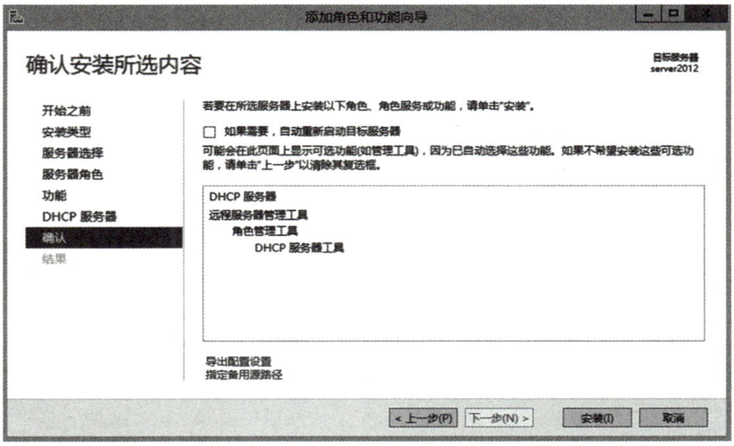

图 2-6-4

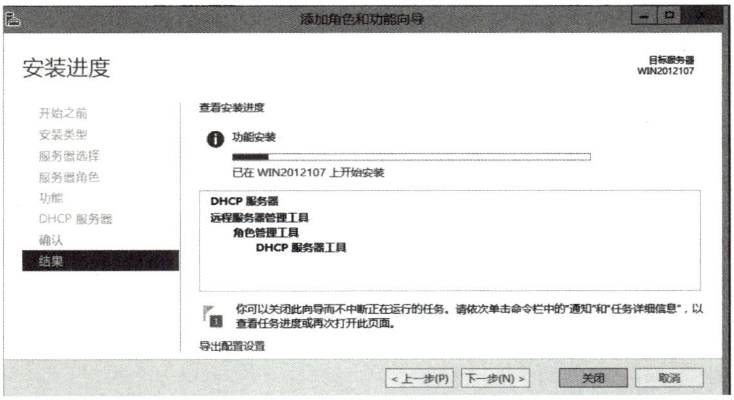

图 2-6-5

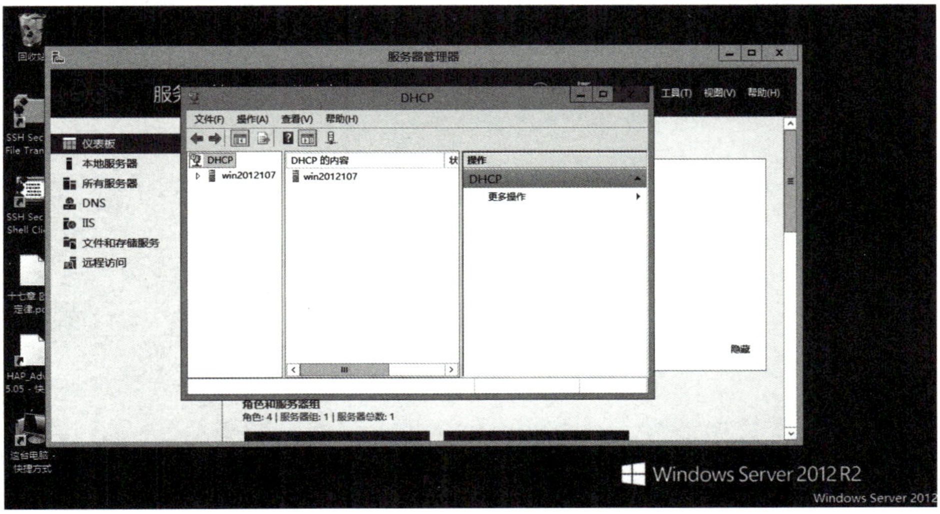

图 2-6-6

2. WINDOWS2012 SERVER DHCP 服务器配置实践

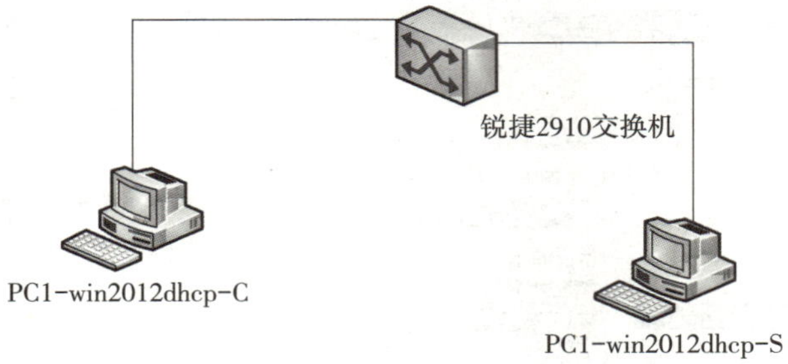

图 2-6-7

①进入配置界面(图 2-6-8)。

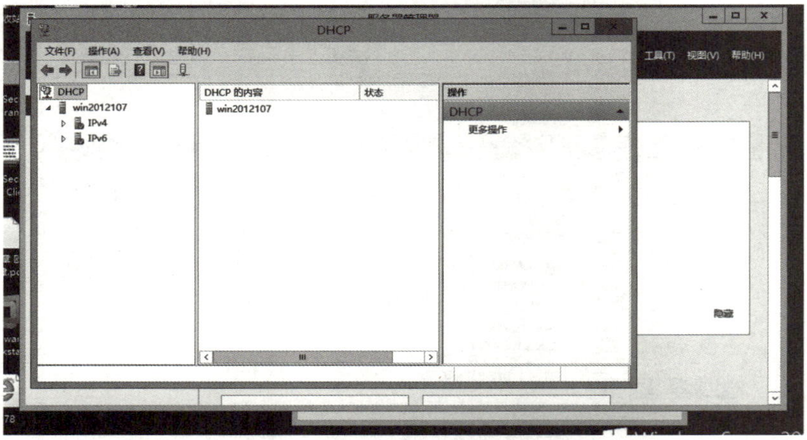

图 2-6-8

②新建作用域 student-dhcp（图 2-6-9）。

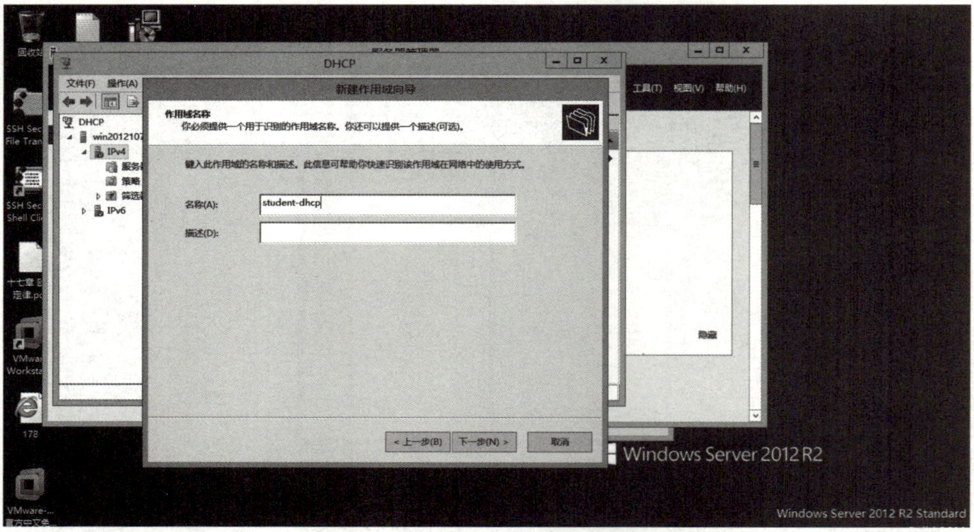

图 2-6-9

③作用域 IP 地址分配的范围(图 2-6-10)。

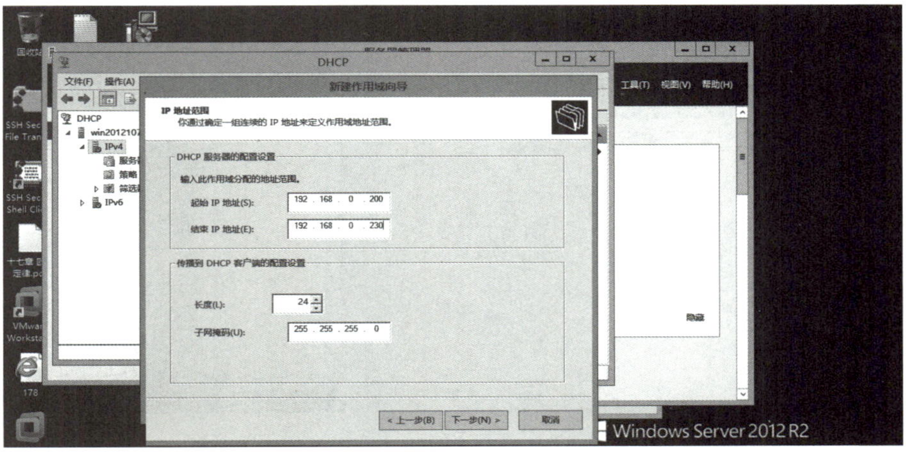

图 2-6-10

④添加排除 IP 地址范围(图 2-6-11)。

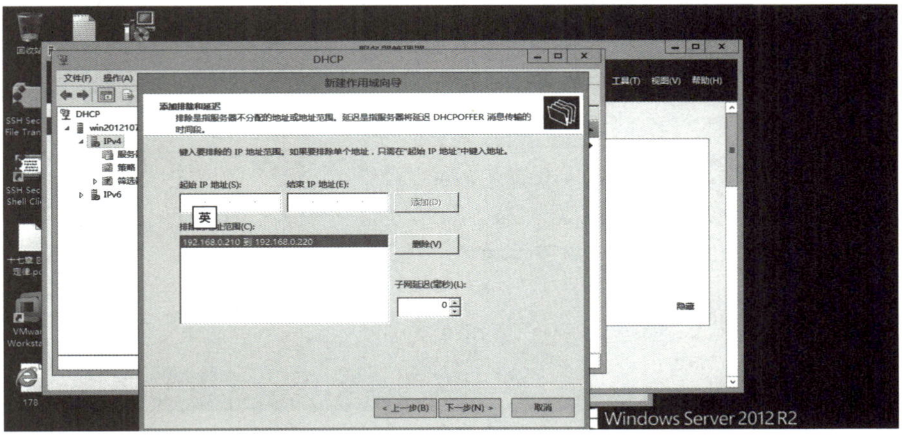

图 2-6-11

⑤设置租期(图 2-6-12)。

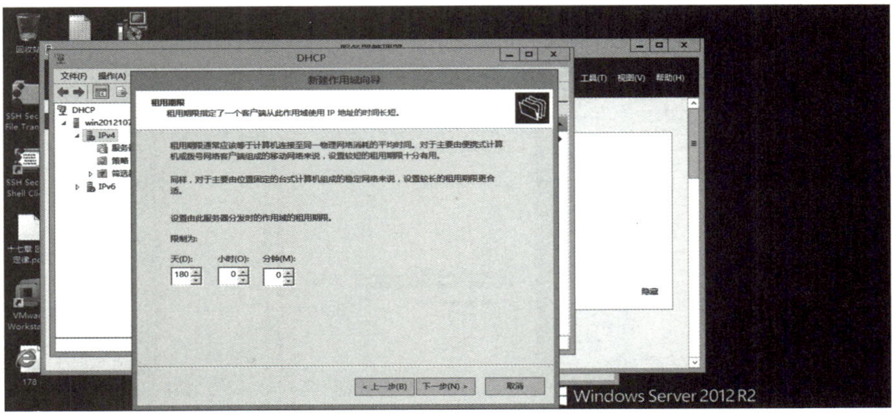

图 2-6-12

⑥设置默认网关(图 2-6-13)。

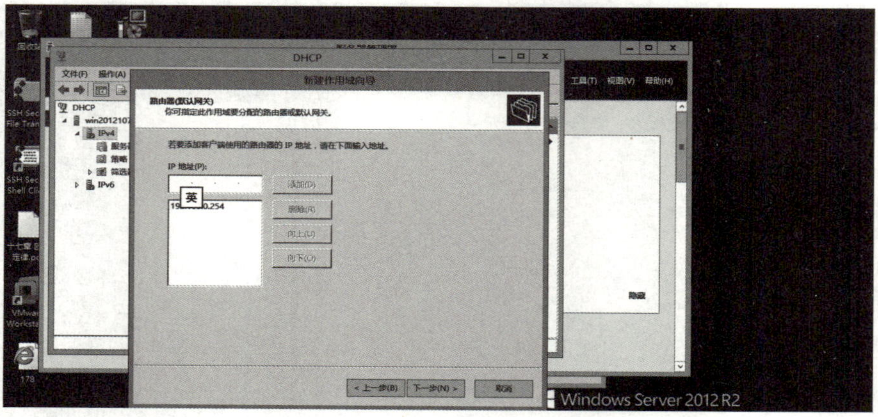

图 2-6-13

⑦添加域名服务器(图 2-6-14)。

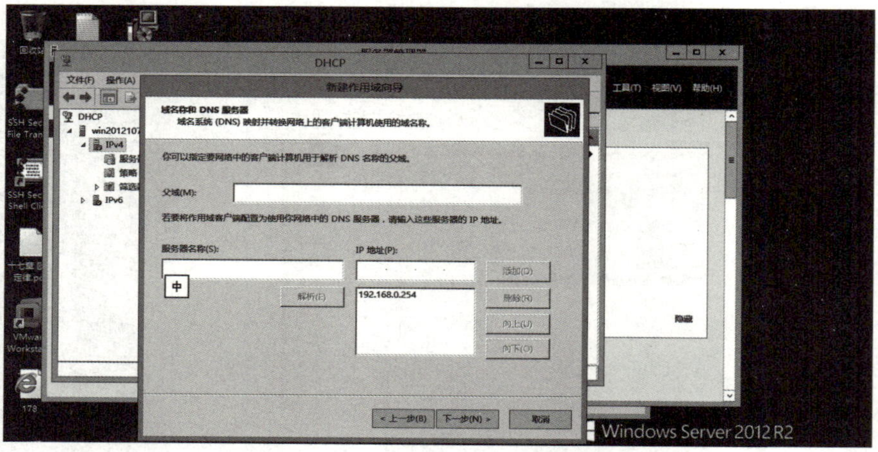

图 2-6-14

⑧单击“完成”按钮(图 2-6-15)。

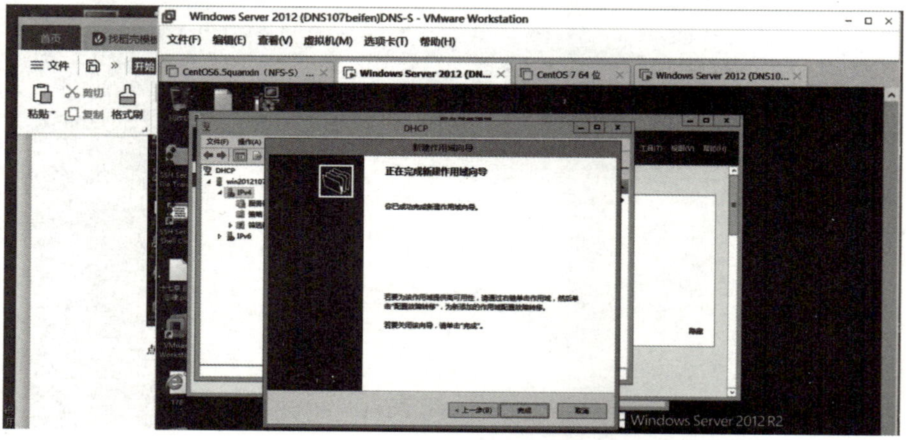

图 2-6-15

3.WINDOWS2012 SERVER DHCP 服务器测试实践

①将测试 PC 机的网络参数设置为自动获取(图 2-6-16)。

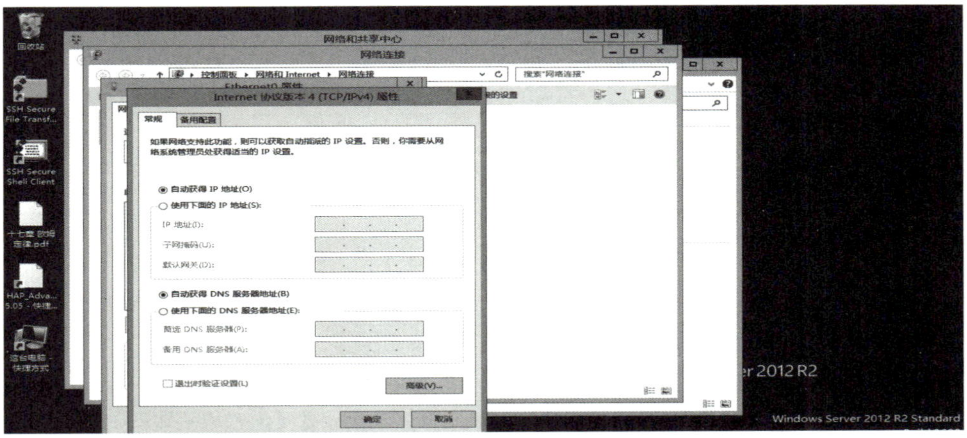

图 2-6-16

②查看测试 PC 机的网络参数(图 2-6-17)。

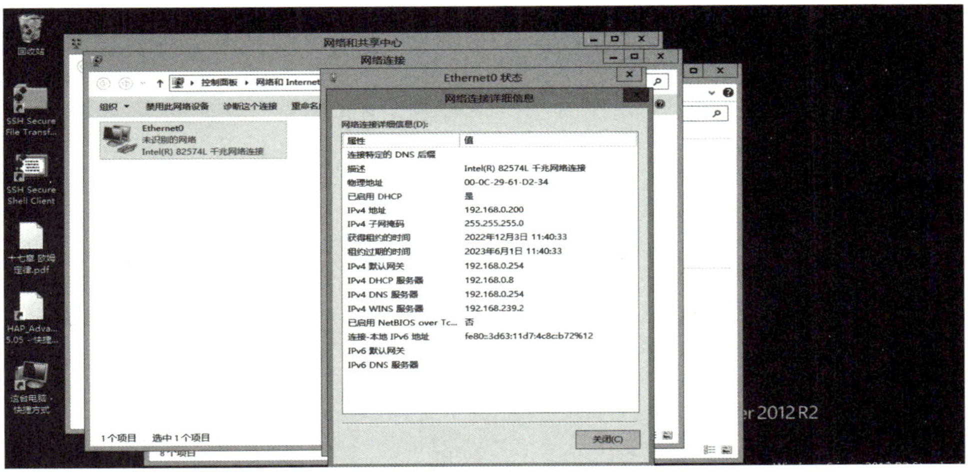

图 2-6-17

③查看 DHCP-S 服务器的地址租用(图 2-6-18)。

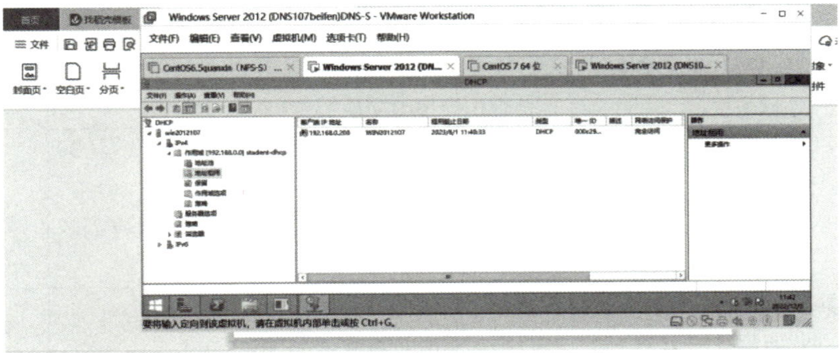

图 2-6-18

【任务实施】

任务名称	虚拟机下 WINDOWS2012 SERVER DHCP 服务器架设原理及配置		
班　级		姓　名	
地　点		日　期	
小组成员			

一、任务准备

(1)在智慧职教平台上对课件、技术文档等资料进行提前学习,并做好笔记。
(2)在重庆市在线开放课程平台对《计算机网络技术》完成前期学习。
(3)利用互联网查阅 WINDOWS2012 SERVER DHCP 服务器架设原理及配置相关知识。

二、过程记录

任务名称	任务关键技术点记录	使用资源记录	本人角色
虚拟机下 WINDOWS2012 SERVER DHCP 服务器架设配置实践			□协调员 □记录员 □观察员 □实践员
虚拟机下 WINDOWS2012 SERVER DHCP 服务器架设配置实践测试			□协调员 □记录员 □观察员 □实践员

【评价与考核】

序　号	任务名称	考核内容及评分标准	分　数	扣　分
1	安全 / 态度 / 团队合作能力	1. 任务实施时是否规范操作(10 分) 2. 态度是否积极(5 分) 3. 是否积极参与团队协作(5 分)	20	
2	专业技能	1. 任务实施时设计专业技术是否完全掌握(30 分) 2. 任务实施时设计专业技术呈现是否具有创新思维(20 分)	50	
3	工具及设备(软、硬件设备)的使用数据记录	1. 是否做到规范的数据记录(5 分) 2. 数据记录时是否清晰、工整(5 分)	10	

续表

序　号	任务名称	考核内容及评分标准	分　数	扣　分
4	表单填写、报告的撰写能力及课堂语言表达组织能力	1. 是否能够完成表单填写及报告撰写（15 分） 2. 语言文字表述上是否用词规范（5 分）	20	
合　计			100	

【实践报告单】

实践报告单					姓名：________
课　程		班　级		隶属小组	
实践项目					
实践任务					
实践器材					
实践内容					
反思或建议					
实践结果	组内评：		组间评：		师评：

指导教师__________　　　　________年____月____日

【归纳提高】

本任务完成家属楼家庭网组建虚拟机下 WINDOWS2012 SERVER DHCP 服务器架设原理及配置实践等相关技术知识研讨，掌握关键技术点及相应技巧，夯实计算机网络技术运维的实践技能。

【实践强化】

以小组为单位完成如下任务：

虚拟机下 WINDOWS2012 SERVER DHCP 服务器配置实践技术实践，三系统（PC1-win2012dhcp-C1，PC1-win2012dhcp-C2，win2012dhcp-S）的配置及验证，拓扑图如图 2-6-19 所示。

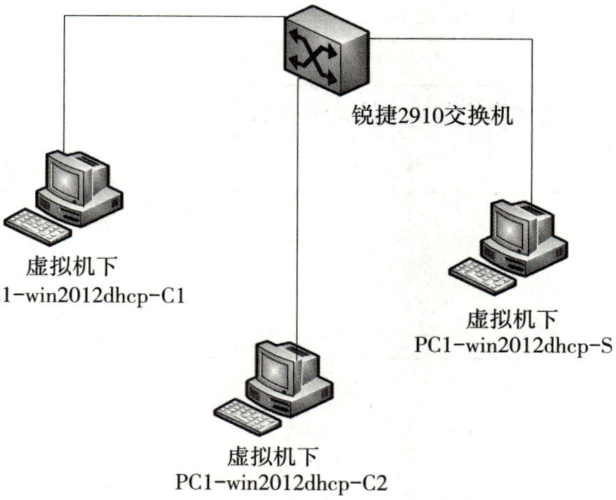

图 2-6-19

任务七　虚拟机下 WINDOWS2012 SERVER DNS 服务器架设原理及配置

【任务名称】

虚拟机下 WINDOWS2012 SERVER DNS 服务器架设原理及配置

【任务目标】

素质目标：

(1)培养学生良好的自我表现、与人沟通的能力；

(2)培养学生的团队协作精神；

(3)培养学生民族精神、爱国精神；

(4)培养学生勇于创新、敬业乐业的工作作风；

(5)培养学生的质量意识、安全意识；

(6)培养学生诚实、守信、坚忍不拔的性格；

(7)培养学生自主、开放的学习能力；

(8)培养学生吃苦耐劳的精神及工匠精神；

(9)培养学生的家国情怀。

知识目标：

(1)掌握虚拟机下 WINDOWS2012 SERVER DNS 服务器架设原理及相关知识。

(2)掌握虚拟机下 WINDOWS2012 SERVER DNS 服务器架设实践配置相关技术。

能力目标：

(1)培养学生在项目网络运维技术设计时提出解决方案的能力；

(2)根据网络工程技术规范、网络综合布线标准，具备实现中型网络项目的设计实施能力及技术分析能力；

(3)培养学生对虚拟机下 WINDOWS2012 SERVER DNS 服务器架设原理及配置技术实践的能力。

【任务描述】

家属楼家庭网组建需完成 WINDOWS2012 SERVER DNS 服务器架设技术实践，应掌握家属楼家庭网组建 WINDOWS2012 SERVER DNS 服务器运行原理及实践配置。

【任务分析】

需　求	关键技术分析
实现家属楼家庭网组建	WINDOWS2012 SERVER DNS 服务器运行原理
	WINDOWS2012 SERVER DNS 服务器实践配置

【人文素养】

播放课程资源里的《春风化雨－教育强国》视频。

师者，传道授业解惑也，“教育”是老师的首要责任；学习是学生的重要任务，好好学习体现出学生对家庭和社会的责任，师生合力，将教育的双向效应发挥至最大，方能为教育强国贡献力量。

春风化雨－教育强国

【知识技术储备】

一、知识储备

1. DNS 服务器运行原理探讨

DNS 是域名系统（Domain Name System）的缩写，是因特网的一项核心服务，它作为可以将域名和 IP 地址相互映射的一个分布式数据库，能够使人更方便地访问互联网，而不用去记住能够被机器直接读取的 IP 地址。

DNS 的域名空间是一种树状结构，这个树状结构称为 DNS 域名空间（DNS domain namespace）。它指定了一个用于组织名称的结构化的阶层式域空间，目前有 InterNIC 管理全世界的 IP 地址，在 InterNIC 之下的 DNS 结构分为多个域。

表 2-7-1

net	适用于网络服务机构
edu	适用于教育、学术研究单位
com	适用于商业机构
gov	适用于政府单位
mil	适用于国防军事单位
org	适用于非营利机构
info	适用于所有用途
国别码或区域码	中国（cn）、中国香港（hk）、德国（de）

2. DNS 服务器优缺点

优点：之所以域名解析不需要很长时间，是因为上网接入商（比如北京电信，河南电信等），为了要加速用户打开网页的速度，通常在 DNS 服务器中缓存了很多域名的 DNS 记录。用户要打开某个网页时，接入商的服务器不需要去查询域名数据库，而是把自己缓存中的 DNS 记录直接使用，从而加快用户访问网站的速度。

缺点：上网接入商 ISP 的缓存会存储一段时间，只在需要的时候才更新，而更新的频率没有什么标准。有的可能 1 小时更新一次，有的可能长达一两天才更新一次。

WINS2012DNS 服务器安装

二、技术实践

1. WINDOWS2012 SERVER DNS 服务器安装实践

①进入添加角色和功能向导选项卡（图 2-7-1）。

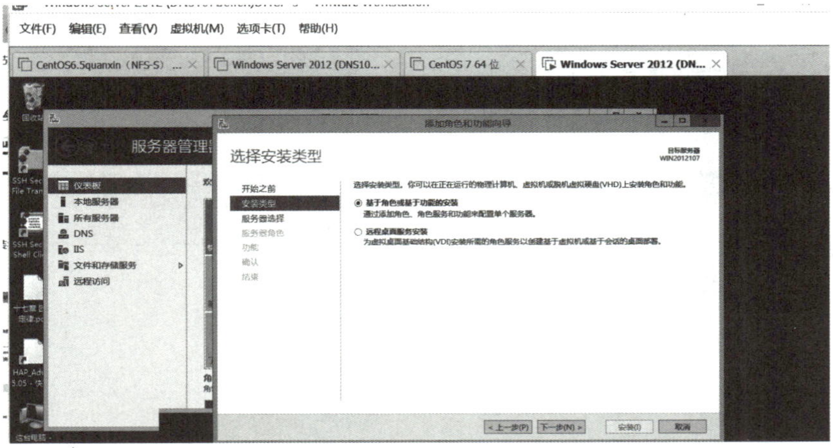

图 2-7-1

②在勾选“DNS”对话框中，单击“下一步”（图 2-7-2）。

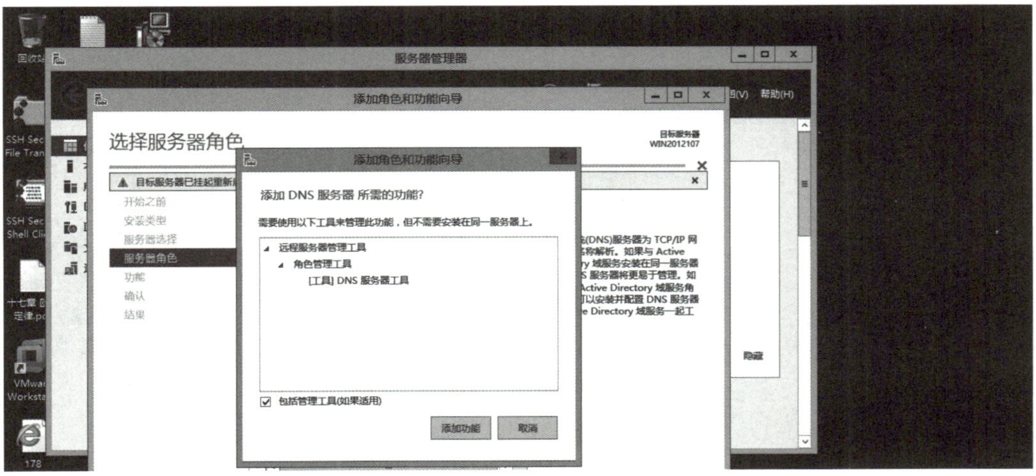

图 2-7-2

③在“确认安装所选内容”对话框中单击“安装”(图 2-7-3)。

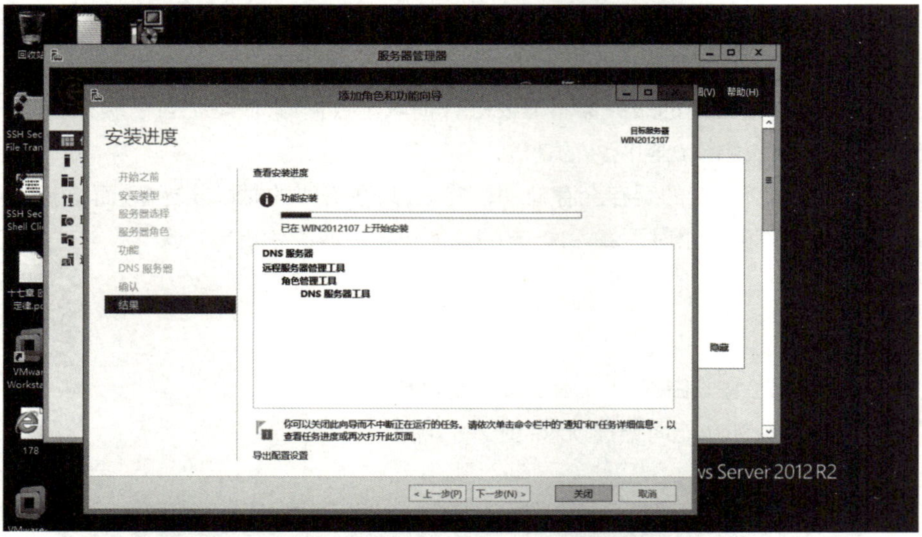

图 2-7-3

④安装成功(图 2-7-4)。

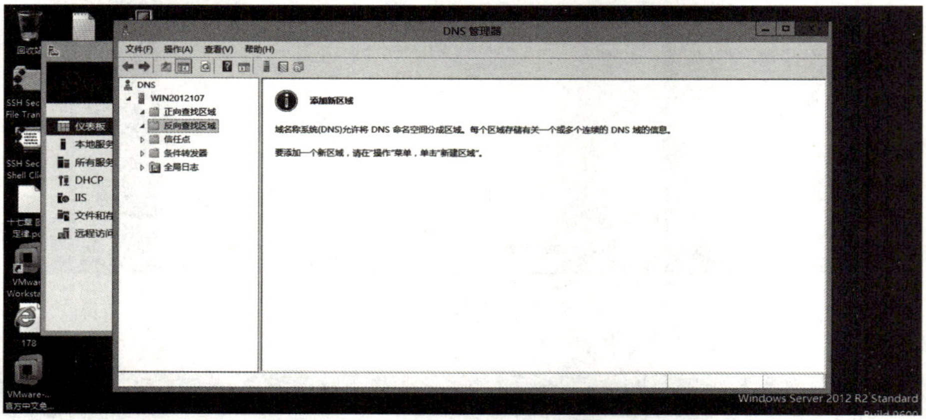

图 2-7-4

2. WINDOWS2012 SERVER DNS 服务器配置实践

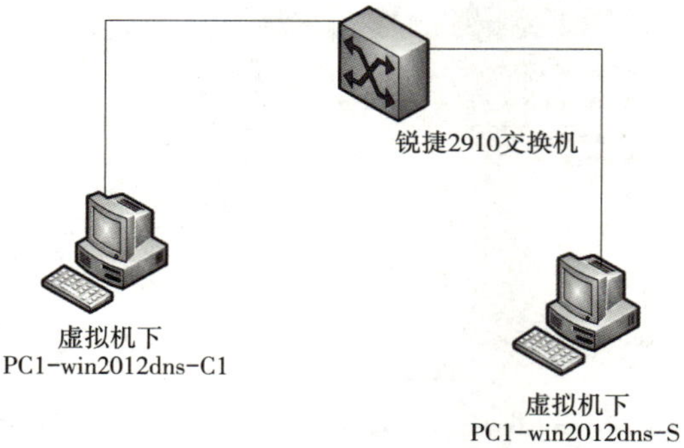

WINS2012DNS
服务器配置

图 2-7-5

①设置 DNS 服务器的网络参数(图 2-7-6)。

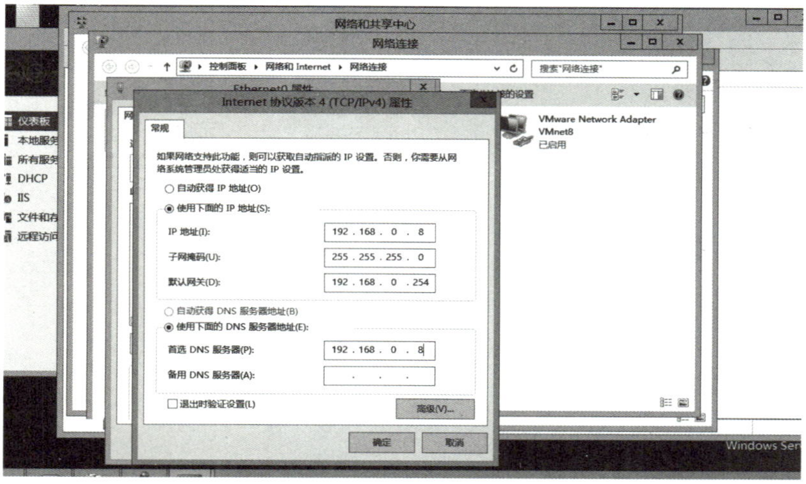

图 2-7-6

进入配置界面(图 2-7-7)。

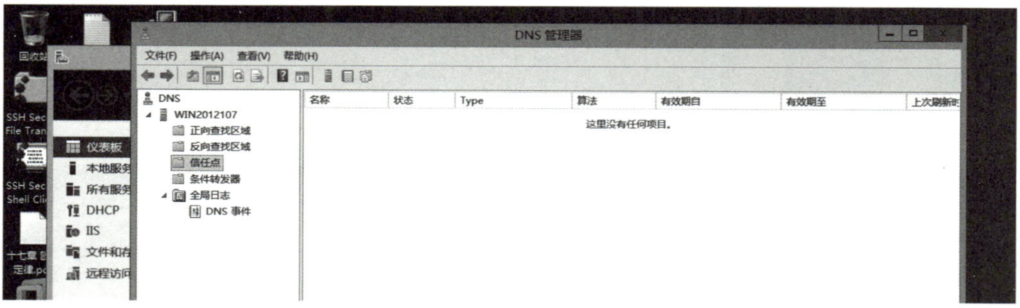

图 2-7-7

②新建正向区域:ysc.edu。

选择主要区域,之后单击“下一步”(图 2-7-8)。

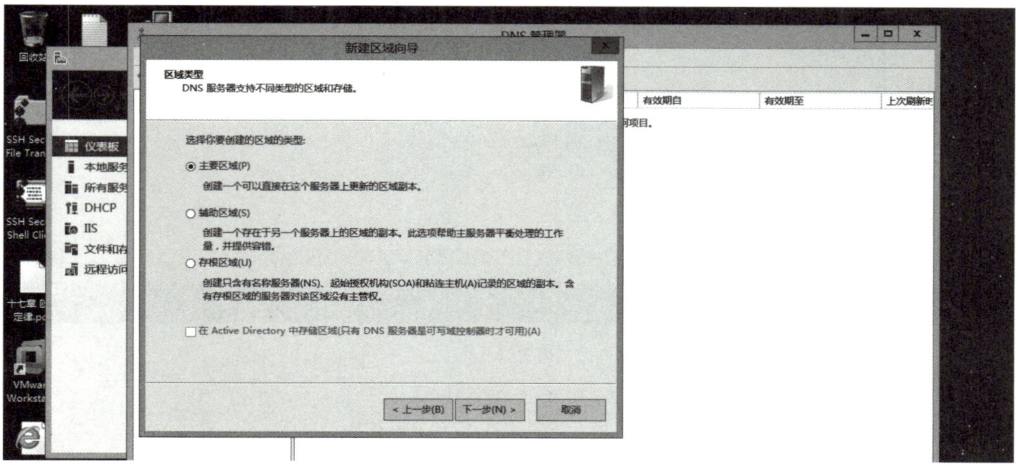

图 2-7-8

新建正向区域(图 2-7-9)。

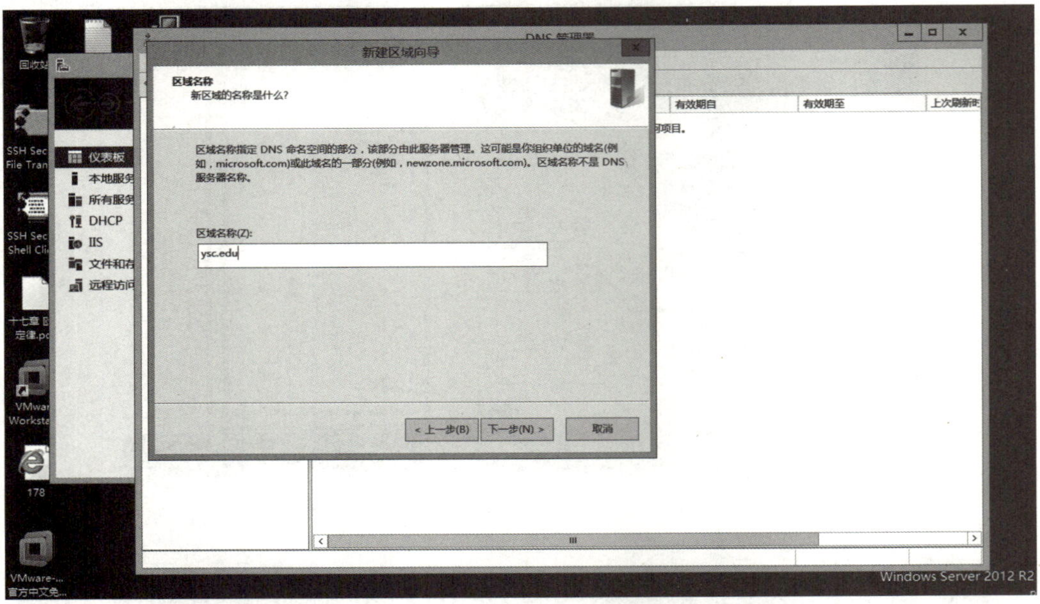
新建区域向导
区域名称
新区域的名称是什么?
区域名称指定 DNS 命名空间的部分，该部分由此服务器管理。这可能是你组织单位的域名(例如，microsoft.com)或此域名的一部分(例如，newzone.microsoft.com)。区域名称不是 DNS 服务器名称。
区域名称(Z):
ysc.edu
< 上一步(B)
下一步(N) >
取消
有效期自
有效期至
仪表板
DHCP
IIS
178
Windows Server 2012 R2

图 2-7-9

单击“完成”按钮(图 2-7-10)。

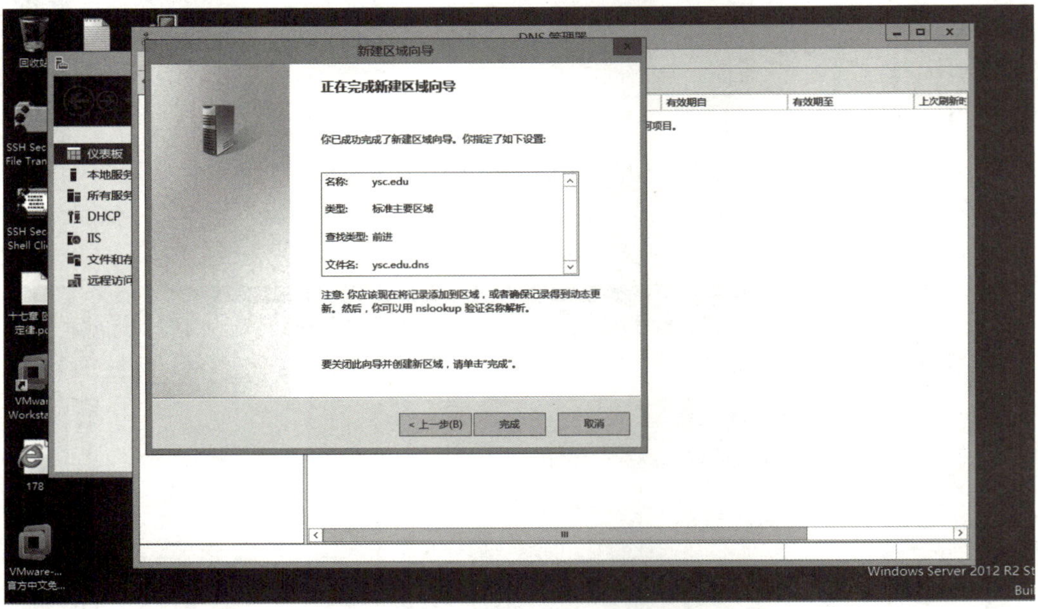
新建区域向导
正在完成新建区域向导
你已成功完成了新建区域向导。你指定了如下设置:
名称: ysc.edu
类型: 标准主要区域
查找类型: 前进
文件名: ysc.edu.dns
注意: 你应该现在将记录添加到区域，或者确保记录得到动态更新。然后，你可以用 nslookup 验证名称解析。
要关闭此向导并创建新区域，请单击“完成”。
< 上一步(B)
完成
取消
有效期自
有效期至
仪表板
DHCP
IIS
178

图 2-7-10

③新建主机 www，并设置 IP 地址（图 2-7-11 至图 2-7-13）。

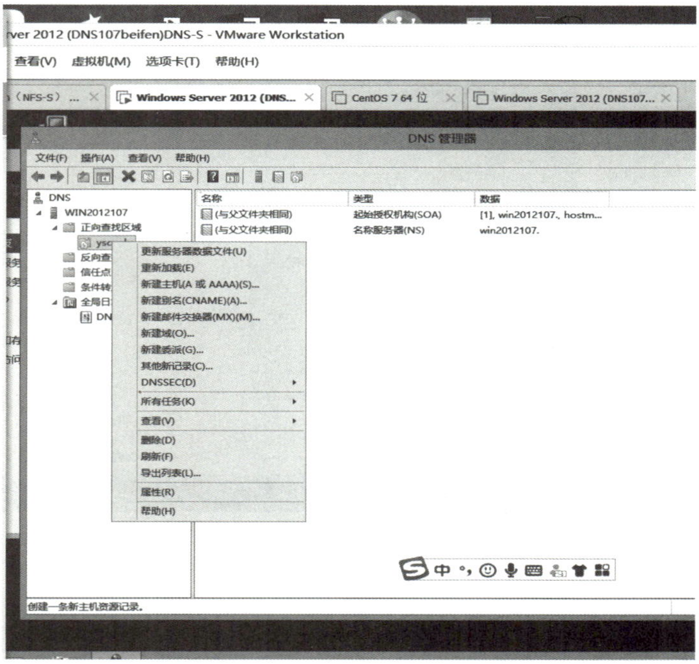

图 2-7-11

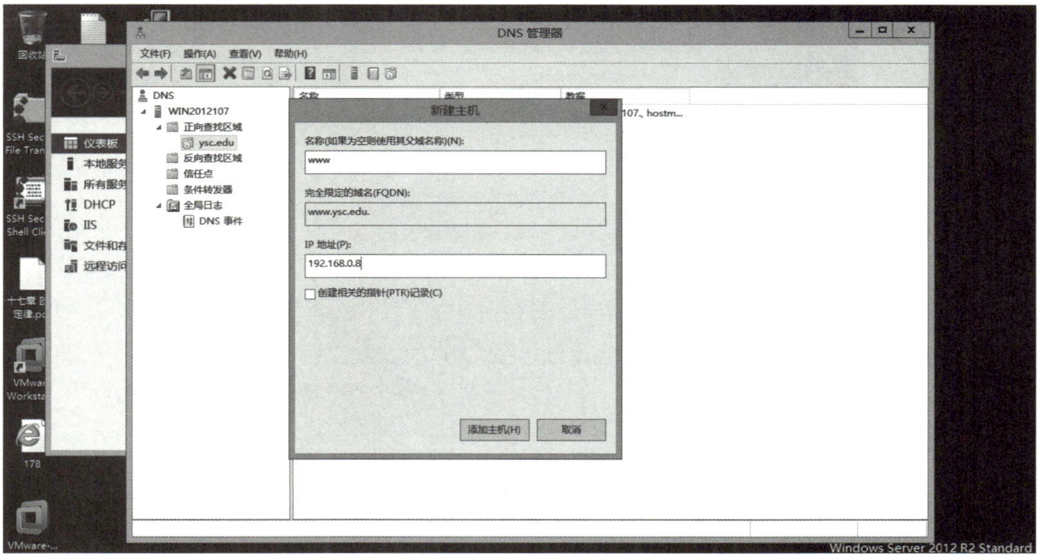

图 2-7-12

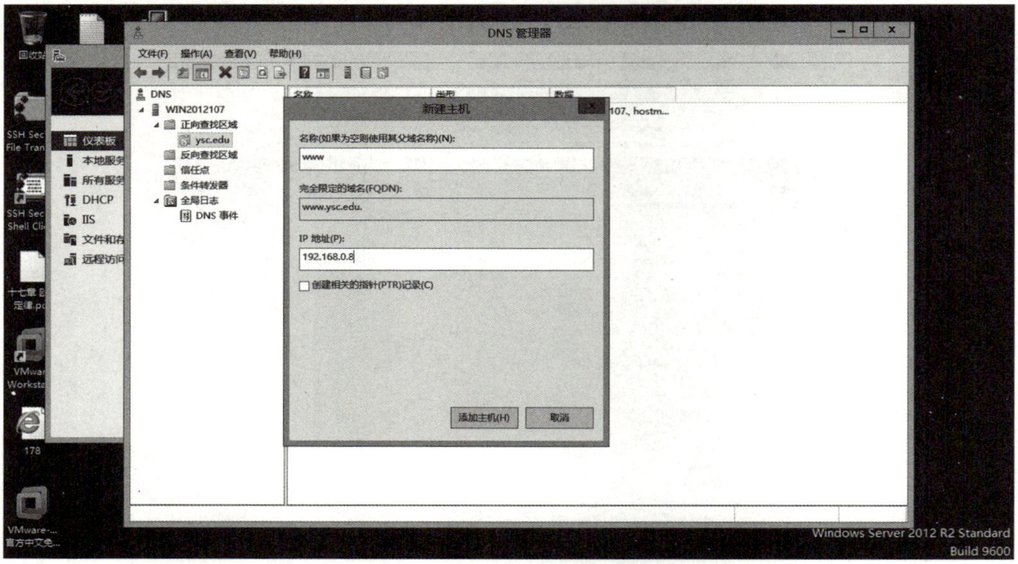

图 2-7-13

④添加反向区域,选择主要区域(图 2-7-14)。

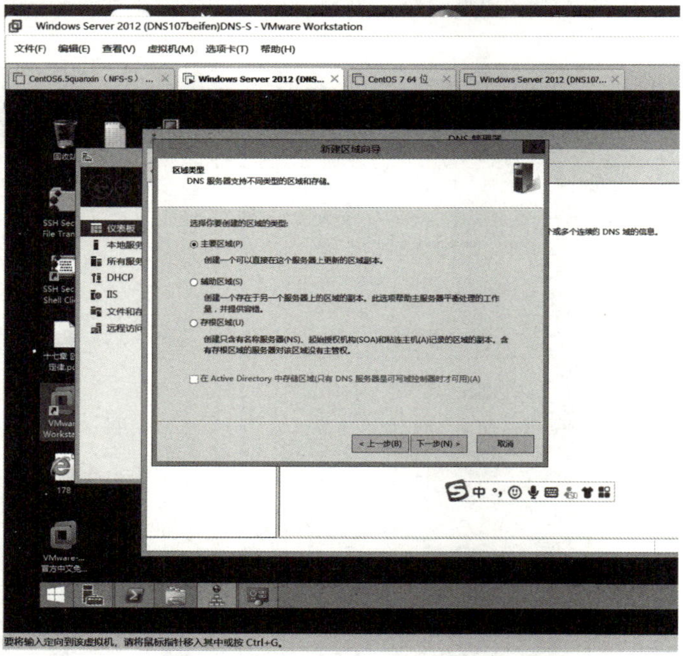

图 2-7-14

输入网络 ID,并单击“下一步”(图 2-7-15)。

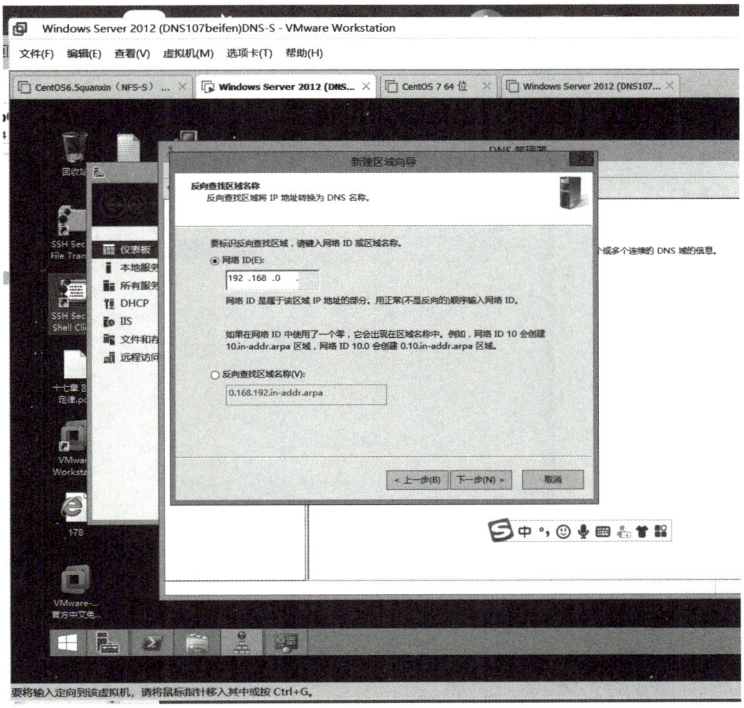

图 2-7-15

单击“完成”(图 2-7-16)。

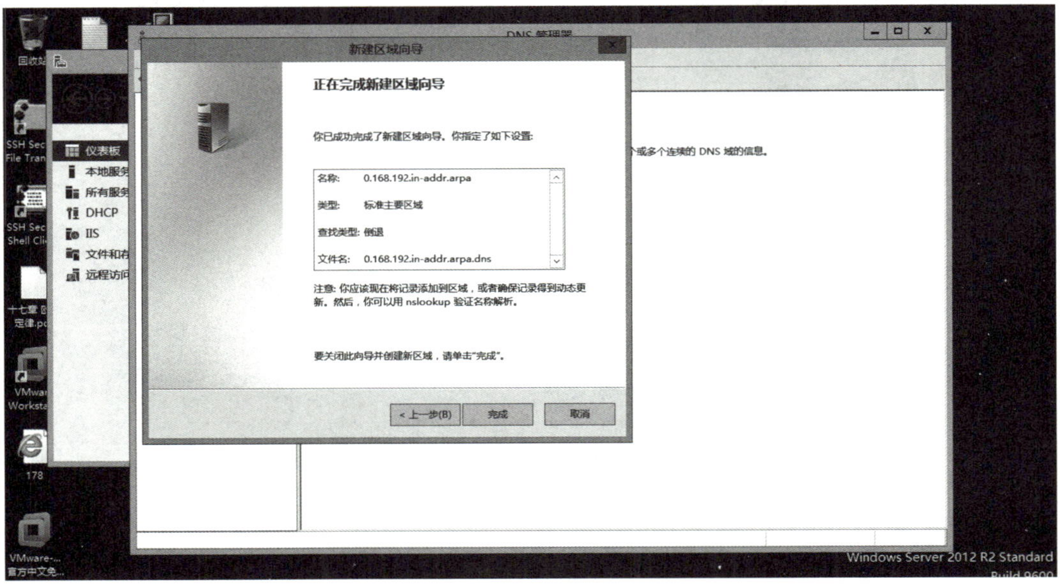

图 2-7-16

⑤新建指针，选择主机（图 2-7-17）。

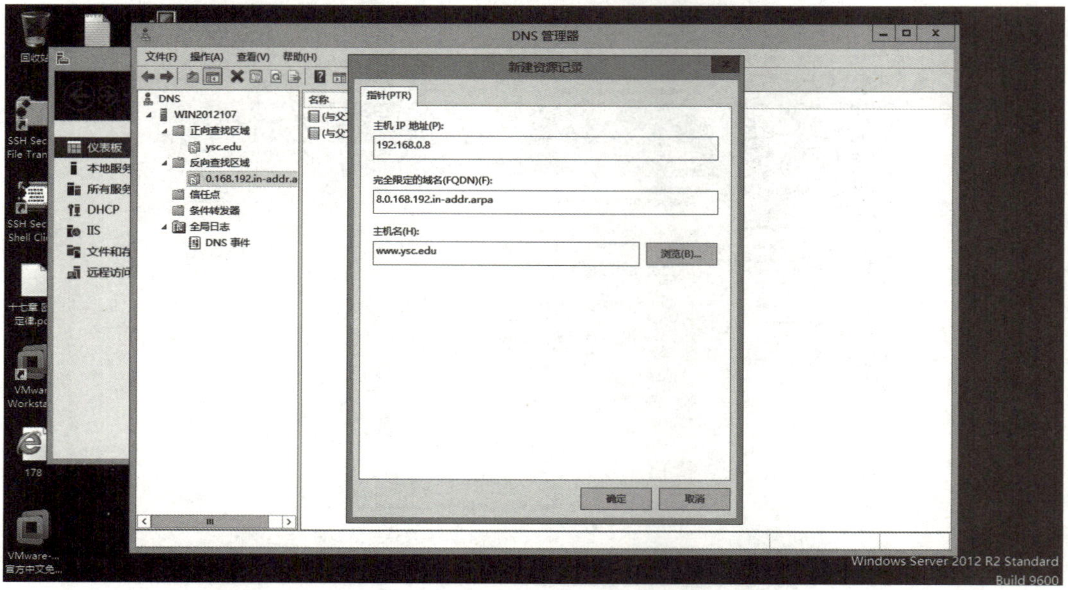

图 2-7-17

⑥单击“确定”（图 2-7-18）。

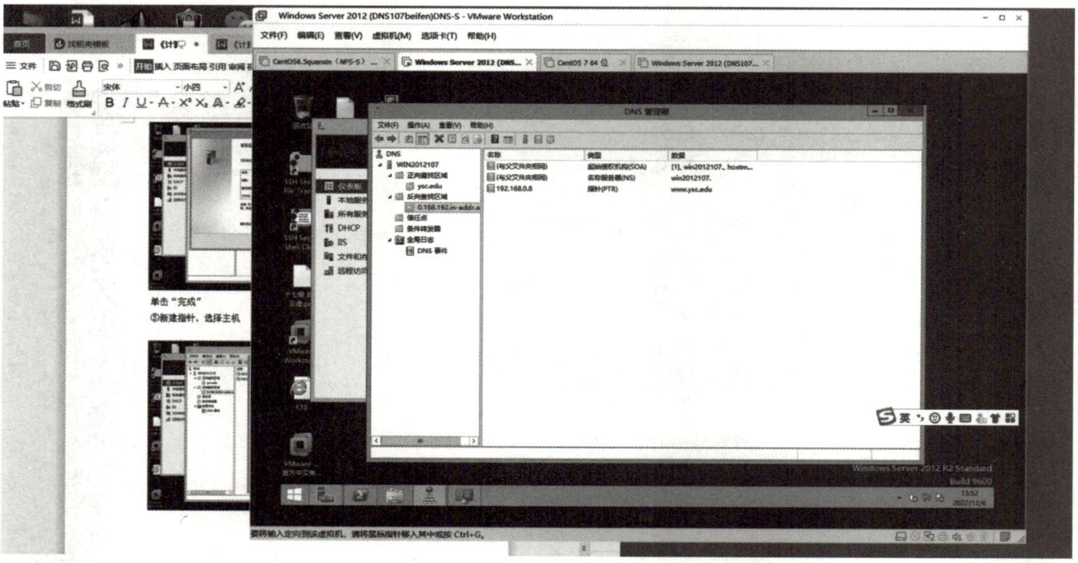

图 2-7-18

3. WINDOWS2012 SERVER DNS 服务器测试实践

①将测试PC机的网络参数“首选DNS服务器IP地址”为DNS服务器IP地址(图2-7-19)。

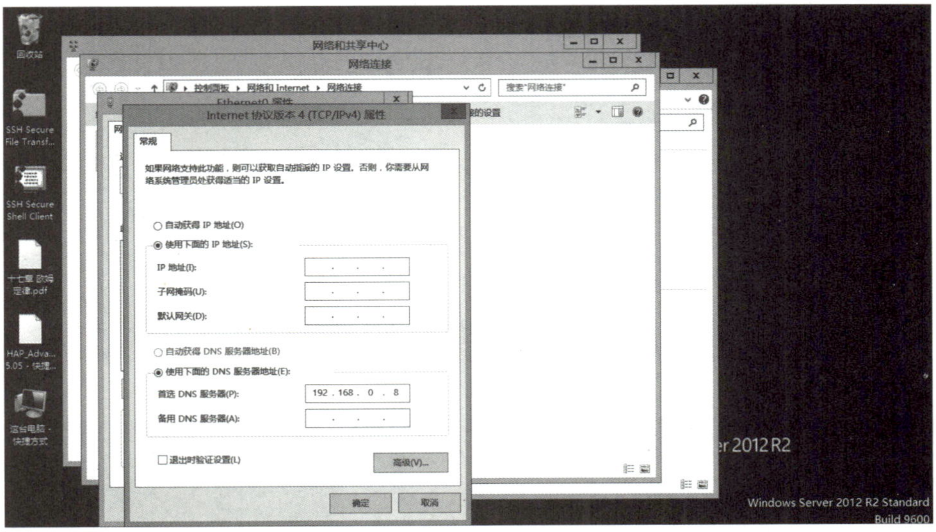

图 2-7-19

②测试PC机到DNS服务器的畅通性(图2-7-20)。

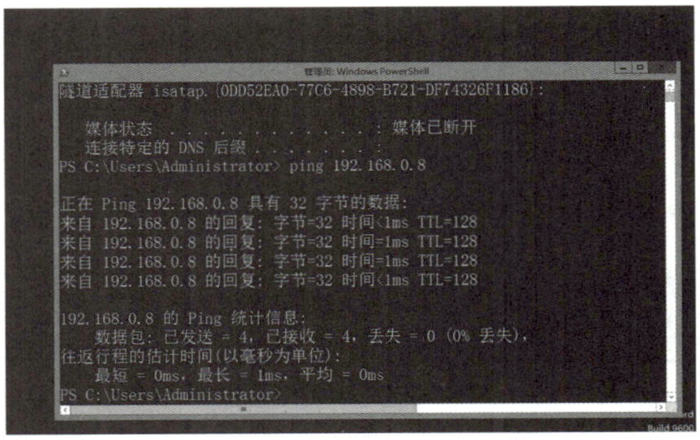

图 2-7-20

③测试DNS服务器配置是否成功(图2-7-21)。

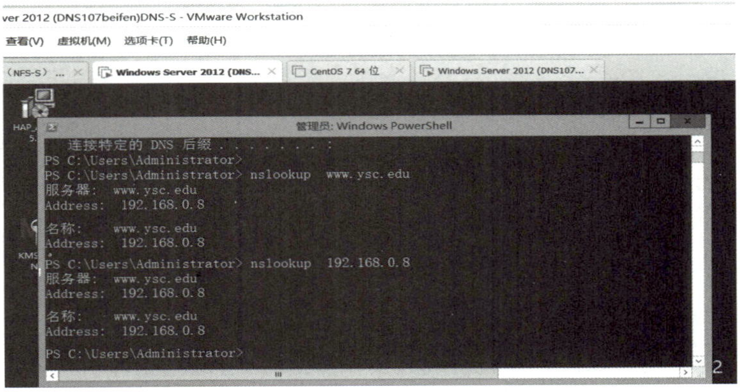

图 2-7-21

4. WINDOWS2012 SERVER DNS 服务器卸载

卸载步骤如图 2-7-22 至图 2-7-25 所示。

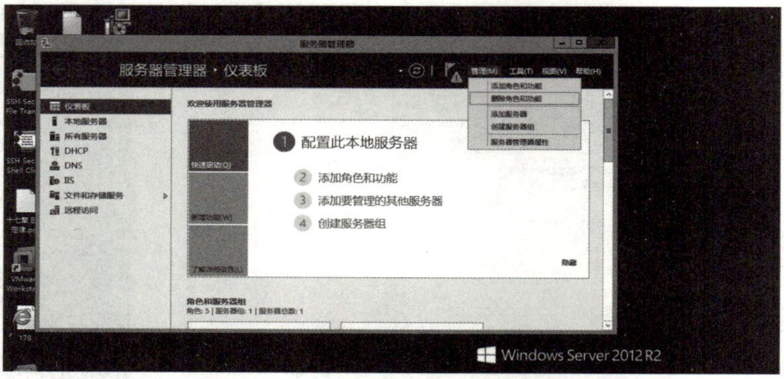

图 2-7-22

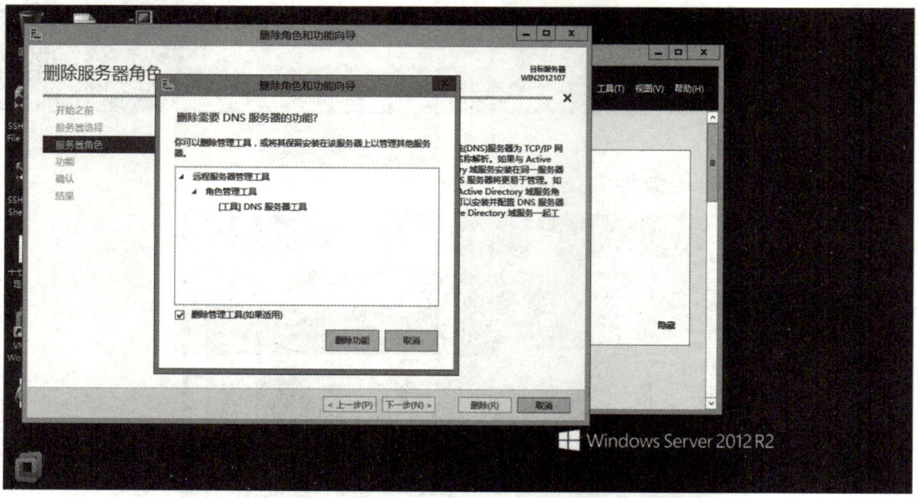

图 2-7-23

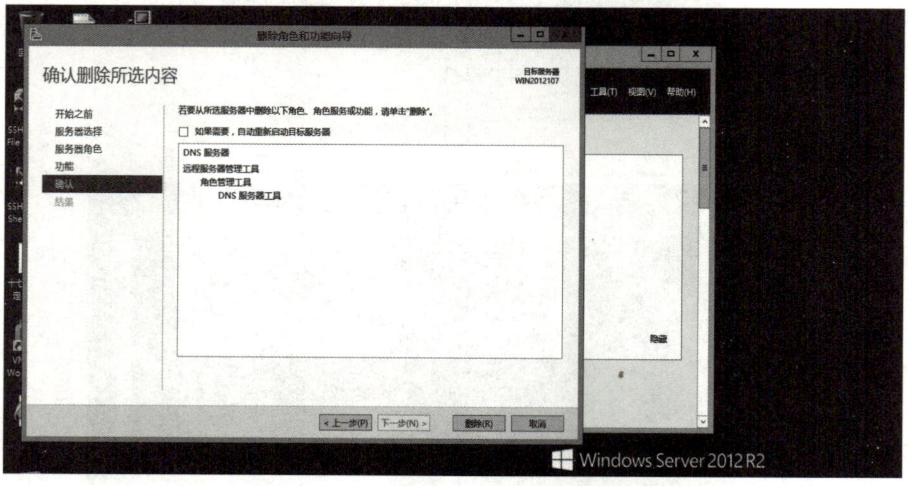

图 2-7-24

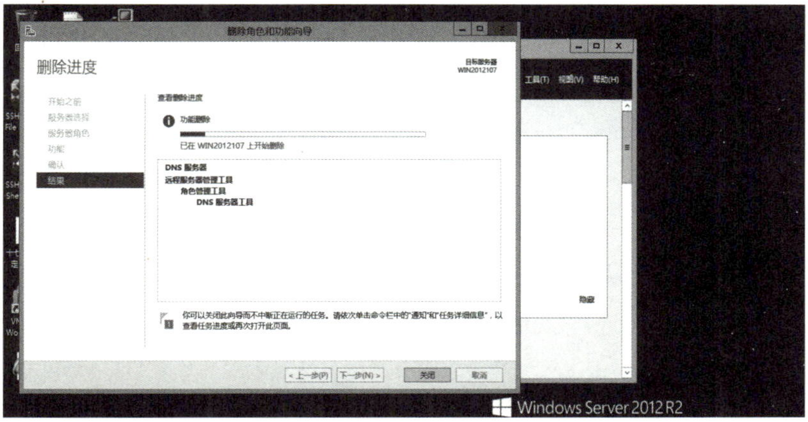

图 2-7-25

【任务实施】

任务名称	虚拟机下 WINDOWS2012 SERVER DNS 服务器架设原理及配置		
班　级		姓　名	
地　点		日　期	
小组成员			

一、任务准备

(1)在智慧职教平台上对课件、技术文档等资料进行提前学习,并做好笔记。
(2)在重庆市在线开放课程平台对《计算机网络技术》完成前期学习。
(3)利用互联网查阅 WINDOWS2012 SERVER DNS 服务器架设原理及配置相关知识。

二、过程记录

任务名称	任务关键技术点记录	使用资源记录	本人角色
虚拟机下 WINDOWS2012 SERVER DNS 服务器安装与卸载实践			□协调员 □记录员 □观察员 □实践员
虚拟机下 WINDOWS2012 SERVER DNS 服务器架设配置实践测试			□协调员 □记录员 □观察员 □实践员

【评价与考核】

序号	任务名称	考核内容及评分标准	分数	扣分
1	安全/态度/团队合作能力	1. 任务实施时是否规范操作(10分) 2. 态度是否积极(5分) 3. 是否积极参与团队协作(5分)	20	
2	专业技能	1. 任务实施时设计专业技术是否完全掌握(30分) 2. 任务实施时设计专业技术呈现是否具有创新思维(20分)	50	
3	工具及设备(软、硬件设备)的使用数据记录	1. 是否做到规范的数据记录(5分) 2. 数据记录时是否清晰、工整(5分)	10	
4	表单填写、报告的撰写能力及课堂语言表达组织能力	1. 是否能够完成表单填写及报告撰写(15分) 2. 语言文字表述上是否用词规范(5分)	20	
合计			100	

【实践报告单】

实践报告单					姓名:________
课程		班级		隶属小组	
实践项目					
实践任务					
实践器材					
实践内容					
反思或建议					
实践结果	组内评:		组间评:		师评:

指导教师__________　　　　________年____月____日

【归纳提高】

本任务完成家属楼家庭网组建虚拟机下 WINDOWS2012 SERVER DNS 服务器架设原理及配置实践等相关技术知识研讨，掌握关键技术点及相应技巧，夯实计算机网络技术运维的实践技能。

【实践强化】

以小组为单位完成如下任务：

虚拟机下 WINDOWS2012 SERVER DNS 服务器结合 FTP 服务器综合应用，实现 FTP 服务器访问以域名的方式，网络拓扑图如图 2-7-26 所示。

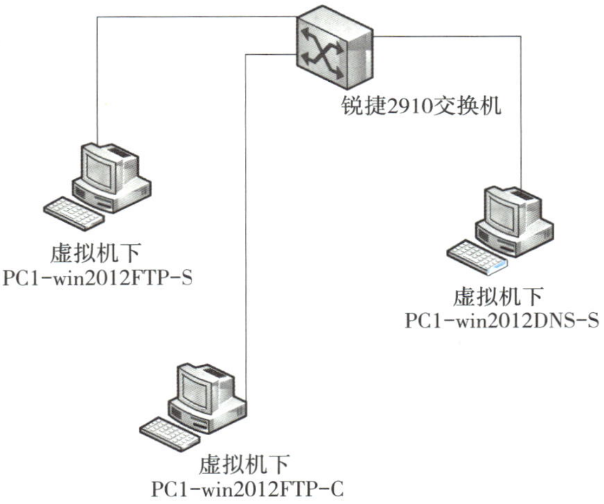

图 2-7-26

要求：

1. 域名为 ftp.student.edu。

2. FTP 服务器指定用户为 STUDENTFTP，密码为 123student。

任务八　ISASERVER 2006 防火墙配置实践及网络安全技术实践

【任务名称】

ISASERVER 2006 防火墙配置实践、网络安全技术实践

【任务目标】

素质目标：

(1)培养学生良好的自我表现、与人沟通的能力；

(2)培养学生的团队协作精神；

(3)培养学生民族精神、爱国精神；

(4)培养学生勇于创新、敬业乐业的工作作风；

(5)培养学生的质量意识、安全意识；

(6)培养学生诚实、守信、坚忍不拔的性格；

(7)培养学生自主、开放的学习能力；

(8)培养学生吃苦耐劳的精神及工匠精神；

(9)培养学生的家国情怀。

知识目标：

(1)掌握 ISASERVER 2006 防火墙配置实践相关知识。

(2)掌握网络安全技术实践配置相关技术。

能力目标：

(1)培养学生在项目网络运维技术设计时提出解决方案的能力；

(2)根据网络工程技术规范、网络综合布线标准，具备实现中型网络项目的设计实施能力及技术分析能力；

(3)培养学生对 ISASERVER 2006 防火墙配置实践、网络安全技术实践的能力。

【任务描述】

家属楼家庭网组建需完成 ISASERVER 2006 防火墙配置实践及网络安全技术实践，应掌握家属楼家庭网组建 ISASERVER 2006 防火墙配置实践、网络安全技术实践认知。

【任务分析】

需　求	关键技术分析
实现家属楼家庭网组建	ISASERVER 2006 防火墙配置实践
	网络安全技术实践

【人文素养】

播放课程资源里的《东北美食》视频，让学生体会到美食文化的悠久，感受中华传统文化的深厚内涵。作为年轻一代的我们，应当坚守中华传统美德，坚持文化自信，在全面建设社会主义现代化国家新征程中勇当开路先锋、争当事业闯将。

东北美食

【知识技术储备】

一、知识储备

ISAS 2006 服务器原理探讨

ISA server 2006 属于代理型的服务器。包过滤型防火墙通过检查数据包头地址、目的地址、端口号和协议类型来进行过滤，而代理型的服务器不但可以完成上述的功能，还可以检查数据的内容，更进一步地实现数据的过滤。

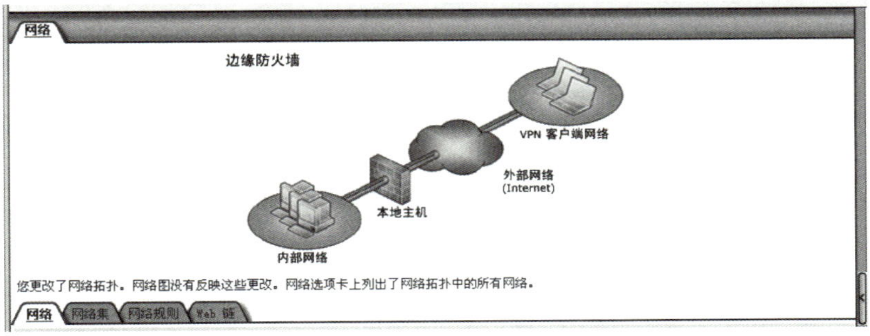

图 2-8-1

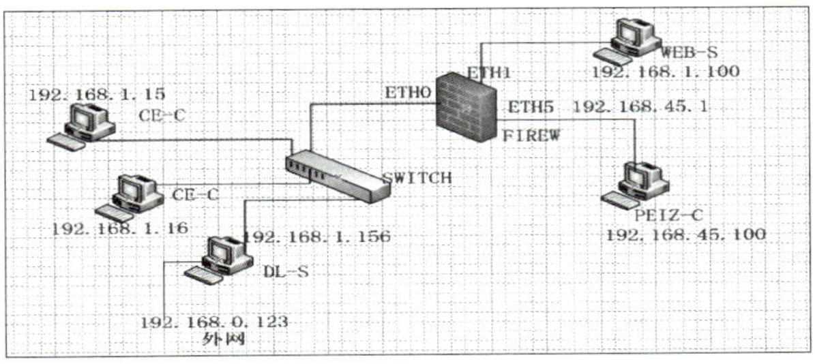

图 2-8-2

① ISA server 2006 安装。

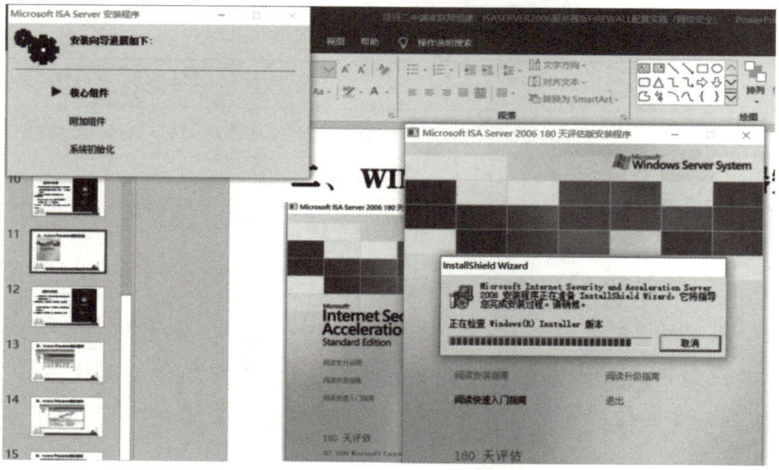

图 2-8-3

② ISA server 2006 配置。

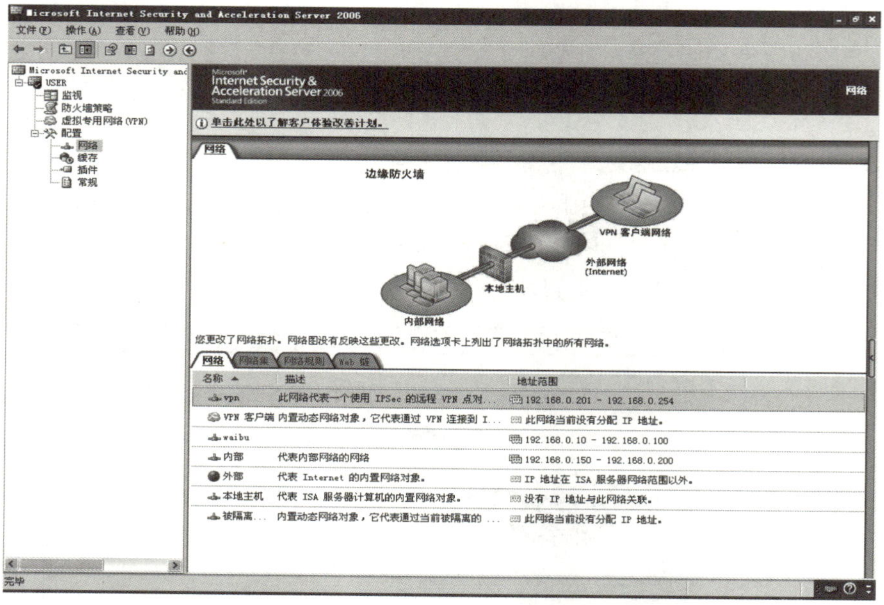

图 2-8-4

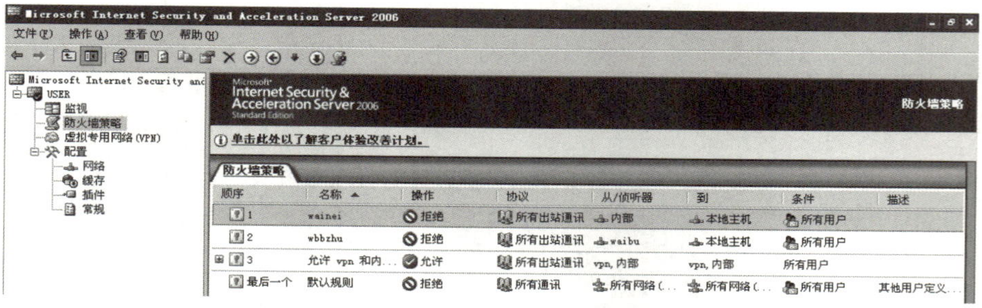

图 2-8-5

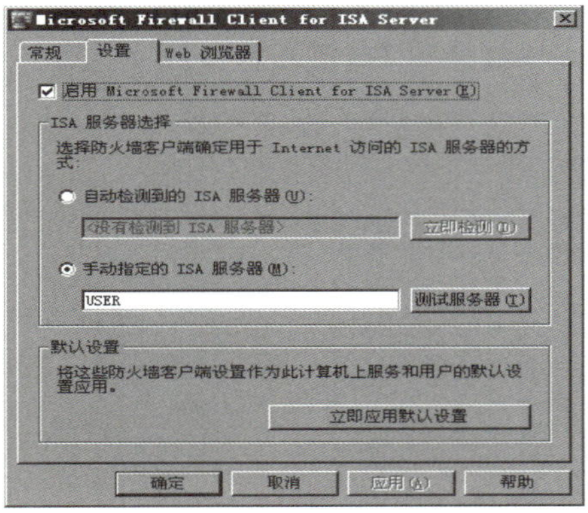

图 2-8-6

二、技术实践

1. 任务实施环境

安装 windows10 操作系统，win10 操作系统安装 APDFPR v5.05、AdobeAcrobat_Pro_lite，安装了 WPS 软件，一个 PDF 文件。

2. 任务实施过程

(1)PDF 文件的加密——AdobeAcrobat_Pro_lite

①打开文档的口令和许可口令是 PDF 文件加密的两种方式，它们是相互独立的，加密时这两个口令不能相同。限制用户打印、复制、编辑 PDF 文件时，我们可以选择许可口令。

②用 AdobeAcrobat_Pro_lite 软件打开 PDF 文件，选择 "文件" → "属性" 菜单命令，打开如图 2-8-7 所示的 "文档属性" 对话框。单击 "安全性" 选项卡→ "安全性方法"，在其下拉列表框中，选择 "口令安全性" 选项，如图 2-8-8 所示。

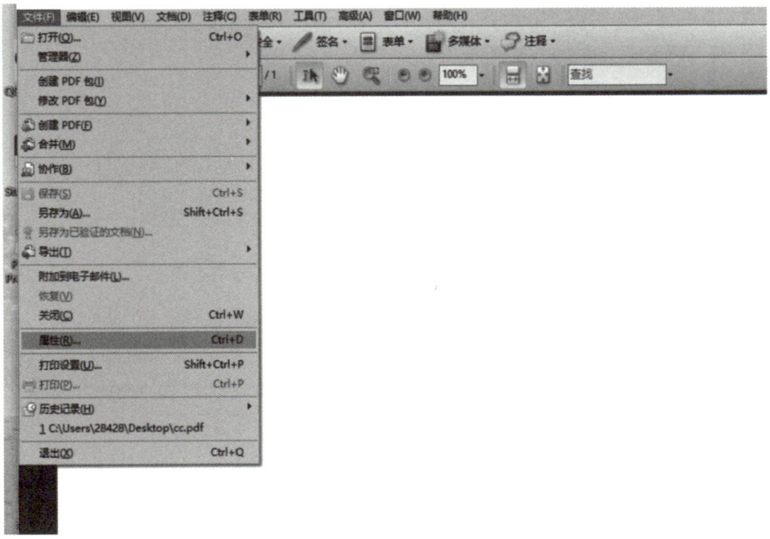

图 2-8-7

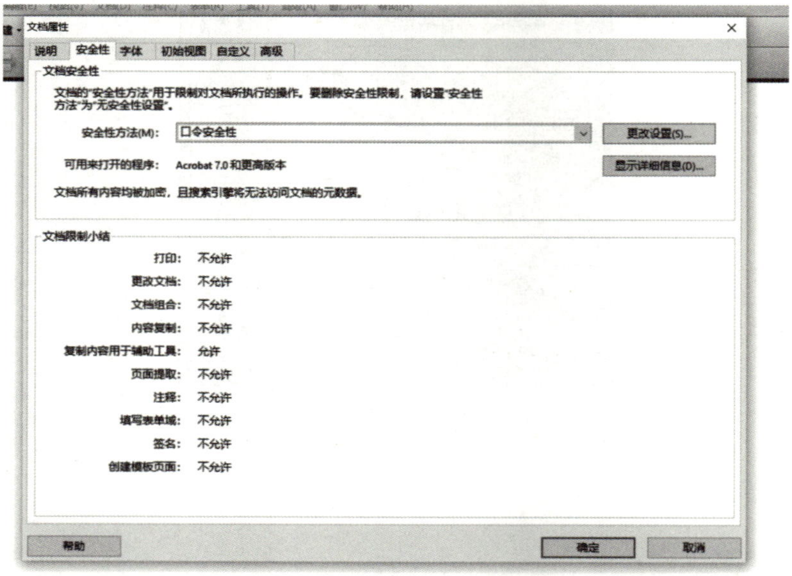

图 2-8-8

③打开"口令安全性区—设置"窗口，在"兼容性"下拉列表框中单击"加密所有文档内容"→勾选"要求打开文档的口令"框，输入文档打开口令；勾选"限制文档编辑和打印，改变这些许可设置需要口令"复选框，输入更改许可口令并单击"确定"按钮，再次输入打开文档的口令和许可口令，如图 2-8-9 所示。

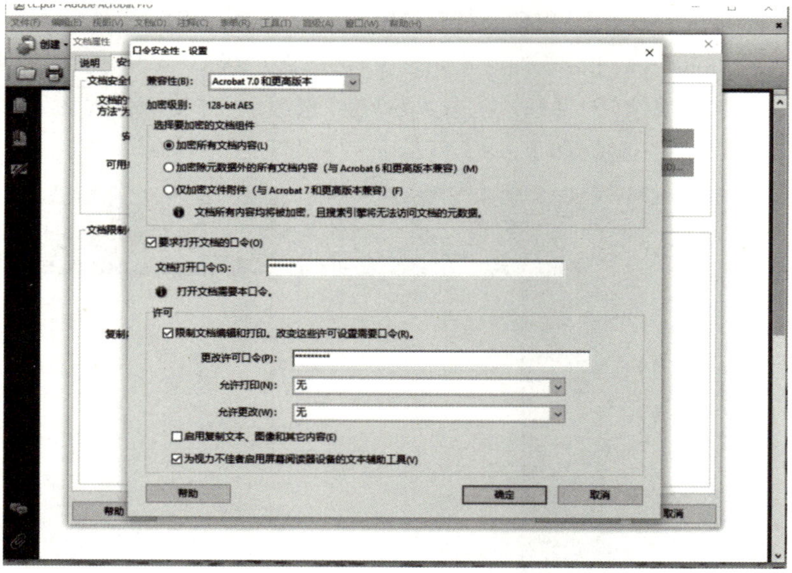

图 2-8-9

④保存文件，关闭文件。再次打开文件，口令才能生效，如图 2-8-10 所示。

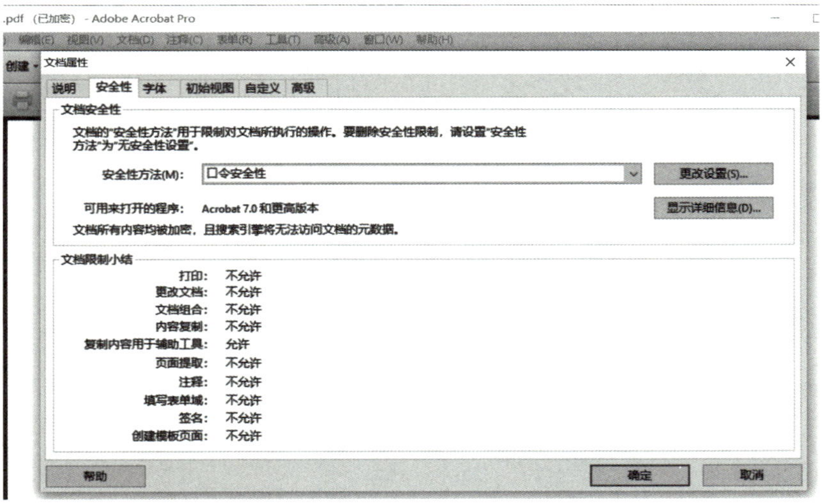

图 2-8-10

（2）PDF 文件的加密——WPS

①使用 WPS 软件打开“网络拓扑结构图加解密.pdf”。

②单击 WPS 中的“保护”选项卡，如图 2-8-11 所示。

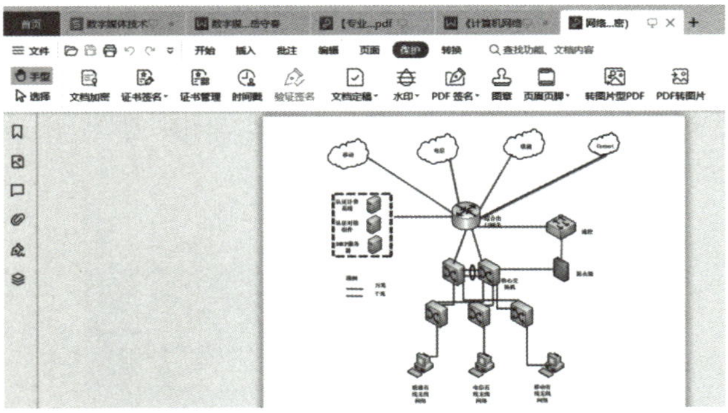

图 2-8-11

③单击“文档加密”选项卡，设置文档打开密码、设置编辑及页面提取密码，输入 6 ~ 128 位密码，如图 2-8-12 所示。

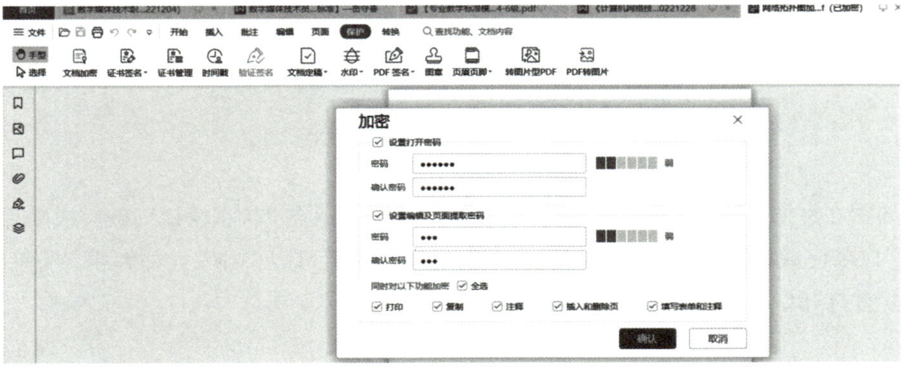

图 2-8-12

④单击“确认”按钮，完成加密操作。

（3）PDF 文件的解密

①如图 2-8-13 所示，打开 APDFPRv5.05 软件界面，单击“打开”选项卡打开要解密的 PDF 文件，在“攻击类型”下拉列表框中选择攻击类型“暴力”。勾选第一、二复选框，在破解时要反复试着勾选，遇到 PDF 文件设置比较复杂的密码时，可能所有复选框都要勾选。

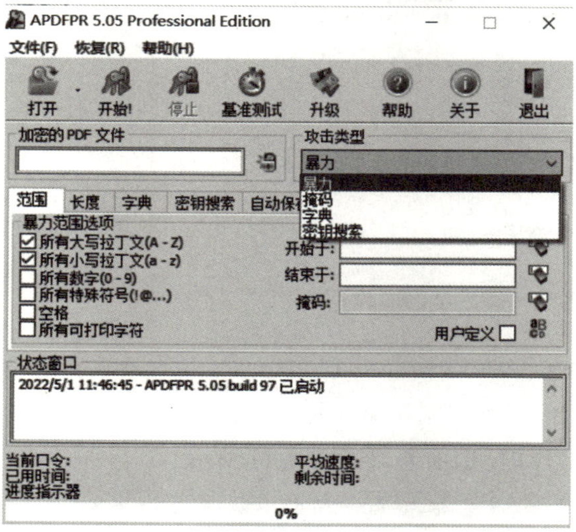

图 2-8-13

②选择攻击类型以及相关参数后，如图 2-8-14 所示，单击“打开”工具按钮，选择破解 PDF 加密文件，单击“开始恢复”按钮开始破解。

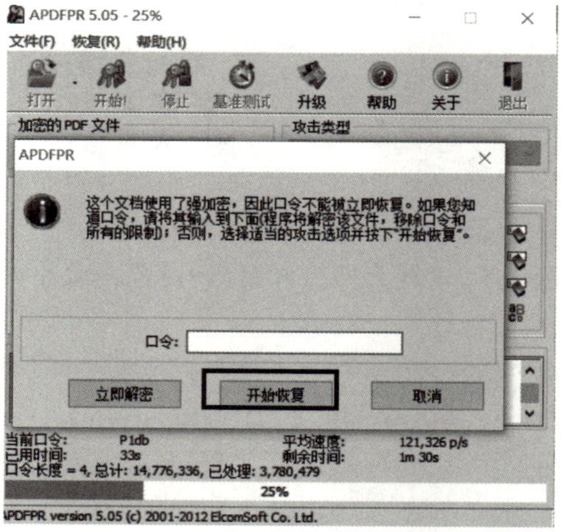

图 2-8-14

③如图 2-8-15 所示，破解正在进行中，破解信息会显示在“状态窗口”，破解成功后→会自动弹出“口令已成功恢复！”窗口，当前口令已显示。之后可以单击“立即解密”按钮，把文件保存为没有打开口令和许可口令的 PDF 文件。

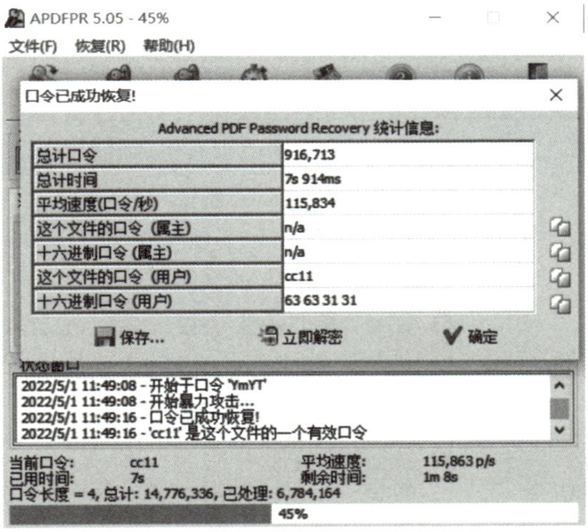

图 2-8-15

【任务实施】

任务名称	ISASERVER 2006 防火墙配置实践及网络安全技术实践		
班　级		姓　名	
地　点		日　期	
小组成员			

一、任务准备

(1)在智慧职教平台上对课件、技术文档等资料进行提前学习,并做好笔记。 (2)在重庆市在线开放课程平台对《计算机网络技术》完成前期学习。 (3)利用互联网查阅 ISASERVER 2006 防火墙相关知识。

二、过程记录

任务名称	任务关键技术点记录	使用资源记录	本人角色
ISASERVER 2006 防火墙安装与配置认知实践			□协调员 □记录员 □观察员 □实践员
网络安全技术实践—PDF 文件加密与解密			□协调员 □记录员 □观察员 □实践员

【评价与考核】

序号	任务名称	考核内容及评分标准	分数	扣分
1	安全 / 态度 / 团队合作能力	1. 任务实施时是否规范操作（10 分） 2. 态度是否积极（5 分） 3. 是否积极参与团队协作（5 分）	20	
2	专业技能	1. 任务实施时设计专业技术是否完全掌握（30 分） 2. 任务实施时设计专业技术呈现是否具有创新思维（20 分）	50	
3	工具及设备（软、硬件设备）的使用数据记录	1. 是否做到规范的数据记录（5 分） 2. 数据记录时是否清晰、工整（5 分）	10	
4	表单填写、报告的撰写能力及课堂语言表达组织能力	1. 是否能够完成表单填写及报告撰写（15 分） 2. 语言文字表述上是否用词规范（5 分）	20	
合计			100	

【实践报告单】

实践报告单					姓名：________
课程		班级		隶属小组	
实践项目					
实践任务					
实践器材					
实践内容					
反思或建议					
实践结果	组内评：		组间评：		师评：

指导教师__________　　　　________年____月____日

【归纳提高】

本任务完成 ISASERVER 2006 防火墙配置实践、网络安全技术实践等相关技术知识研讨，掌握关键技术点及相应技巧，夯实计算机网络技术运维的实践技能。

【实践强化】

虚拟机下 WINDOWS2012 SERVER DNS 服务器结合 WEB 服务器综合应用，实现 WEB 服务器访问以域名的方式，网络拓扑图如图 2-8-16 所示。

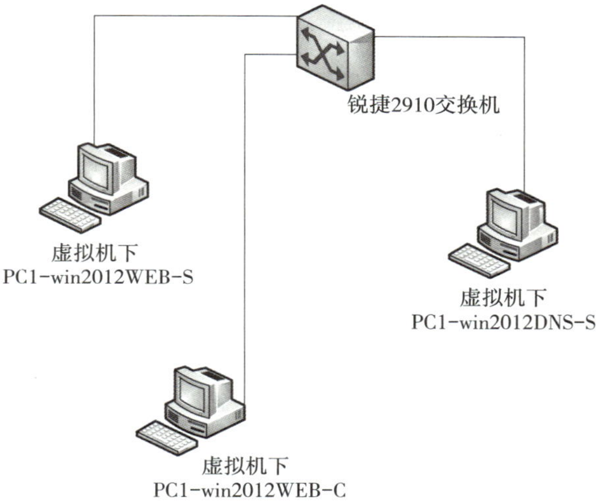

图 2-8-16

要求：

1. 域名为 student.qinshi.edu。

2. 默认文档为学生寝室主页。

附　录

附录一　LINUX-CENTOS 6.5 VSFTP 服务器虚拟账户配置实践

```
[root@slave02 Desktop]# nslookup  www.baidu.com
Server:         192.168.0.1
Address:        192.168.0.1#53
Non-authoritative answer:
Name: www.baidu.com
Address: 14.215.177.39
[root@slave02 Desktop]# yum  -y  install vsftpd
Loaded plugins: fastestmirror, refresh-packagekit, security
Determining fastest mirrors
* base: mirrors.aliyun.com
* extras: mirrors.aliyun.com
* updates: mirror.bit.edu.cn
base                          | 3.7 kB          00:00
extras                        | 3.3 kB          00:00
extras/primary_db             | 20 kB           00:00
updates                       | 3.4 kB          00:00
updates/primary_db            |  11 MB          00:06
Setting up Install Process
Resolving Dependencies
---> Running transaction check
---> Package vsftpd.i686 0:2.2.2-24.el6 will be installed
---> Finished Dependency Resolution
Dependencies Resolved
=======================================
Package     Arch     Version     Repository     Size
=======================================
Installing:
vsftpd     i686     2.2.2-24.el6     base     161 k
```

```
Transaction Summary
==========================================
Install          1 Package (s)
Total download size: 161 k
Installed size: 349 k
Downloading Packages:
vsftpd-2.2.2-24.el6.i686.rpm          | 161 kB          00:00
Running rpm_check_debug
Running Transaction Test
Transaction Test Succeeded
Running Transaction
Installing: vsftpd-2.2.2-24.el6.i686      1/1
Verifying: vsftpd-2.2.2-24.el6.i686       1/1
Installed:
vsftpd.i686 0:2.2.2-24.el6
Complete!
[root@linuxprobe ~]# cd /etc/vsftpd/
Service  vsftpd start
[root@linuxprobe vsftpd]# vim vuser.list
ftpysc
cqie
ftpadmin
cqie
// 设置密码,在 /var/ftproot
Passwd  ftpyxm
Usermod   -d  /var/ftproot  ftpyxm
[root@master Desktop]# vi  /etc/vsftpd/vuser.list
[root@master Desktop]# cd /etc/vsftpd
[root@master vsftpd]# ls
ftpusers  user_list  vsftpd.conf  vsftpd_conf_migrate.sh  vuser.list
[root@master vsftpd]# db  load  -T -t  hash -f  vuser.list  vuser.db
bash: db: command not found
[root@master vsftpd]# db_load  -T -t  hash -f  vuser.list  vuser.db
[root@master vsftpd]# file vuser.db
vuser.db: Berkeley DB (Hash, version 9, native byte-order)
[root@master vsftpd]# chmod  600  vuser.db
// 也可以 chmod  777  vuser.db
[root@master vsftpd]# rm -f vuser.list
[root@master var]# useradd  -d  /var/ftproot  -s  /sbin/nologin  virtual
```

```
// 系统本地用户的家目录设置为 /var 目录
// ftproot 通过上述命令已经建立
[root@master var]# vim /etc/pam.d/vsftpd.vu
auth  required  pam_userdb.so db=/etc/vsftpd/vuser
account required pam_userdb.so db=/etc/vsftpd/vuser
```

// 新建一个用于虚拟用户认证的 PAM 文件 vsftpd.vu，其中 PAM 文件内的“db=”参数为使用 db_load 命令生成的账户密码数据库文件的路径，但不用写数据库文件的后缀（db）：

```
[root@master vsftpd]# service  vsftpd  restart
Shutting down vsftpd:                                    [FAILED]
Starting vsftpd for vsftpd: 500 OOPS: unrecognised variable in config file://allow_writeable_chroot                                    [FAILED]
[root@master vsftpd]# vi  vsftpd.conf
[root@master vsftpd]# service  vsftpd  restart
Shutting down vsftpd:                                    [FAILED]
Starting vsftpd for vsftpd:                              [OK]
[root@master vsftpd]# mkdir  /etc/vsftpd/vusers_dir/
[root@master vsftpd]# cd /etc/vsftpd/vusers_dir/
[root@master vusers_dir]# touch  ftpysc
[root@master vusers_dir]# vim  ftpadmin
anon_upload_enable=YES
anon_mkdir_write_enable=YES
anon_other_write_enable=YES

vi /etc/vsftpd/vsftpd.conf
guest_enable=YES  // 开启虚拟用户模式
guest_username=virtual  // 指定虚拟用户账户

user_config_dir=/etc/vsftpd/vusers_dir
pam_service_name=vsftpd.vu
```

设置 SELinux 域允许策略，然后使用虚拟用户模式登录 FTP 服务器。相信大家可以猜到，SELinux 会继续来捣乱。

所以，先按照前面实验中的步骤开启 SELinux 域的允许策略，以免再次出现操作失败的情况：

```
[root@master Desktop]# vi /etc/selinux/config
SELINUX=enforcing
SELINUX=disabled
// 设置完 reboot
[root@master Desktop]# getenforce
enforcing
```

```
[root@master ~]# setsebool  -P  allow_ftpd_full_access=on
[root@master ~]# getsebool  -a|grep  ftp
allow_ftpd_anon_write --> off
allow_ftpd_full_access --> on
allow_ftpd_use_cifs --> off
allow_ftpd_use_nfs --> off
ftp_home_dir --> off
ftpd_connect_db --> off
ftpd_use_fusefs --> off
ftpd_use_passive_mode --> off
httpd_enable_ftp_server --> off
tftp_anon_write --> off
tftp_use_cifs --> off
tftp_use_nfs --> off
[root@master ~]#
/
[root@master var]# cd ftproot
[root@master ftproot]# ls
[root@master ftproot]# mkdir ysc.txt
[root@master ftproot]# touch  ysc.txt
[root@master ftproot]# ls
ysc.txt
[root@master ftproot]#
```

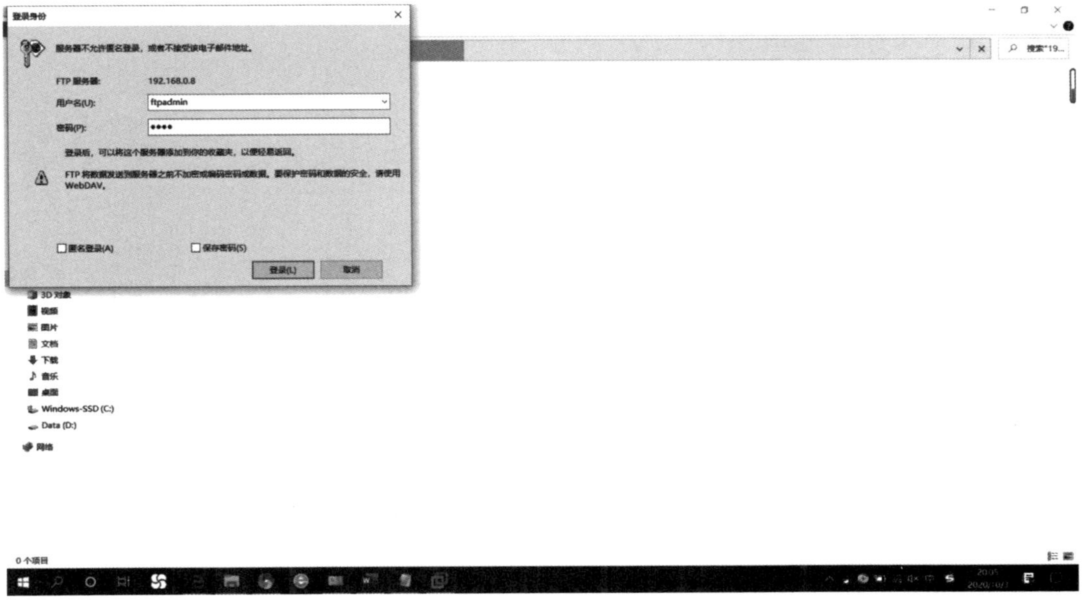

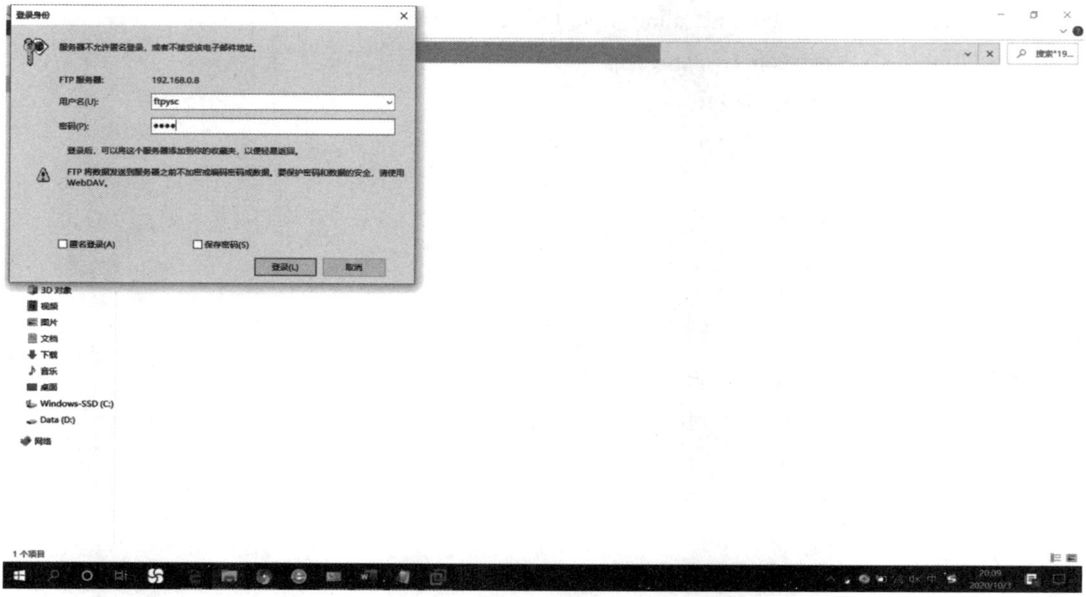
登录身份
服务器不允许匿名登录，或者不接受该电子邮件地址。
FTP 服务器: 192.168.0.8
用户名(U): ftpysc
密码(P):
登录后，可以将这个服务器添加到你的收藏夹，以便轻易返回。
FTP 将数据发送到服务器之前不加密或编码密码或数据。要保护密码和数据的安全，请使用 WebDAV。
匿名登录(A)
保存密码(S)
登录(L)
取消
3D 对象
视频
图片
文档
下载
音乐
桌面
Windows-SSD (C:)
Data (D:)
网络
1 个项目

192.168.0.8
文件
主页
共享
查看
Internet › 192.168.0.8 ›
ysc.txt
快速访问
桌面
下载
文档
图片
F:\
B卷
OneDrive
此电脑
3D 对象
视频
图片
文档
下载
音乐
桌面
Windows-SSD (C:)
Data (D:)
网络
1 个项目

附录二　LINUX-CENTOS 6.5 APACHE 服务器配置实践

1. [cqie@master Desktop]$ yum -y install httpd

You need to be root to perform this command.

[cqie@master Desktop]$ su root

Password:

[root@master Desktop]# yum -y install httpd

base	| 3.7 kB	00:00
extras	| 3.3 kB	00:00
updates	| 3.4 kB	00:00

Setting up Install Process

Resolving Dependencies

---> Running transaction check

---> Package httpd.i686 0:2.2.15-29.el6.centos will be updated

---> Package httpd.i686 0:2.2.15-69.el6.centos will be an update

---> Processing Dependency: httpd-tools = 2.2.15-69.el6.centos for package: httpd-2.2.15-69.el6.centos.i686

---> Running transaction check

---> Package httpd-tools.i686 0:2.2.15-29.el6.centos will be updated

---> Package httpd-tools.i686 0:2.2.15-69.el6.centos will be an update

---> Finished Dependency Resolution

Dependencies Resolved

= =

Package	Arch	Version	Repository	Size
Updating:				
httpd	i686	2.2.15-69.el6.centos	base	844 k
Updating for dependencies:				
httpd-tools	i686	2.2.15-69.el6.centos	base	81 k

```
Transaction Summary
=======================================
Upgrade        2 Package(s)
Total download size: 925 k
Downloading Packages:
(1/2): httpd-2.2.15-69.el6.centos.i686.rpm          | 844 kB     00:00
(2/2): httpd-tools-2.2.15-69.el6.centos.i686.rpm    | 81 kB      00:00
--------------------------------------------------------------------------
Total                  1.1 MB/s                      | 925 kB     00:00
Running rpm_check_debug
Running Transaction Test
Transaction Test Succeeded
Running Transaction
Updating: httpd-tools-2.2.15-69.el6.centos.i686      1/4
Updating: httpd-2.2.15-69.el6.centos.i686            2/4
Cleanup: httpd-2.2.15-29.el6.centos.i686             3/4
Cleanup: httpd-tools-2.2.15-29.el6.centos.i686       4/4
Verifying: httpd-tools-2.2.15-69.el6.centos.i686     1/4
Verifying: httpd-2.2.15-69.el6.centos.i686           2/4
Verifying: httpd-2.2.15-29.el6.centos.i686           3/4
Verifying: httpd-tools-2.2.15-29.el6.centos.i686     4/4
Updated:
httpd.i686 0:2.2.15-69.el6.centos
Dependency Updated:
httpd-tools.i686 0:2.2.15-69.el6.centos
Complete!
```

2. [root@master Desktop]# service httpd start

Starting httpd: httpd: Could not reliably determine the server's fully qualified domain name, using 192.168.1.102 for ServerName

[OK]

[root@master Desktop]# chkconfig httpd on（自动启动）

3. /etc/httpd/conf/httpd.conf

```
[root@master etc]# cd httpd
[root@master httpd]# ls
conf  conf.d  logs  modules  run
[root@master httpd]# cd conf
```

[root@master conf]# ls

httpd.conf magic

vi httpd.conf

1）ServerRoot “/etc/httpd” 工作目录不需要修改

2）ServerAdmin root@localhost 管理员的邮箱，可以不修改

3）#ServerName www.example.com:80

修改为：ServerName 192.168.43.216：80 因没有配置 DNS 服务器

4）DocumentRoot “/var/www/html” 文档的主目录，不要修改

5）AddDefaultCharset UTF-8（默认字符集）// 可以不修改

修改为 AddDefaultCharset GB2312

6）DirectoryIndex index.html index.html.var 设置默认文档，可不修改。

4. [root@master conf]# service httpd restart

Stopping httpd: [OK]

Starting httpd: [OK]

[root@master conf]#

5. [root@master ~]# cd /var/www/html

[root@master html]# vi index.html

[root@master html]# service httpd restart

Stopping httpd: [OK]

Starting httpd: [OK]

[root@master html]#

6. 本机测试，既是 www 服务器也是客户端

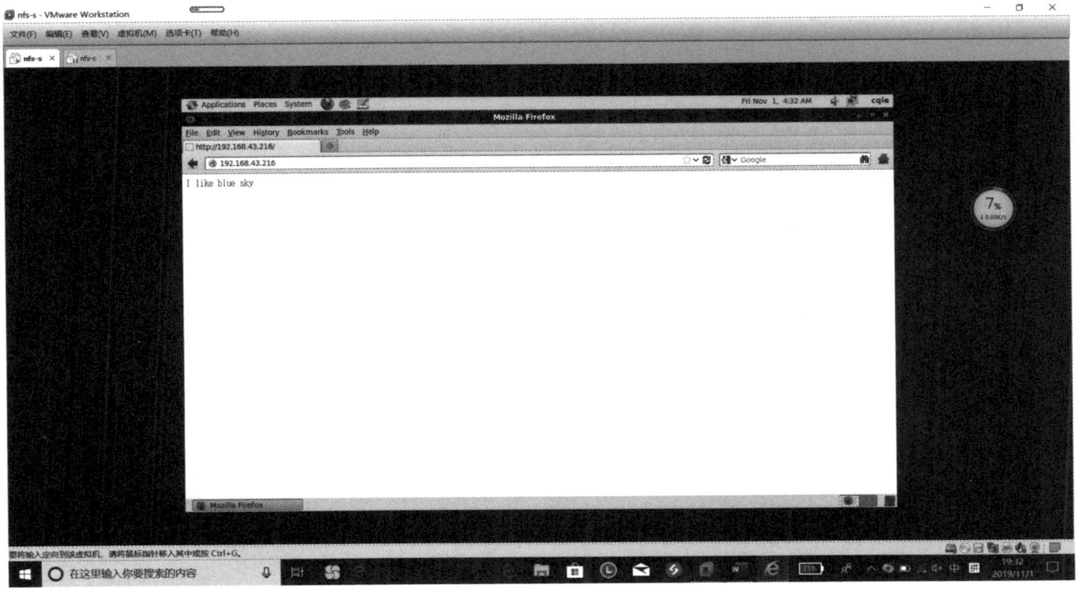

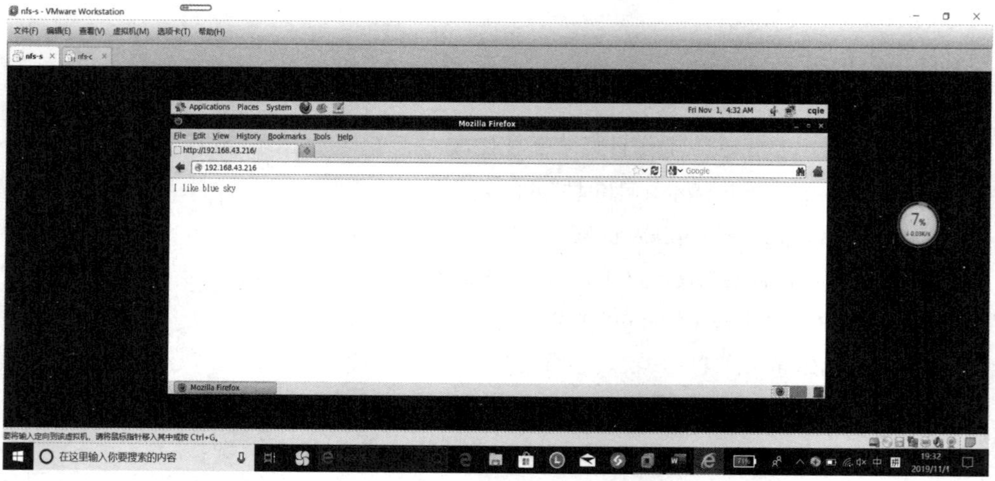

7. WWW 服务器测试：

[root@slave01 Desktop]# ifconfig eth0 192.168.43.171 255.255.255.0

SIOCSIFADDR: Invalid argument

[root@slave01 Desktop]# ping 192.168.43.216（www 服务器）

PING 192.168.43.216（192.168.43.216）56（84）bytes of data.

64 bytes from 192.168.43.216：icmp_seq=1 ttl=64 time=16.0 ms

64 bytes from 192.168.43.216：icmp_seq=2 ttl=64 time=0.407 ms

64 bytes from 192.168.43.216：icmp_seq=3 ttl=64 time=0.471 ms

^C

--- 192.168.43.216 ping statistics ---

3 packets transmitted, 3 received, 0% packet loss, time 2451 ms

rtt min/avg/max/mdev = 0.407/5.628/16.008/7.339 ms

[root@slave01 Desktop]#

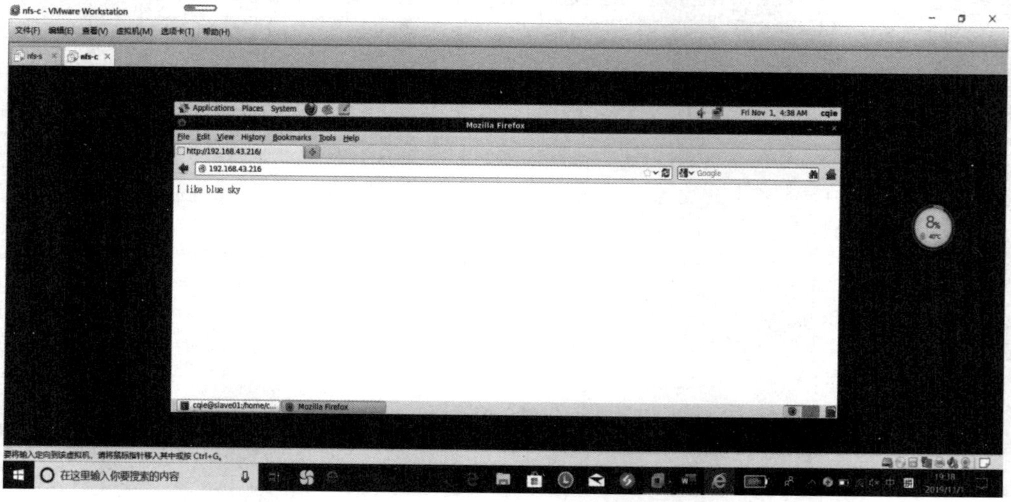

```
**************************************************************************
[root@master ~]# cd /var/www
[root@master www]# ls
cgi-bin  error  html  icons
[root@master www]# mkdir port8080
[root@master www]# mkdir port8091
[root@master www]# ls
cgi-bin  error  html  icons  port8080  port8091
[root@master www]# cd port8080
[root@master port8080]# touch  index.html
[root@master port8080]# vi index.html
[root@master port8080]# ls
index.html
[root@master port8080]# cd /var/www
[root@master www]# ls
cgi-bin  error  html  icons  port8080  port8091
[root@master www]# cd port8091
[root@master port8091]# vi index.html
[root@master port8091]# ls
index.html
[root@master port8091]# cd ~
[root@master ~]# echo "this is 8000 ports web." >>/var/www/port8080/index.html
[root@master ~]# echo "this is 8000 ports web." >>/var/www/port8091/index.html
Listen 80
Listen 8080
Listen 8091
<VirtualHost 192.168.43.216:8080>
DocumentRoot /var/www/port8080
DirectoryIndex index.html
ErrorLog logs/port8080-error_log
CustomLog logs/port8080-access_log common
</VirtualHost>
<VirtualHost 192.168.43.216:8091>
DocumentRoot /var/www/port8091
DirectoryIndex index.html
ErrorLog logs/port8091-error_log
```

CustomLog logs/port8091-access_log common

</VirtualHost>

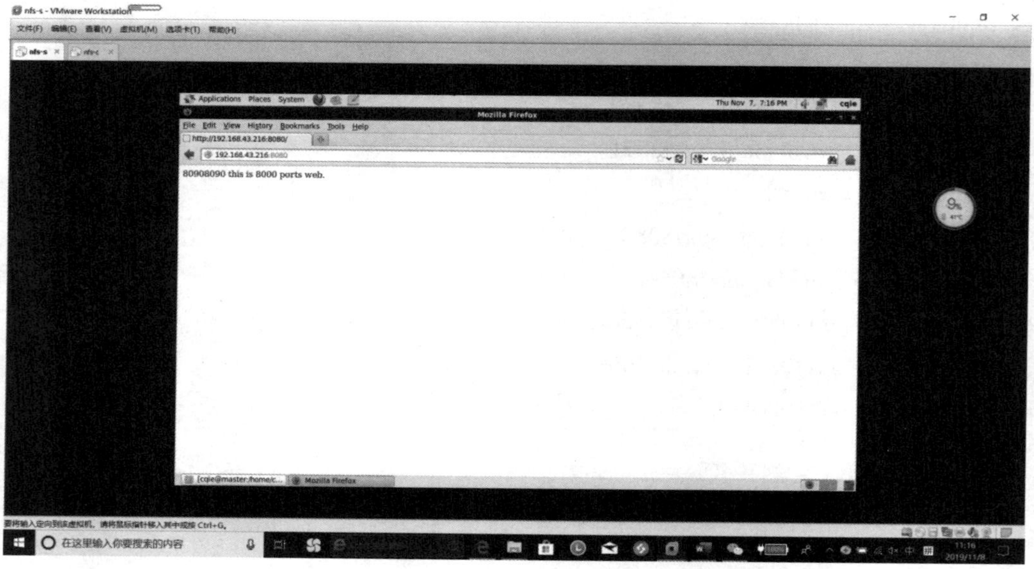

参考文献

[1] 谢希仁. 计算机网络 [M].4 版. 大连:大连理工大学出版社,2004.

[2] 杜煜,等. 计算机网络基础 [M].3 版. 北京:人民邮电出版社,2014.

[3] 杨云,等. 计算机网络技术与实训 [M].4 版. 北京:中国铁道出版社,2019.

[4] 杨云,等.Windows Server 2012 网络操作系统项目教程 [M].4 版. 北京:人民邮电出版社,2016.

[5] 谢均,谢希仁. 计算机网络教程 [M].6 版. 微课版. 北京:人民邮电出版社,2022.

[6] 徐红,曲文尧. 计算机网络技术基础 [M].3 版. 北京:高等教育出版社,2021.

[7] 黑马程序员. 计算机网络技术及应用 [M]. 北京:人民邮电出版社,2019.

[8] 谢希仁. 计算机网络 [M].8 版. 北京:电子工业出版社,2021.

[9] 吴功宜,吴英. 计算机网络 [M].4 版. 北京:清华大学出版社,2017.

[10] 陈威兵,张刚林,冯璐,等. 移动通信原理 [M]. 北京:清华大学出版社,2019.

[11] 徐恪,徐明伟,李琦. 高级计算机网络 [M].2 版. 北京:清华大学出版社,2019.

[12] 吴礼发,洪征. 计算机网络安全原理 [M]. 北京:电子工业出版社,2020.

[13] 陈家迁. 计算机网络技术基础 [M]. 北京:中国水利水电出版社,2018.